杭州湾入海污染物总量控制和减排技术研究

黄秀清　主编

海洋出版社

2015 年 · 北京

图书在版编目(CIP)数据

杭州湾入海污染物总量控制和减排技术研究/黄秀清主编.
—北京:海洋出版社,2015.10
ISBN 978 - 7 - 5027 - 9246 - 6

Ⅰ.①杭…　Ⅱ.①黄…　Ⅲ.①海洋污染 - 总排污量控制 - 研究 - 杭州市　Ⅳ.①X55

中国版本图书馆 CIP 数据核字(2015)第 225825 号

责任编辑:张　荣
责任印制:赵麟苏

海洋出版社　出版发行

http://www.oceanpress.com.cn
北京市海淀区大慧寺路 8 号　邮编:100081
北京朝阳印刷厂有限责任公司印刷　新华书店经销
2015 年 10 月第 1 版　2015 年 10 月第 1 次印刷
开本:787 mm×1092 mm　1/16　印张:21.5
字数:500 千字　定价:98.00 元
发行部:62132549　邮购部:68038093　总编室:62114335
海洋版图书印、装错误可随时退换

目　次

1

第1章 概 述

　　杭州湾为我国典型强潮河口海湾,环杭州湾地区是长江三角洲地区的重要组成部分,包括上海市的金山、奉贤、南汇和浙江省的杭州、宁波、绍兴、嘉兴、湖州、舟山等区县市,两岸区域社会经济发达,且随着经济全球化趋势进一步强化,国际制造业加速向"长三角"转移,环杭州湾地区将加速融入全球经济体系,所处的地理位置更具重要性。本文研究了杭州湾 COD、无机氮、活性磷酸盐的环境容量、总量分配方案和削减方案,可为各级政府部门节能减排和总量控制提供技术依据,确保杭州湾生态系统的健康,达到海洋环境容量资源的可持续利用。

1.1　杭州湾的基本特征

　　杭州湾是一个喇叭形海湾,有钱塘江注入,湾内水域潮强流急,也是中国沿海潮差最大的海湾,动力条件好。然而由于长江和钱塘江的影响,海域环境水质污染严重,绝大部分环境功能区未能达到水质保护目标要求,主要污染物为营养盐(氮、磷)和重金属(铅、汞)等,主要环境问题是富营养化严重,海洋生态环境有恶化趋势。湾外为舟山群岛和舟山渔场,也是中国沿海赤潮发生最严重的区域。

　　环杭州湾地区正在打造成长江三角洲先进制造业基地和现代化城市群。环杭州湾地区紧邻上海、浙江,通江达海,区域内外交通发达,随着杭州湾跨海大桥、沪杭高速铁路等重大交通项目的规划与建设,"同城效应"日益显著。环杭州湾地区集中了浙江省主要的深水港口、滩涂、高校与专业技术人才资源,建有秦山核电站、嘉兴电厂、北仑电厂等大型能源企业,拥有钱塘江、太湖等江河湖泊,为产业带发展提供了有力的资源保障。环杭州湾地区还汇集了海、江、湖、溪、山、岛等多种自然景观,是"长三角"重要的游憩休闲胜地和人居天堂。环杭州湾地区作为 21 世纪"长三角"经济重要的发展,必将为"长三角"区域经济的协调发展和再次腾飞发挥更加积极突出的作用。然而,在进行环杭州湾产业带建设时,我们必须正确处理区域经济发展与生态环境保护的关系,促进区域经济社会与人口、资源、环境协调发展,环杭州湾产业带的建设可能面临生态承载力或自然灾害等的制约或威胁,需要在全面、系统的区域环境质量与容量调查研究的基础上,统筹规划,力求资源利用最优,安全保障最好。

　　海域环境整治的投入是一项资金流动和再生产的工程,所有的投入首先转化成海域的环境价值和资源价值,在资源环境核算纳入国民经济核算体系之后,将会产生持续的国民经济净生产值,这是持续发展的基础,也是国民经济健康发展的标志。环杭州湾的产业规划表明,该区域将重点培育五大标志性产业集群,即电子信息产业集群(重点发展电子材料、电子元器件)、现代医药产业集群(生物医药、天然药物、现代中药、化学原料药)、石化产业集群(炼油、乙烯、三大合成材料及多种有机化工原料、精细化工、塑料等)、纺织产业集群(化学纤维制造、印染、专业市场),预测在原有污染特征基础上又将有新的污染种类和特点,针对长江口、杭州湾等具有区域特点的重点海域的污染防治工作,必须通过区域环境合作机制的实施,才能有效解决海岸、海域和流域间的环境问题。

1.2 杭州湾环境容量研究的意义

环境容量是"一定水体在规定环境目标下所能容纳污染物的量"。环境容量大小与水体特征、水域功能区划、水质目标及污染物特征有关,它也是一种在一定条件下可持续利用的海洋资源。实施入海污染物排放总量控制是保证实现海洋环境保护目标的需要。尤其是在一些污染严重、污染物排放总量已明显超过环境容量的海域,更应严格控制污染物的排放总量。同时,促进资源节约、产业结构优化、技术进步和污染治理,落实两个根本性转变,推行可持续发展战略,都迫切需要实施污染物排放总量控制。

杭州湾为我国典型强潮河口海湾,两岸区域社会、经济发达,位于长江和钱塘江两江口,水动力等自然条件复杂,河口海域物理、化学、生物、沉积自净能力、污染源变化规律、污染源与近岸海域环境响应关系、近岸海域环境冲突与容量分配模式等方面的研究是河口海岸领域的世界性难题,具有重要的科学意义。

环杭州湾区域经济发达,水域内围垦滩涂、修建桥梁等人类活动持续不断,规模宏大(如钱塘江河口段已围滩涂 6.67×10^4 hm^2,规划围涂如尖山河段、慈溪庵东边滩和上海人工半岛等工程也将达百万亩,杭州湾大桥、邻近的洋山港、芦洋大桥等),人类活动对杭州湾水域的水流、泥沙和生态环境的影响至为深远,预测这些变化是河口海岸领域的世界性难题,该湾的动态环境容量研究具有很强的科学意义和现实意义。

研究杭州湾海域的环境容量,科学地确定在国家、省、市相关标准下其对污染物负荷量的分级限度容量、自净能力,可为各级政府部门以总量为指标,控制来自各污染物排放源的总量,以确保杭州湾生态系统的健康,达到海洋环境容量资源的可持续利用。

长江三角洲等区域应加强区域环境保护合作,实行统一政策、统一目标、统一治理、有效地控制污染物排放总量,以提高区域整体环境质量和可持续发展能力。杭州湾海域跨浙沪两省市,产业类型多样,如何来分配"长三角"各地的污染物排放总量,才能使"长三角"区域海洋生态环境效益最大化?更进一步来说,苏、浙、沪和长江流域内陆省市的污染物减排的不同比例分配方案,也可能产生不同的生态环境效益和附加效应,目前迫切需要研究在区域合作基础上优化污染物减排方案,以达到区域生态环境效益的最大化。因此研究杭州湾海域的总量控制分配技术对于跨省、市跨区域、跨行业的海洋环境综合整治具有借鉴意义。

2

本文按照"河海统筹、陆海兼顾、以海定陆"的原则,制订以海洋环境容量确定陆源入海污染物总量的管理技术路线,探索建立以污染物浓度控制转变为以总量控制为原则的管理模式,以实现用法律调整开发利用中的社会经济关系,从宏观策略上实现区域的互动、联动,以推进污染物总量控制制度的建设,为实现海洋环境保护的有效管理奠定基础。

1.3 研究内容

在国内外总量控制与减排技术研究和评估的基础上,结合海域污染源与环境质量调查评价,筛选并优化适用杭州湾海域的环境容量计算模式及控制条件;根据海洋环境保护的具体目标和要求,研究基于区域、行业差异与公平相结合的入海污染物总量分配技术;制订杭州湾海域入海污染物的总量控制规划和减排方案;在实施、总结和评估的基础上,初步形成一套可推广使用的入海污染物总量控制技术与方法。具体来说,通过对杭州湾的污染源分布及排放的资料收集,结合所获取的海水、沉积物质量的数据和历史数据,开展杭州湾陆域、海域同步补充调查及主要入海污染物排海通量研究;通过数值模型,结合现场监测调查数据,掌握杭州湾的潮流、余流特征、水交换能力及水体更新速率,以及主要污染物的迁移变化规律,建立杭州湾海域的水动力和水质模型;以海洋环境功能区划所确定的水质目标为依据,进行污染物总量分配方法研究,进行杭州湾海域排海污染物控制总量分配方案研究,建立以杭州湾主要入海污染物排海总量控制方案。

本书中的最佳污染物总量控制和分配方案,根据经济—环境指数预测和经济效益优化分析后确定。平原河网地区污染源强的估算技术方法、湿地开发保护对海湾环境容量的影响和曹娥江脉冲排污对环境容量的影响等方面的研究工作,对于解决杭州湾的周边具有平原河网特征以及多水闸的海湾污染物总量控制和排污权交易具有重要意义。研究所得的以海定陆、跨区域跨行业的总量控制分配技术,对于区域或流域海域环境整治具有现实意义。

技术路线如下(图1.1):

①在资料收集基础上,开展污染源、水动力和生态环境的补充调查。

②根据杭州湾地形地貌及水文动力特征建立杭州湾三维水动力数学模型。

③根据杭州湾海域水体主要污染物特性及主要污染源特点,确定环境容量或削减量计算因子。

④利用杭州湾水动力数学模型得到的流场以及杭州湾污染源和水质现状调查结果,建立容量计算因子浓度场模型。

⑤根据杭州湾海洋功能区划和近海海域环境功能区划,结合杭州湾海域水体污染现状与杭州湾水体交换特点,以预警原则(Precautionary Principle)确定杭州湾环境容量或削减量计算因子的水质控制指标和控制点。

⑥根据杭州湾污染源的季节变化、海域水质的年度变化以及水动力变化特点,兼顾不同季节生态环境变化特点统筹考虑确定杭州湾容量计算基准时间;根据减排管理的可行

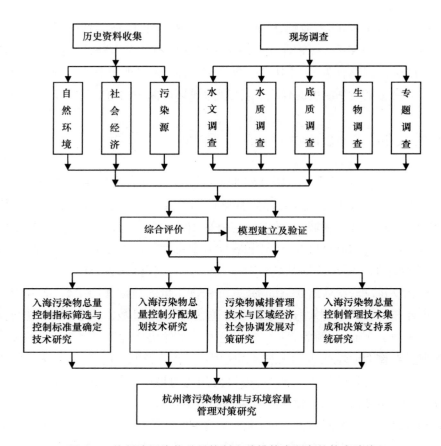

图 1.1　杭州湾污染物总量控制和减排技术研究的技术路线

性,遵循循序渐进的原则确定长中短期减排管理目标和分配方法;空间分配首先考虑不同区域的自然资源环境特点确定杭州湾最大环境承载力,并根据行政区对杭州湾环境容量和减排量进行市(县)行政分配。

⑦根据不同污染源排放口对各控制点的贡献率及其相应系数场分布,采用线性规划方法计算杭州湾自然环境承载力。并对不同削减量杭州湾水质改善效益进行评估。依据杭州湾周边县市社会经济环境状况,设计削减量和容量分配方案,通过数值模拟,比选最优的减排方案。

⑧按照流域综合管理的理念,开展海岸带及海域污染物控制区划与规划技术研究;形成基于海洋环境承载力的入海污染物总量控制方案,实现海洋环境容量资源的初始分配。

⑨把总量控制与减排管理技术集成与区域循环经济发展结合起来,提出优化区域社会经济发展与总量控制、减排管理协调建议,以及地方实施入海污染物总量削减计划的对策。

第2章 海湾环境容量与总量控制技术研究进展

自20世纪60年代日本环境学界最早提出环境容量的概念以来,对于水环境容量方面的研究已经历时近半个世纪的时间。尤其进入21世纪后,随着人口的增加和经济的发展,人类生存的环境日益受到破坏,特别是水环境破坏备受世人关注,如何对水环境容量进行科学计算与优化分配已经成为当前研究的关键与热点。根据水环境容量来制定污染物总量控制策略,具有一定的前瞻性和可操作性,不仅可以改善水环境,还可以节约人力、物力和财力,实现人与自然和谐相处和社会经济可持续发展。

2.1 环境容量研究及总量控制

2.1.1 水环境容量概念

环境容量的概念最早是由日本环境学界的学者于1968年提出来的,此概念源于类比电工学的电容量。当时日本为了改善环境质量状况,提出污染物排放总量控制的问题,即把一定区域的大气或水体中的污染物总量控制在一定的允许限度内,而环境容量则作为污染物总量控制的依据。之后日本环境厅委托卫生工学小组提出《1975年环境容量计量化调查研究报告》,环境容量的应用逐渐推广,并成为污染物治理的理论基础。欧洲国家的学者较少使用环境容量这一术语,而是用同化容量、最大容许排污量和水体容许污染水平等来表达这个概念(张永良,1991;顾航平,2007)。

关于环境容量的概念没有一个明确的界定。1997年日本学者矢野雄幸提出:环境容量是按环境质量标准确定的,一定范围的环境所能承纳的最大污染物负荷总量(刘培哲,1990)。1986年联合国海洋污染专家小组(GESAMP)正式给出了国际上普遍接受的环境容量的概念:环境容量为环境特性,是在不造成环境不可承受的影响前提下,环境所能容纳某污染物的能力(张燕,2007)。我国从20世纪70年代开始引入环境容量这一概念(周密,1987)。目前多数学者把水环境容量定义为:水体环境在规定的环境目标下所能容纳的污染物量(张永良,1991)。

根据水环境容量的定义,环境目标、水体环境特性和污染物特性是水环境容量的三类影响因素。以环境基准值作为环境目标是自然环境容量;以环境标准值作为环境目标是管理环境容量。严格的自然环境容量是很复杂的,不是短期所能解决的。当前水环境容量研究的主要对象应该是管理环境容量。在自然水体中,点污染源、面污染源及自然背景值

5

（源）都对水体中的污染物总负荷有所"贡献"，都要占用相应的环境容量。但是自然背景值（源）和面污染源不易改变，两者所占用环境容量大部分难以再分配使用，实际可控制的污染物主要是点污染源。可分配使用的环境容量才是总量控制（张永良，1992）。

2.1.2 水环境容量确定

水体环境容量的计算，首先要通过水域功能区划确定水质目标；然后应用数学模型模拟，考察污染物排放量与水环境质量的定量响应关系（方秦华，2003）。水环境容量定量分析（计算）的基础是对水域水质状况预测的水质模型（张永良，1991）。

2.1.2.1 水质模型

水质模型是描述污染物在水体中随时间和空间迁移转化规律及影响因素相互关系的数学方程，是水环境污染治理规划决策分析的重要工具。从1925年出现的Streeter - Phelps模型算起，到现在的80余年中，水质模型的研究内容与方法不断深化与完善，已出现了包括地表水、地下水、非点源、饮用水、空气、多介质、生态等多种水质模型（曹晓静，2006）。

李云生等（2006）把水质模型发展分为三个阶段：第一阶段是1925—1980年。这一阶段模型研究对象仅是水体水质本身，被称为"自由体"阶段，在这一阶段模型的内部规律只包括水体自身的各水质组分的相互作用，其他如污染源、底泥、边界等的作用和影响都是外部输入。第二阶段是1980—1995年。这个阶段可以作为水质模型研究快速发展阶段，主要表现在：状态变量（水质组分）数量上的增长，在多维模型系统中纳入了水动力模型，将底泥等作用纳入了模型内部，与流域模型进行连接以使面污染源能被连入初始输入。第三阶段是1995年至今。在模型发展的第三阶段，增加了大气污染模型，能够对沉降到水体中的大气污染负荷直接进行评估。

廖招权等（2005）将水质模型发展过程分为五个阶段。1925—1960年为水质模型发展的第一阶段（基础阶段）。在这一阶段中，水质模型的研究处于最初时期，Streeter和Phelps共同研究并提出了第一个水质模型，后来科学家在其基础上成功地运用BOD - DO模型于水质预测等方面。从1960—1965年，在S - P模型的基础上有了新的发展。将其用于比较复杂的系统。引进了空间变量、物理的、动力学系数。温度作为状态变量也引入到一维河流和水库模型，水库（湖泊）模型同时考虑了空气河水表面的热交换。水力学方程、平流扩散方程作为水质迁移过程的基本描述而被用于水质模型。第一个简单的模型（一维的稳态模型）开始在水质管理中应用。不连续的一维模型扩展到包括其他来源和丢失源是在第三阶段，即1965—1970年进行研究，其他来源和丢失源包括氮化物耗氧（NOD）、光合作用、藻类的呼吸以及沉积、再悬浮等等。一维的网络系统被用于描述两维的垂直混合体系。计算机的成功应用使水质数学模型的研究有了突破性的发展。在1970—1975年期间，水质数学模型已发展到变成相互作用的线性化体系。生态水质模型的研究处于初级阶段，特别是初级生产率的动力学研究被发展了，其他较高水平的模型亦相继地被应用了。有限元模型用于两维体系，有限差分技术亦应用于水质模型的计算，更高维数的模型不断地被发展，关键问题是在进行水质模型研究中需要足够的数据。在最近20年中，科学家的注意力逐渐地移到改善模型的可靠性和评价能力的研究。

总结上述两种分类可以发现水质模型的发展趋势。首先,由一维模型向三维模型发展,随着应用需求的广泛和深入,二维、三维模型的研究得到了越来越多的重视,一些模型仍然处于发展阶段。其次,模型考虑因素和模拟状态变量增多,机理趋于复杂化。最后,水力学和水质问题的耦合越来越引起科学研究工作者的重视。水质模型的研究由单一组分的模型向较综合的模型发展,水库、湖泊的富营养化模型研究得到长足发展。

2.1.2.2 水质模型在环境容量计算中的应用

水质模型在环境容量研究中起到了基础性工具的作用。近年来随着环境容量研究的实际需要,水质模型也得到了更广泛和合理的应用。

王华等(2007)针对滨江水体的基本特征,提出了基于非均匀分布系数的水环境容量计算方法。通过建立镇江内江二维非稳态水流水质耦合模型,动态模拟内江全日潮的水流水质时空变化过程,并运用修正容量计算公式求得内江不同水位条件下及不同典型年的水环境容量。郭良波等(2007)采用总量最优法计算渤海COD和石油烃环境容量,为大面积、非保守物质的海洋环境容量计算提供科学参考。李卫平等(2007)应用Dillon、OECD、合田健三种水质模型分别计算了乌梁素海总磷、总氮环境容量,并从计算结果分析三种模型利弊。通过不同的数学模型对湖泊水体氮、磷允许纳污量进行计算和预测研究,对湖泊水环境污染物总量控制具有现实的指导意义。牛志广等(2006)结合地统计学原理和GIS的空间数据表达和计算功能,以天津市近岸海域的COD指标为例,提出了计算近海水环境容量的新方法。该方法扩展了地统计学的应用领域,完全依据环境监测数据并充分挖掘监测数据的有用信息,避开了复杂的模型计算,结果可视化程度高,可以在环境管理中尝试应用。栗苏文等(2005)在污染源调查和污染负荷估算的基础上,基于Delft 3D数学模型对大鹏湾的水质进行数值模拟,从而估算出大鹏湾的水环境容量。张学庆等(2007)根据孙英兰、张越美在国际上较为流行的河口、海岸、陆架模式(ECOM)模拟了胶州湾三维潮流场基础上,建立起了海湾点源输入与纳污水域响应的数值模型,为胶州湾污水排海、海域水质管理及总量控制规划提供科学依据,对半封闭型海湾及开阔海湾的污染物总量控制研究具有借鉴意义。刘浩等(2006)通过研究各种污染物的降解性,建立起带有源汇项的对流扩散方程,更真实模拟海洋环境,并运用有限容积(FVM)数值格式改进了POM模式,计算了辽东湾COD、氮、磷的保守性和非保守性过程的环境容量值。喻良等(2006)根据地表水模型系统(SMS)模拟出水质情况,采用影响系数法计算环境容量。利用计算机建立模型对河流水质进行模拟,从而计算其水环境容量。计算简单且易于理解,是一种非常有效且值得推广的计算方法。

上述研究表明在水环境容量计算中,开始对一些敏感水域进行模拟计算,例如滨江水体,模型开始向多因素耦合方式发展,结合新技术,例如GIS,开始重视多种模型利弊比较,对于海域环境容量研究逐渐增多,开始向三维水质模型、修正原有水质模型等更复杂的方向发展。

2.1.3 水环境容量分配

2.1.3.1 分配原则

之所以允许向天然水体排放一定量的污染物,是因为天然水体对该种污染物具有一定的环境容量,排放总量最根本的是要根据水体的允许纳污能力来确定(张永良,1991)。水污染物总量分配必须以污染物不超过水环境容量的限度为基础。各个排污单位或污染源之间如何科学、合理、优化分配水环境容量是水污染总量控制的核心工作。

在分配中应尊重公平和效益的原则,充分反映水环境容量分配的社会性、经济性和历史性,以保证实际的可操作性。公平原则的分配方法包括:水污染负荷量的公平分配、收益和处理费用的公平分配、行政协调的公平分配。效益原则下的分配方法包括:区城内治理费用最小法、最优组合治理方案分配法、边际净效益最大法(郭希利,1997)。

1)水环境容量公平性分配

分配允许排放量本质上是确定各排污者利用环境资源的权利、确定各排污者削减污染物的义务,利益的分配和矛盾的协调,所以在市场经济条件下,公平原则是排污总量分配中应遵循的首要原则,然后在公平的基础上追求效率。公平分配排污总量也是处理污染纠纷,确定跨边界水质标准的依据。因此排污总量分配中的公平性是环境规划中一个非常重要的概念。

早在1996年,林巍等(1996)对已有的污染物排放总量"公平分配"规则中隐含的不公平性就进行了分析,并利用环境冲突分析理论设计出满足公理体系的排污总量公平分配规则。徐华君等(1996)就总量控制负荷分配问题进行初步的理论探讨,对现有主要的两种分配方式进行了评价,探讨兼顾效益与公平的新分配思路。汪俊启等(2000)分析导致允许排放量分配不公平的因素,提出允许排放量公平分配的原则,建立水污染物允许排放量公平分配模型。

2)水环境容量效益性分配

国外效益性分配的研究自20世纪60年代起步,初期主要集中于将线性规划模型应用于解决河流水质问题。70年代,动态规划模型在水质规划管理中的应用得到发展,同时非线性规划模型的应用也开始见诸报道。80年代后,人们意识到优化技术的适用性的影响因素复杂,水质管理通常具有多目标、相互作用、动态和不确定等系统复杂性,通过大量简化方法量化系统可能造成系统误差和模拟失败,开始将风险性、随机性、模糊性、不确定性和多目标等多学科的方法应用于各种效益性分配模型(Cardwell H,1993;Burn D H,1992;Wen C - G,1998)。

在我国水环境效益性分配研究中,陈丁江等(2007)充分考虑各污染源的GDP产值、各污染源所承载的就业人口等社会效益因子,对曹娥江上游水环境容量进行了建模分配。李开明等(1900)针对潮汐河网地区制定一套允许排污总量的优化分配方法,总量控制方法在珠江三角洲河网地区已得到广泛的应用,允许排污总量的分配方法可以直接应用到发放排污许可证。我国的水环境容量分配研究仍有待发展,制定更加科学合理并且适应我国经济

8

发展状况的分配模型是未来工作的一个重点。

2.1.3.2　分配技术

污染物总量分配方法的研究始于美国 20 世纪 60 年代的排污权交易。20 世纪 90 年代后,"总量—分配"(Cap and Allocation)模式成为美国排污权交易的主要趋势,也是最为公众接受的政策选择。研究初期,污染负荷分配优化分配的约束条件多为确定性水质约束,如 Ruochuan Gu 等(1998)利用确定性水质分析模拟模型,研究了美国艾奥瓦州德梅因河沿岸点源和非点源污染负荷分配。Converse 等(1972)和 Ecker 等(1975)以确定性水质条件为约束条件,以污水处理费用最小化为目标函数,建立优化模型。

由于确定性模型不能反映水环境系统随机波动性的本质特征,欧美国家的学者转向随机理论和系统优化相结合方法的污染负荷分配模型。Subhankar 等(2007)建立了不确定性污染物优化分配模型,在计算水环境容量的同时完成污染负荷的分配。Fujiwara 等(1986)把流量作为已知概率分布的随机变量,用概率约束模型对超标风险下的污染负荷分配进行了研究。Donald 和 Barbara(1992)基于水文、气象和污染负荷等不确定性因子的多重组合,对水污染负荷进行计算和分配。Ellis(1987)、Cardwell(1993)和 Li(1997)等基于参数和模型的不确定性,对多点源的污染负荷分配方法进行了研究。

此外基于排污权交易和拍卖方式的总量分配也在研究之中。如 Jesper(2000)、Edwards(2001)、Cramton 等(2002)对拍卖方式和"祖父制"两种主要分配方式的优缺点进行了比较,提出了各自的观点。Athanasio 等(2003)基于纳什非均衡讨价还价理论,对英国西南部的汇水区农业污染负荷分配准则做了研究。总的来说,以上的分配方法都还不成熟、不完善,仍然存在各种局限,有待进一步研究。

我国的总量分配模型研究相对较晚,主要是围绕总量分配原则与方法展开的。在分配原则中,经济性和公平性是两大基本原则。以经济性为代表的分配法主要有污染治理投资最小费用分配模型、博弈论成本分配模型等。如陈文颖等(1998)和毛战坡(1999)建立了优化治理投资费用分摊的多目标规划模型。孔坷等(2005)应用完全信息非合作动态博弈的方法研究了初始水权分配和水市场的宏观调控问题,建立了以水资源总效益最大化为目标的两阶段动态博弈模型,阐明了最优初始水权分配方案和水资源费率方案的计算思路与方法;陆海曙(2007)基于博弈论的流域水资源利用冲突,对初始排污权进行分配。

以公平性为代表的分配法主要有等比例分配法、按污染贡献分配、引入排污平权函数的分配法、基于公理体系的分配模型和环境基尼系数最小分配模型等。张兴榆等(2009)通过等比例削减方法,对沙颍河流流域内的行政单元进行了排污权初始分配。王勤耕等(2000)提出了引入"平权函数"和"平权排污量"保证初始排污权分配的现实性和公平性的区域污染物分配方法。林巍等(1996)利用环境冲突理论,建立了关于公平的公理体系,设计出满足公理体系的排污总量公平分配规则;孟祥明等(2008)和肖伟华等(2009)应用环境基尼系数新概念,对流域内各区域间水污染总量进行分配。以综合考虑公平效率为代表的分配法有李寿德等(2003)基于经济最优性、公平性和生产连续性原则,构建的初始排污权免费分配的多目标决策模型;王亮等(2005)提出了兼顾公平和效益的税收与补贴的容量总量分配方式;王媛等(2009)建立了效率与公平两级递阶优化目标规划模型,第一级以效率优化为目标,第二级以公平偏离指数最小为目标。

在分配方法和技术手段上主要有系统模拟法、层次分析法、投入产出法、系统动力学、大系统分解法、多目标规划法、随机规划法和模糊系统理论规划法等。如李如忠等(2002)利用层次分析法对合肥市河流污染物排放总量进行分配。高雷阜(2001)针对多目标规划指标间的不可公度性,统一建立了 n 个分配方案关于定量指标和定性指标的相对优属度矩阵,应用多目标模糊优化动态规划模型进行资源分配。顾文权等(2008)建立了基于模糊多目标优化的污染负荷分配模型,有效避开污水处理费用及多目标化为单目标时各目标之间的权重难以确定问题。近年来,随着计算机技术广泛用于环境规划中,各种环境管理信息系统(EMIS)和水资源规划管理决策支持系统(DSS)及地理信息系统(GIS)大量用于总量控制决策系统中。这些现代化手段和各种数学模型相结合,为系统综合分析、评价和预测环境质量的变化,客观地掌握环境中污染物的迁移转化规律、确定总量控制的措施提供了有力的支持。

尽管我国目前污染物入海总量控制方案很多,但是大多是主观性的、经验性的,仅停留在目标总量控制上,而如何应用海洋环境容量控制污染物入海总量的具体方法尚不清楚。一方面,如何将分配容量公平、合理、有效地进一步优化分配到各主要污染源的方法尚不清楚;另一方面,缺乏对生态环境变化与周边地区环境变化和社会经济、人口发展之间内在关系的探讨,还没有建立基于沿岸地区社会经济与环境、资源协调发展的总量控制系统。因此,迫切需要在乐清湾等近海典型海域进行污染物入海通量、容量优化分配等方面进行系统研究。

2.1.4 污染物总量控制

污染物总量控制始于 80 年代初期。日本和美国等国家先后实施了总量规划、总量控制、排污许可证制度和排污削减制度等,取得了丰富的经验和较大的成效。我国在污染物总量控制的研究基本与先进国家同步。水污染物总量控制从 1980 年制定第一松花江 BOD 总量控制标准起,进行了十几年的科技攻关研究,并自 1989 年在全国 17 个城市开展了水污染物总量控制及排污许可证的试点研究。1996 年制定了全国污染物排放总量控制计划,并在全国范围内开始实施。

海域污染物总量控制相对于陆域来说进展较为缓慢,主要是人们对海洋环境的认识以及对社会经济所产生作用问题的认识局限性。随着海洋环境科学研究的不断深入和对海洋环境的不断认识,揭示了海洋环境也具有一定的容纳和缓解污染压力的能力。在研究海洋环境容量的同时,开始从管理的角度研究海洋环境的纳污能力即海洋环境资源,以期合理规划、控制、利用和分配这种资源,保护和恢复海洋环境,协调和促进沿海经济发展与海洋的合理开发利用,由此形成了海域污染物总量控制的基础。

污染物排海总量控制的对象是从陆地,包括径流排放到海域的污染物总量。鉴于排海污染物是海洋污染的主要来源,因此也称为海域污染物总量控制,是指在海洋功能区划接受和自然环境允许的范围内,在环境容量研究的基础上,通过行政、经济和技术等措施,控制排放入海的污染物种类、数量和速度,满足各功能区对环境质量的要求的系统工程。

《中华人民共和国海洋环境保护法》(以下简称《海洋环境保护法》)规定"国家建立并实施重点海域排污总量控制制度,确定主要污染物排海总量控制指标,并对主要污染源分配排放控制数量"。

国务院《关于进一步加强海洋管理工作若干问题的通知》(国务院 24 号文件)要求"沿海地方各级人民政府要建立海洋环境保护目标责任制,加强对陆源污染物的防治工作,尽快遏制本行政区域近岸海域环境持续恶化势头"。

《防治海洋工程建设污染损害海洋环境保护管理条例》规定"国家海洋主管部门根据国家重点海域污染物排海总量控制指标,分配重点海域海洋工程污染物排海控制数量。"、"在实行污染物排海总量控制的海域,不得超过污染物排海总量控制指标。"

尽快科学合理地实施污染物排海总量控制,已成为促进沿海地区经济、环境持续健康发展的迫切举措,也是我国海洋环境保护、资源可持续开发的重要任务。

1)陆源污染物入海总量控制研究

1993—1995 年为彻底改变大连湾海域环境污染日趋严重,环境质量逐年恶化,海域功能日益下降甚至丧失的局面,根据大连市政府的部署,国家海洋环境监测中心承担了"大连湾主要污染物入海总量控制研究"。

该项目在系统分析海域自然净化能力的基础上,建立了包括环境动力模型、海湾水交换模型、污染物输运扩散模型、陆源污染物排放与受纳水体水质之间的定量响应关系模型和海湾污染物总量控制模型等一整套数值计算模型,在国内率先提出了响应系数和分担率的概念。该项目以实现海域环境功能为目标,计算出了各种主要污染物的允许排放总量,并依据该总量确定了大连湾各主要排污单位的污染物排放削减量,达到了有计划地实现海域环境质量达标的目的,为大连湾的环境规划和综合管理决策提供了科学依据。

2)近岸特定海域纳污能力评价和污染预测技术研究

该项研究内容涉及海域环境特性、污染源排放、管理的目标和社会可接受程度、社会经济发展的需求等各个方面;主要技术包括环境质量状况分析、污染预测、总量控制、纳污能力区划和评价等。在兼顾研究的系统性的同时,实现了关键技术的突破和创新,发展了污染物入海量计算方法与污染预测模拟技术、海域整体环境纳污能力计算方法与模拟技术、污染物排放入海总量控制计算方法与模型模拟技术以及海域纳污能力区划技术方法等,解决了模型优化集成、特定污染物沉降与降解系数获取等多个关键技术难题。此项研究成果被应用于大连湾和胶州湾的陆源排海总量控制以及渤海综合整治规划研究中,为全国海湾污染物总量控制规划研究工作的启动奠定了基础。

3)大连湾、胶州湾陆源污染物总量控制研究(1996—1998)

为了弥补海洋环境管理中陆源污染物达标排放并不能从根本上改变局部海域环境质量继续恶化的管理缺陷,针对大连湾、胶州湾海域环境质量不断恶化的实际状况,通过大连湾、胶州湾污染源和海域水质环境质量状况的调查与评价,建立了海域陆源污染物入海总量控制的理论体系、陆源污染物入海总量控制的基础信息结构及其预测和评价方法、陆源污染源与海水水质目标之间的定量响应关系、总量控制模型、总量控制规划与管理系统、总量控制信息系统,建立了陆源污染物总量控制模式和方法体系,形成了规划管理方案。

4）莱州湾环境容量评估和污染总量控制方法研究（2001—2003）

为全面贯彻落实新修订的《海洋环境保护法》,配合重点海域污染物入海总量控制制度的实施,研究近岸海域不同地理环境特征、社会经济发展基础和污染状况下,选择莱州湾作为示范区开展以河口排放为主要排放方式的海湾污染物总量控制和污染物排放总量分配研究,通过莱州湾主要环境问题、水动力状况、环境质量现状分析制定了控制目标,在环境动力数值模拟基础上,计算了莱州湾海域的水交换,给出了特定海域的水交换率;运用水质模型模拟预测了莱州湾各主要河口排污现状条件下的水质状况,按照海洋功能区划对水质目标的要求,给出了莱州湾沿岸主要河口的污染物排放总量。

2.2 海域主要污染物降解转化特征

COD 和营养盐降解转化速率是重要的水质参数之一,在利用水质模型计算环境容量的过程中扮演着非常重要的角色。水质参数大小变化会导致容量计算结果改变,可以说是容量计算的基础。海域水质参数受到污染物特征、水环境状况和水动力条件等因素影响,所以不同的海湾具有不同的水质参数,即使是同一海湾在不同季节水质参数也会有所变化。在实际研究中水质参数确定是一个极其复杂的过程,常常需要在简化状态和理想条件下进行。

目前关于海域 COD 和营养盐降解转化速率研究,国内外学者已经提出和开拓了许多估算方法,比如现场围隔实测、实验室模拟以及经验公式等方法进行测定或估算。

1）现场围隔实测法

海洋围隔现场实验测定法具有与海洋环境状况相似、时间可持续性以及处在生态系统层面等特点,多用于海域特征污染物迁移 – 转化过程的研究、海洋生态系统和动力学参数的测定,已经成为模型的建立、验证、改进的一个有效的手段。

2）模拟实验法

室内模拟实验法是一种常用的确定污染物降解转化系数的方法,由于可操作性较现场围隔实验大,也是目前采用较多的方法。本文研究的杭州湾海域潮大流急,不具有开展现场围隔实验的条件,故也采用室内模拟实验法。

室内模拟实验法最初是在测定 BOD 标准方法的基础上发展起来的,在所研究的海域取水样若干份,把开始测定水样的日期定为 0 时刻,连续数天在同一时间测定水样的污染物浓度。目前室内模拟实验研究污染物降解转化速率研究发现,COD 和营养盐衰减过程符合一级反应动力学方程。此种方法的缺陷是活的水质参数是一个综合降解系数,它是一个在污染物自身降解转化特征、沉降及悬浮等水流效应共同作用下得出的系数。

12

3）经验公式

由于污染物在水体中降解转化过程受到很多因素影响,所以仅仅通过简单的模拟实验得到的参数并不能全面地反映这个过程。利用很多研究经验公式中的参数进行计算,这样节约时间、减少成本,但是不可忽视此种方法得到的参数不具有针对性,影响模型精度,往往要根据实测数据进行多次参数率定和模型验证。

污水排海后除水动力稀释扩散而产生的物理自净外,污染物在海水中的生化降解是另一种重要自净因素。降解速率越快,说明水体的自净能力越强。关于 COD 降解速率系数的研究,前人也多是通过模拟实验来进行,但是通过正交试验进行系统实验研究较少。目前国内外在降解速率系数方面的研究得出 COD 系数在 $0.010 \sim 0.20$ d^{-1} 范围内,其中多数实验结果在模型计算中选用 COD 降解速率系数值均小于 0.1 d^{-1}。在长江口竹园排污区进行的 COD 降解速率系数模拟实验研究得出在不同情况下,降解速率系数范围基本处于 $0.060 \sim 0.160$ d^{-1}。厦门西海域在试验研究中得出 COD 降解速率系数 k 值在 $0.040 \sim 0.080$ d^{-1} 范围之内,实际环境容量计算时采用 $k = 0.04$ d^{-1} 进行数值模拟与现场监测数据得到较好吻合。象山港海域环境容量模拟实验计算出 COD 降解速率系数范围为 $0.027 \sim 0.041$ d^{-1},在模式计算中最终选用 COD 降解速率系数为 0.032 d^{-1}。乐清湾海域数值模拟计算选取 COD 经验降解速率系数为 0.025 d^{-1},主要由于陆源污染物经河口流入湾内,各河口均建有水闸,污染物并非随时入湾,而在河口停留较长时间,已经初步降解,进入乐清湾后较难降解,COD 降解速率系数应较小。在我国北部渤海湾降解速率系数模拟研究中发现 COD 降解速率系数在 $0.023 \sim 0.076$ d^{-1},并且研究表明 k 值受温度影响较大,随温度上升而增大。本文模拟实验研究是对 COD 降解速率系数(又称为衰减系数)和活性磷酸盐转化系数进行初步模拟,以求在前人经验参数的基础上提供更多实践依据,为污染因子容量计算提供更多参考,得到更接近实际情况的杭州湾海域容量结果。

水体中活性磷酸盐的输入主要通过水平输运、垂直混合和大气沉降三种途径,其在水体中的分布与变化不仅与其来源、水动力条件、沉积、矿化等过程有关,还与海水中的细菌、浮游动植物等有着密切的关系。水环境中活性磷酸盐的主要物质过程有浮游植物的吸收,在各级浮游动物及鱼类等食物链中传递,生物溶出、死亡、代谢排出等重新回到水体中,不同形态之间的化学转化,水体中活性磷酸盐的沉降,沉积物受扰动引起的再悬浮及沉积物向水体的扩散和释放等。因此活性磷酸盐在海水中的迁移转化过程十分复杂,用转化速率系数反映上述所有过程实属不易,所以在容量计算过程中活性磷酸盐转化速率系数仅仅作为模型率定的一个参考值,需要根据实际的计算结果进行调整。前人在环境容量计算中也对活性磷酸盐转化速率系数进行过各种探讨和实验,在莱州湾环境容量研究和宁波—舟山海域环境容量研究时,将污染物均作为保守物质处理。刘浩等(2006)在辽东湾海域活性磷酸盐容量计算中,对总磷的转化速率系数分别选取 0.1 d^{-1} 和 0.01 d^{-1} 进行模拟后,结合实际情况,最终取降解速率系数为 0.01 d^{-1},该值更接近实测值。Wei H 等(2004)1998—1999年调查渤海生态系统时发现,将渤海中的无机氮视为保守物质和考虑无机氮的生物过程所得到的年平均浓度之间的误差不超过 20%。乐清湾海洋环境容量研究中,通过数模多次模拟实验,最终取总磷的降解速率系数为 0.007 5 d^{-1}时,计算出与实测值较好地吻合结果。

2.3 河网平原污染源估算技术

污染源强的估算是海域环境容量和污染物总量控制研究的基础。有关污染源强的估算,许多学者已进行了大量的研究,这些研究为非点源污染负荷、源强的估算以及特征参数、系数的确定等方面奠定了良好的基础。目前有关流域方面的非点源污染的产生和负荷量的估算,国内许多学者也做出了许多有益探索与研究,尤其是我国太湖流域非点源污染方面的相关研究则走在了全国前列,如帅方敏等(2007)利用 GIS 技术对湖北长湖流域非点源污染负荷进行了估算与分析,梁斌等(2003)以张家港市为例对经济发达的复杂河网地区入河污染物量进行了估算,张红举(2003)、潘沛(2007)等通过建立太湖流域及平原河网等污染负荷模型估算各种污染负荷,曹慧等(2002)利用同位素^{137}Cs 在太湖丘陵地区研究典型坡面的土壤侵蚀定量模型,并初步估算土壤养分流失。同时黄秀清等(2008)、涂振顺等(2009)、陈可亮等(2007)在我国的象山港、乐清湾以及厦门等沿海港湾环境容量研究中,也对陆源污染负荷及污染物入海源强等进行了估算与研究。

陆源污染的入海途径以入海径流为主。对于进入一个区域或流域的污染物来讲,由于其载体本身环境容量的作用,在转移过程中会不断地发生消耗,因此当其到达入海口时其浓度与原始的排放浓度相比可能出现比较大的衰减。在这种情况下,如不搞清污染物在流域转移中的衰减关系,则会导致后续污染物总量控制目标或量度的确定产生较大偏差。因此,建立排放与入海总量核定体系,摸清排放与入海间的关系成为污染源调查与监测过程中的另一项重要工作。通常情况下,污染源产污量与入海量响应关系主要通过模型计算和模拟实验验证这两种方式进行。

杭州湾的污染源具有明显特殊性,其集水区域既与周边陆域以山体丘陵为主的象山港、乐清湾等海湾有着天然差别,同时与虽同为密集河网平原的太湖流域也存在明显差异,即杭州湾沿岸除钱塘江外,入湾河流均已设闸(包括曹娥江),沿湾基本为人工岸线,陆源污染物多通过水闸排放入海。据实地勘查显示杭州湾沿岸排水闸近 40 余个,主要功能为蓄水、灌溉及排涝等,排放不具规律性,多数区域冬季基本不排,汛期多排放。因此,如何获取以河网平原为特征、主要通过水闸不规律排放入海的污染源强,对海域环境容量和污染物总量控制研究工作有着重要意义。本文本文针对杭州湾的污染源入海特征,在杭州湾南、北两岸及湾顶三个典型区域的入海水闸开展现场采样和实验模拟分析研究,以期了解和掌握平原河网污染物的降解与转化过程,为杭州湾陆源污染物的入海源强估算提供参考。

参考文献

曹慧,杨浩,赵其国. 2002. 太湖丘陵地区典型坡面土坡侵蚀与养分流失[J]. 湖泊科学,14(3):242 – 246.

曹晓静,张航. 2006. 地表水质模型研究综述[J]. 水利与建筑工程学报,12(4):18 – 21.

陈丁江,吕军,金树权,等. 2007. 曹娥江上游水环境容量的估算和分配研究[J]. 农机化研究,9(9):

14

197 – 201.

陈可亮,朱晓东,王金坑,等.2007. 厦门市海岸带水污染负荷估算及预测[J]. 应用生态学报,18(9):
　2091 – 2096.

陈文颖,方栋,薛大知,等.1998. 总量控制优化治理投资费用分摊问题的分析与处理[J]. 清华大学学报
　(自然科学版),38(4):5 – 9.

方秦华,张珞平.2003. 水污染负荷总量控制研究进展[J]. 环境污染与防治,12(4):3 – 8.

冯金鹏,吴洪寿,赵帆.2004. 水环境污染总量控制回顾、现状及发展探讨[J]. 南水北调与水利科技,2
　(1):44 – 47.

高雷阜.2001. 资源分配的多目标优化动态规划模型[J]. 辽宁工程技术大学学报(自然科学版),20(5):
　679 – 681.

顾航平.2007. 环境容量资源有偿使用研究[D]. 浙江大学.

顾文权,邵东国,黄显峰,等.2008. 模糊多目标水质管理模型求解及实例验证[J]. 中国环境科学,28(3):
　284 – 288.

郭良波,江文胜,李凤岐,等.2007. 渤海 COD 与石油烃环境容量计算[J]. 中国海洋大学学报,3,37(2):
　310 – 316.

郭希利,李文岐.1997. 总量控制方法类型及分配原则[J]. 中国环境管理,10(5):47 – 48.

黄秀清,王金辉,蒋小山,等.2008. 象山港海洋环境容量及污染物总量控制研究[M]. 北京:海洋出版社.

黄秀珠,叶长兴.1998. 持续畜牧业的发展与环境保护[J]. 福建畜牧兽医,(5):27 – 29.

孔珂,解建仓,岳新利,等.2005. 水市场的博弈分析[J]. 水利学报,36(4):491 – 495.

李开明,陈铣成,许振成.1990. 潮汐河网区水污染总量控制及其分配方法[J]. 环境科学研究,2,3(6):
　36 – 42.

李如忠.2002. 区域水污染物排放总量分配方法研究[J]. 环境工程,20(6):61 – 63.

李寿德,黄桐城.2003. 初始排污权分配的一个多目标决策模型[J]. 中国管理科学,11(6):41 – 44.

李卫平,李畅游,王丽,等.2007. 不同数学模型下的乌梁素海水环境氮磷容量模拟计算[J]. 农业环境科学
　学报,26(增刊):379 – 385.

李云生,刘伟江,吴悦颖,等.2006. 美国水质模型研究进展综述[J]. 水利水电技术,2(37):68 – 73.

栗苏文,李红艳,夏建新.2005. 基于 Delft 3D 模型的大鹏湾水环境容量分析[J]. 环境科学研究,18(5):
　91 – 95.

梁斌,王超,王沛芳.2003. 复杂河网地区入河污染物调查分析和估算方法研究[J]. 水资源保护,(5):
　30 – 34.

廖招权,刘雷,蔡哲.2005. 水质数学模型的发展概况[J]. 江西化工,(1):42 – 44.

林巍,傅国伟.1996. 基于公理体系的排污总量公平分配模型[J]. 环境科学,6,17(3):35 – 37.

林巍,傅国伟,刘春华.1996. 基于公理体系的排污总量公平分配模型[J]. 环境科学,6,17(3):35 – 37.

林卫青,卢士强,矫吉珍.2009. 长江口及毗邻海域水质和生态动力学模型与应用研究. 水动力学研究与
　进展 A 辑,23(5):522 – 531.

刘浩,尹宝树.2006. 辽东湾氮、磷和 COD 环境容量的数值计算[J]. 海洋通报,4,25(2):46 – 54.

刘培哲.1990. 水环境容量研究的理论与实践[J]//见:环境科学论文集.8 – 20.

陆海曙.2007. 基于博弈论的流域水资源利用冲突及初始水权分配研究[D]. 河海大学博士学位论文.

毛战坡,李怀恩.1999. 总量控制中削减污染物合理分摊问题的求解方法[J]. 西北水资源与水工程,10

（1）：25 – 29.

孟祥明，张宏伟，孙涛，等.2008.基尼系数法在水污染物总量分配中的应用［J］.中国给水排水，12，24
（23）：105 – 108.

牛志广，张宏伟.2006.地统计学和 GIS 用于计算近海水环境容量的研究［J］.天津工业大学学报，2，25
（1）：74 – 77.

潘沛.2007.太湖流域污染负荷模型研究［D］.

日本机械工业联合会，日本产业机械工业会.1987.水域的富营养化及其防治对策［M］.北京：中国环境科
学出版社.

帅方敏，王新生，陈红兵，等.2007.长湖流域非点源污染现状分析［J］.云南地理环境研究，19（5）：
119 – 122.

水利部太湖流域管理局.1997.太湖流域河网水质研究［R］.

涂振顺，黄金良，张珞平，等.2009.沿海港湾区域陆源污染物定量估算方法研究［J］.海洋环境科学，28
（2）：202 – 207.

汪俊启，张颖.2000.总量控制中水污染物允许排放量公平分配研究［J］.安庆师范学院学报（自然科学
版），8，6（3）：37 – 40.

汪耀斌.1998.黄浦江上游沪、苏、浙边界地区污染源与水质调查分析［J］.水资源保护，（4）：37 – 40.

王华，逄勇，丁玲.2007.滨江水体水环境容量计算研究［J］.环境科学学报，27（12）：2067 – 2073.

王亮.2005.天津市重点污染物容量总量控制研究［D］.天津大学博士学位论文，50 – 54.

王勤耕，李宗凯，陈志鹏，等.2000.总量控制区域排污权的初始分配方法［J］.中国环境科学，20（1）：
68 – 72.

王媛，张宏伟，刘冠飞.2009.效率与公平两级优化的水污染物总量分配模型［J］.天津大学学报，42（3）：
231 – 235.

王泽良，陶建华，季民，等.2004.渤海湾中化学需氧量（COD）扩散、降解过程研究.海洋通报，23（1）：
27 – 31.

肖伟华，秦大庸，李玮，等.2009.基于基尼系数的湖泊流域分区水污染物总量分配［J］.环境科学学报，8，
29（8）：1765 – 1771.

谢蓉.1999.上海市畜牧业污染控制与黄浦江上游水源保护［J］.农村生态环境，15（1）：41 – 44.

徐华君，徐百福.1996.污染物允许排放总量分配的公平协调思路与方法［J］.新疆大学学报（自然科学
版），8，13（3）：86 – 89.

徐祖信，黄沈发，鄢忠纯.2003.上海市非点源污染负荷研究［J］.上海环境科学，（22）：1 – 3.

喻良，刘遂庆，王牧阳.2006.基于水环境模型的水环境容量计算的研究［J］.河南科学，12，24（6）：
874 – 876.

张大弟.1997.上海市郊区非点源污染综合调查评价［J］.上海农业学报，13（1）：31 – 36.

张红举.2003.平原河网污染负荷计算研究——以锡山地区为例［D］.

张兴榆，黄贤金，于术桐，等.2009.沙颍河流域行政单元的排污权初始分配研究［J］.环境科学与管理，3，
34（3）：17 – 20.

张学庆，孙英兰.2007.胶州湾入海污染物总量控制研究［J］.海洋环境科学，8，26（4）：347 – 350.

张燕.2007.海湾入海污染物总量控制方法与应用研究［D］.中国海洋大学.

张永良，刘培哲.1991.水环境容量综合手册［M］.北京：清华大学出版社.

张永良. 1992. 水环境容量基本概念的发展[J]. 环境科学研究,5(3):59 – 61.

张志强. 2006. 天津市水污染物总量控制方法研究[D]. 河北工业大学硕士学位论文.

浙江大学建筑工程学院. 2008. 乐清湾海洋环境容量及污染物总量控制研究报告[R].

周密,王华东,张义生. 1987. 环境容量[M]. 沈阳:东北师范大学出版社,4 – 56.

Athanasios Kampas, Ben White. 2003. Selecting permit allocation rules for agricultural pollution control: a bargaining solution[J]. Ecological Economics, (47): 135 – 147.

Burn D H, Lence B. 1992. Comparison of optimization formulations for waste load allocation[J]. Environmental Engineering,118(4):597 – 612.

Cardwell H, Ellis H. 1993. Stochastic dynamic programming models for water quality management[J]. Water Resources Research,29(40):803 – 813.

Cardwell H, Ells H. 1993. Stochastic dynamic Programming models for water quality management[J]. Water Resources Research,29(4): 803 – 813.

Converse A O. 1972. Optimum Number and Location of Treatment Plants[J]. WaterPollution Control Federation Journal, 44(8):438 – 447.

Cramton P, Kerr S. 2002. Tradeable carbon permit auctions:How and why to auction not grandfather[J]. Energy Policy,(30): 333 – 345.

Donald H B, Barbara J L. 1992. Comparison of Optimization of formulations for waste – load allocations[J]. Journal of Environmental Engineering,118(4): 597 – 612.

Ecker J G. 1975. A Geometric Programming Model for Optimal Allocation of Stream Dissolved Oxygen[J]. Management Science,21(6): 658 – 668.

Edwards T H., Hutton J P. 2001. Allocation of carbon permits within a country:a general equilibrium analysis of the United Kingdom[J]. Energy Economics,23(4): 371 – 386.

Ellis J H. 1987. Stochastic water quality optimization using imbedded chance constraints[J]. Water terResourees Research, 23(12): 2227 – 2238.

Fujiwara O, Gnanendran S K, Ohgaki S. 1986. River quality management under stochastic stream flow[J]. Environ. Eng., 112(2): 185 – 198.

G H Huang,J Xia. 2001. Barriers to sustainable water – quality management[J]. Journal of Environmental Management,61:1 – 23.

Jesper J, Tobias R. 2000. Allocation of CO_2 dischargepermits:a general equilibrium analysis of policy instruments [J]. Journal of Environmental Economics&Management,40(2): 111 – 136.

Li Shiyu, Tohru Morioka. 1997. Optimal allocation of waste loads in a river with probabilistic tributary flow under transverse mixing[J]. Water Environment Research, 71(2): 156 – 162.

Ruochuan Gu,Mei Dong. 1998. Water Quality Modeling in the Watershed – based Approach for Waste Load Allocation[J]. Water Science and Technology,38(10):165 – 172.

Sasikumar K,Mujumdar P P. 1998. Fuzzy optimization model for water quality management of a river system[J]. Journal of Water Resources Planning and Management – ASCE,124(2):79 – 88.

Subhankar, Karmakar,P. P. Mujumdar. 2006. Grey fuzzy optimization model for water quality management of a river system[J]. Advances in Water Resources,(29):1088 – 1105.

Subhankar, Karmakar,P. P. Mujumdar. 2007. A two – phase grey fuzzy optimization approach for water quality management of a river system[J]. Advances in Water Resources,1:1218 – 1235.

Subimal, Ghosh,P. P. Mujumdar. 2006. Risk minimization in water quality control problems of a river system[J]. Advances in Water Resources,(29):458 – 470.

Wei H. ,Sun J. ,Molla,et al. 2004. Plankton dynamics in the Bohai Sea – observations and modeling[J]. Journal of Marine System,44:233 – 251.

Wen C – G,Lee C – S. 1998. Fuzzy Programming Approach to Water Quality Management Proceedings of the National Science Council, Republic of China. Part A[J]:Physical Science and Engineering [Proc. Natl. Sci. Counc. Rep. China Pt. A:Phys. Sci. Eng.],22(5):579 – 590.

第3章 自然状况与社会经济状况

杭州湾位于浙江省北部、上海南部,东临舟山群岛,西有钱塘江、曹娥江等注入。根据《中国海湾志》(陈则实等,1992),杭州湾的范围东起上海市南汇县芦浦港(灯标)至宁波市镇海区甬江口南长跳嘴,西接钱塘江河口区,其界线是从海盐县澉浦长山至慈溪、余姚两地交界处的西山闸(表3.1和图3.1)。

表 3.1 杭州湾起讫点位置

起讫点位置		纬度(N)	经度(E)
东界	南汇芦潮港(灯标)(A)	30°51′30″	121°50′42″
	镇海甬江口南长跳咀(B)	29°58′27″	121°45′51″
西界	澉浦长山东南角(C)	30°22′22″	120°54′30″
	慈溪市西三闸(D)	30°16′06″	121°04′20″

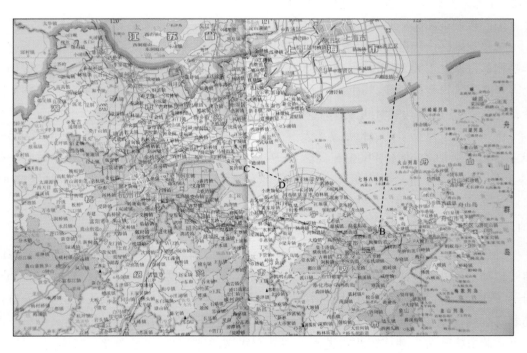

图 3.1 杭州湾海域示意(A、B、C、D代表起讫点位置示意点)

杭州湾以海洋动力作用为主,径流影响微弱,呈喇叭形,东西长 90 km,湾口宽 100 km,

湾顶澉浦断面宽约 20 km,面积约 5 000 km²;大陆岸线长 258 km,湾内潮间带面积 500 km² (即岸线至理论基准面以上滩涂面积),海滩主要为淤泥质潮滩。杭州湾历史演进的总体趋势是北岸侵蚀后退、南岸淤涨伸展。湾内有岛屿 57 个,总面积约 5 km²。

3.1 自然环境概况

3.1.1 气候与气象

杭州湾位于副热带季节气候区,风向主要表现为季风特征,冬季一般为偏北风,夏季为偏南风,春秋为过渡季节(杨士瑛,1985)。总的气候特点是受冬夏季风交替影响,四季分明,光照条件好,气候温和湿润,降水充沛,雨热同季,四季均有可能出现灾害性天气。

区内年平均气温为 14.4～18.0℃,平均气温呈南高北低的分布趋势。年平均日照时数为 1 900～2 060 h,多年平均无霜期为 228～243 d。

区内降水主要集中在 3—9 月间,占全年降水量的 75% 左右(杨士瑛,1985)。年平均降水量 1 181～1 522 mm,雨量雨日呈南多北少。年均蒸发量为 1 280～1 503 mm,由南向北递减。

多年平均风速北岸为 3.0～3.4 m/s,南岸为 4.2～4.4 m/s。最大、极大风速南部大于北部,外海大于近岸,一般夏季的平均风速大于冬季。本区最大风速一般出现在 6—9 月,此时正是台风侵袭和影响时期,而且对流天气也较多,10 级以上强风主要集中在 8—9 月。

杭州湾地区全年各月均有雾出现,夏季出现最少。据平湖、慈溪两地的多年观测资料,年平均雾日期慈溪为 21.3 d、平湖为 35.7 d,最多年雾日慈溪为 67 d、平湖为 57 d。杭州湾的雾有明显的日变化规律,其生产实践一般在下半夜到清晨日出之前,雾消散时间都在日升温之后 2～3 h,雾持续时间大多数(80% 左右)在 4 h 以内。

杭州湾气象复杂多变,台风、暴雨及突发性小范围灾害性天气时有发生。杭州湾从 5—10 月都有台风活动,但主要集中在夏季 7—9 月,约占台风的 85% 以上,台风持续时间一般 2～3 d。台风期间,还会带来明显的大风、暴雨和风暴潮等灾害性天气,对杭州湾地区渔业、农业、港口运输业及人民生命财产等危害极大。

3.1.2 海洋水文

杭州湾潮波属东海前进波、黄海驻波系统。以东海前进波系统分潮为主,另受黄海旋转波影响。东海潮波沿西北偏西方向传入,被湾口岛屿分成两股,南股经过舟山群岛金塘、册子、秀山等十几条水道进入杭州湾南部水域;北股则通过大衢山至大戟山,向西进入杭州湾北部水域,在湾内其同潮时线呈弧状,至王盘山附近接近直线,南北两岸发生高潮早于湾中央。黄海旋转波分潮从东北向进入上海外围水域,其同潮时线呈西北—东南向,振幅由北向南递增。

杭州湾日潮波是自湾口北端从东北方向传入湾内,全日分潮高潮时北岸较南岸早,湾口外大戟山一带明显弯曲。杭州湾是以半日潮波为主的海区,潮波在传播过程中,波形和结构不断发生变化,潮波振幅急剧增大,波形畸变,波峰前坡陡直、后坡平缓,进入澉浦后由于江面狭窄及存在巨大的沙坎,在尖山附近形成钱塘涌潮,向上传播至新仓、八堡达到最大,十分壮观。杭州湾是我国潮差最大的海域之一。

杭州湾潮汐,一个朔望月内有朔、望大潮和两弦小潮。大潮出现在每个月朔、望后的1~3 d。两弦小潮出现在上、下弦后的1~3 d。一年内有春、秋大潮和夏至、冬至小潮。每年春分、秋分附近的大潮比通常大潮的潮差大;夏至、冬至前后的朔、望潮则比较小。台风期,除天文潮以外,从外海传入河口区的还有台风暴潮。湾内大部分海区属于浅海半日潮类型,甬江口附近属不正规半日潮海区,湾口外大戢山附近海域属于正规半日潮海区。

湾内落潮历时(除镇海外)普遍大于涨潮历时。北岸的涨、落潮历时差约为1 h 30 min,沿程变化不明显。南岸由湾口向湾顶,涨、落潮历时之差递增,但差值不大。钱塘江河口区的历时远大于涨潮历时,且越距上游差值愈大。杭州湾北岸高潮位高于南岸、低潮位低于南岸,潮差沿程变化,湾口处较小,往湾顶逐渐增大,至澉浦达到最大,镇海两侧及附近水域潮差最小。

杭州湾水浅,海底地势平坦,地形集能作用使湾内潮流速和潮差向湾顶递增,湾内最大流速值可达400 cm/s以上,基本属于强潮流区。杭州湾海域潮流性质,除南汇嘴有一小区域外,杭州湾皆属于半日潮流海区。潮波由湾口至湾顶受地形影响变化,反映在潮流上,涨落潮历时基本涨潮历时减短、落潮历时增长,涨落潮时间由湾口向湾顶逐渐推迟,相差2 h左右。潮流以往复流为主,仅有微弱的旋转。流速涨潮时纵向自湾口向湾顶递增,横向在金山—庵东一线,此线以西南岸流速大于北岸,以东则反之;落潮时,流速变化则恰好相反。表层流速大于底层。杭州湾区的余流比较小,平均流速在20 cm/s左右。

杭州湾内波浪以风浪为主,其中北岸及东北海域的纯风浪频率高达95%以上,湾口南岸受外海偏北向浪影响,涌浪比较大,致使镇海附近海域偏北向浪频率明显大于其他方向。东部波浪大于西部,年平均波高和周期东部比西部大1倍左右。除湾口外,湾内平均波高的季节变化不明显。

台风和寒潮大风是杭州湾出现大波高的主要天气现象,尤其是台风,其历史最大波高则均为台风所致。

3.1.3 地形地貌

目前除杭州湾、钱塘江沿岸有些孤丘分布,海拔在100 m、200 m不等外,其余部分地势低平、起伏较小,河网密布,湖泊众多,平原地势由南向北略微倾斜,嘉善、嘉兴北部及桐乡、乌镇一线以北最为低洼,海拔2.8~3.2 m,中部大运河沿线两岸,地势适中,海拔3.5~4.0 m,沿钱塘江、杭州湾一带地势略高,海拔5~7 m。

杭州湾呈一个喇叭状,周边地貌主体是平原,主要分布于中、新生代的凹陷区,一般有后层松散沉积覆盖,杭州湾北岸的平湖独山与海宁尖山附近为侵蚀型丘,山体岩石主要为凝灰岩,是后方陆地的天然屏障,对于防潮挡浪、稳定岸线起着重要作用;分布于杭州湾金丝娘桥—独山、乍浦—澉浦以及钱塘江沿岸狭长地带的海积平原,其高度相对于大潮高位,大体呈南高北低,需要人工筑堤防护才能得以保持岸线稳定。杭州湾南岸的地貌形态主要受燕山运动地质构造影响,主体结构为北北向东和东西向断裂,海岸线的轮廓、岛屿分布以及各深水水道与口门的走向皆显示出两组断裂结构方向交织的特征。

潮间带地貌基本为河口区的河口边滩和口外滨海区的潮滩两大类,主要分布于澉浦、西山以西的岸段。其中,澉浦、乍浦、金山嘴的弧形岸段为侵蚀型岸段,涂面露青灰色硬泥,高滩不发育;北岸的芦潮港—中港岸段、南岸的西三至庵东为动荡型潮滩,以变幅较大的粉砂滩为特点,处于不稳定的内冲外淤状态;淤积型潮滩,无论是淤泥质还是粉砂质,均以稳定的地貌组合向海淤涨,如庵东浅滩东半部。

杭州湾的形成与长江三角洲的伸展和宁绍平原成陆密切相关。泥沙以海域来沙为主,其中长江来沙对杭州湾的形成起着重要作用。物质以颗粒匀的细粉砂为主,极为松散,抗冲能力小。自晚更新世(距今约 15 万～20 万年)以来,本海区先后遭受了三次海侵。冰后期海侵以来,长江三角洲的南沙嘴曾伸展到王盘山。目前的地貌格局是在经受了冰后期海面上升导致的大海侵后,由于长江和钱塘江等河流带来的泥沙不断充填、堆积而成。杭州湾岸滩演进总体为北岸侵蚀后退、南岸淤涨伸展,目前两岸局部皆有海塘围护。

杭州湾的河口湾沉积体自钱塘江河口延伸至舟山群岛间的潮汐通道系,形成水下浅滩,潮流槽脊系、河口沙坎等三个沉积地貌单元。

湾内水深多小于 10 m,水下地形平坦,中北部至口门为杭州湾水下浅滩,湾内岛屿众多,岛屿附近发育有潮流深槽、冲刷深槽及潮流沙脊等,河口段以内形成了庞大的钱塘江沙坎。

潮流槽脊系则以多列潮流脊和潮流冲刷槽的组合为特征,发育于杭州湾漏斗状形态的束窄部。湾内地形起伏,水深一般在 7～12 m,最深的冲刷深槽可达 40 m 以上,乍浦—庵东断面是潮流槽、潮流脊密度最大的区域,潮流冲刷槽紧靠北岸,东部的金山深槽始于大小金山,全长 11 km,宽约 2 km,一般深 30～40 m,位于东侧的最深点达 50 m,南临以西侧小岛向东逐渐尖灭为落潮流沙脊。西部的冲刷槽始于乍浦一带,最深也近 50 m,与冲刷槽向西逐渐尖灭对应,落潮流沙脊于白塔山一带。杭州湾中部的潮流沙脊群发育于王盘山诸岛和七姐八妹诸岛,其中涨潮沙脊偏北,落潮沙脊偏南,涨潮流沙脊规模较大,冲刷带位于潮流沙脊两侧。

湾口浅滩分布于杭州湾口的北部和中部,即滩浒山、大小白山一带。浅滩地势平缓、水深在 8～10 m,面积约 2 000 km²,沉积物以黏土质粉砂为主。

杭州湾顶向西地形隆起,高点在盐官至仓前一带,形成河口沙坎(又称拦门沙坎),上下游分别延伸至闻家堰和乍浦,长 130 km,宽约 27 km,厚约 20 m,沉积物主要由细粉砂组成。

杭州湾现海岸线长 258.49 km,其南岸属于淤涨型海岸,北岸则属于侵蚀型海岸,其中人工及淤泥质岸线 217.37 km,河口岸线 22.08 km,其岩及沙砾岸线 19.04 km,海滩主要为淤泥质潮滩(吴明,2004)。杭州湾北岸的"长三角"平原,自距今 3 000 年开始进入迅速发展阶段,自距今 3 000～1 200 年,海岸线向东推进 30 km,1 200～500 年又东移了 2～3 km,岸线外推速度略为减缓;而北岸的澉浦—乍浦—金山嘴为侵蚀型岸段,古海岸线遗迹侵蚀无存,目前主要依靠人工筑堤保持岸线稳定。杭州湾南岸全新世海侵盛期的岸线大致沿萧山、绍兴、余姚、奉化一带山麓,14—15世纪岸线外移速度较快,平均速率60 m/a,16—18世纪,平均速率30 m/a,到19世纪,岸线共外移16 km;余姚西三—慈溪附海为於涨型岸段,200多年来岸滩以约40 m/a的平均速度向海推进;慈溪附海—镇海口为缓慢型淤涨岸滩,近10年来岸滩外移速度约10 m/a。杭州湾南岸岸滩演变的近代历史中,工程设施起着重要作用,滩涂的逐年淤积,一般每隔数十年海塘线就要向外推进一次,围涂造地。余姚、慈溪一带海岸线,从宋、元时期建造的大古塘算起,海塘已达十一塘、十二塘,新增造地200 km²,使海岸线不断向外扩展。

3.1.4 海洋资源

1)港口岸线资源

杭州湾两岸具有良好港口岸线及航道资源,主要分布在杭州湾北岸的澉浦以东至上海南汇一线,杭州湾南岸宁波北仑、镇海一带。

杭州湾北岸澉浦以东至上海南汇一线有数十公里长的深水岸线,主要包括芦潮港岸段、金山嘴岸段、金丝娘桥至独山岸段、独山至乍浦岸段、乍浦港区。该岸段是岸滩变化幅度较小、海岸相对稳定的侵蚀型海岸,深水区靠近海岸,尤其是金山嘴至乍浦海岸前沿,伸展着一条长约40 km深槽,最深处可达50 m以上,自然水深条件良好,且潮差不大,有利于船舶乘潮出入(上海市"908"专项成果集成,2011)。

乍浦港区(即嘉兴港)历史悠久,由独山、乍浦、海盐等港区组成,是浙江境内杭州湾北岸唯一的出海通道,是上海国际航运中心的配套港,以服务杭嘉湖地区经济社会发展以及杭州湾北岸临港产业发展为主,是承担能源、原材料运输和外贸物资近洋运输为主的地区性重要港口。嘉兴港的进港航道主要有3条,分别为杭州湾南航道、杭州湾北航道和七姐妹航道,3条航道均能乘潮通航3万~5万吨级船舶。

杭州湾南岸慈溪龙山至镇海(甬江口)岸段,以宁波、镇海等城市为依托,与宁波深水港——北仑港区毗连,至1978年开始扩建的镇海港,与老港、北仑、大榭、穿山北、梅山和定海、沈家门、老塘山、高亭、衢山、泗礁、洋山、绿华、六横、金塘、马岙等港区共同组成了宁波—舟山港口区。宁波—舟山港口区为"长三角"及长江沿线地区重要物资的转运枢纽,上海国际航运中心的重要组成部分,为煤炭、矿石、石油等大宗战略物资大进大出的储备中转基地,适应以能源、修造船、重化工、钢铁等临港产业发展的基地,适应以集装箱运输为载体的对外贸易持续稳定发展的物流基地。宁波港进港航道众多,其中由外海经虾峙门水道、条帚门水道、崎头洋水道、螺头水道、金塘水道后直抵北仑等港区的东航道,为通航大型远洋船舶的理想通道。

2)滩涂湿地资源

杭州湾湿地是我国南北滨海湿地的分界地,是泥质海岸向石质海岸的过渡带。长江径流携带的泥沙相当部分扩散南下进入杭州湾,为杭州湾带来了大量的泥沙,形成了以堆积为主的海岸,提供了丰厚的滩涂资源,浙江省居首位。滩涂资源面积约为7.17×10⁴ hm²(表

3.2),适宜的滩涂区面积约为 $17.47 \times 10^4\ hm^2$,按行政区统计,沿海、沿江各县(市、区)分别是:嘉兴市 6 620 hm^2、杭州市 1 186.7 hm^2、绍兴市 3 286 hm^2、宁波市 $4.05 \times 10^4\ hm^2$。

湿地主要土壤类型为滨海盐土类的潮滩盐土亚类,下属滩涂泥土 1 个土属,粗粉砂涂、泥涂和砂涂 3 个土种(吴明,2004)。海岸线近端新形成滩涂上主要分布着早期物种海三棱藤草(*Scirpusmariqueter*)和糙叶苔草(*Carex scabrifolia*),向内陆方向延伸,主要分布着芦苇(*Phragmites communis*)和柽柳(*Tamarix chinensis*)等,而在较早形成的滩涂上主要被白茅(*Imperata cylindrica*)和旱柳(*Salix matsudana*)占据(YANG T H. al,2007)。

表 3.2 典型湿地分布

岸段编号	岸段范围	滩涂资源/hm^2	海岸状态	湿地类型
(1)	平湖市金丝娘桥—海盐县澉浦	3 006.7	侵蚀型	浅海水域、湖泊湿地
(2)	澉浦—钱江一桥北	13 500	淤涨型向稳定型过渡	
(3)	钱江一桥南—西三闸	13 880	淤涨型为主	海岸型淡水湖、三角洲湿地、草本沼泽、河流
(4)	西三闸—甬江口北	36 613.3	淤涨型为主	浅海水域、潮间淤泥海滩、潮间盐水沼泽、库塘
	合　计	71 666.7		

3)渔业资源

杭州湾和钱塘江水域面积广阔,适宜多种水生生物的栖息、生长和繁衍,而且长江带来的丰富的营养物质,是杭州湾海洋渔业生物资源丰富的重要因素。

杭州湾的潮间带生物有 235 种,主要包括软体动物(92 种)、甲壳动物(70 种)、鱼类(50 种)3 大类。潮间带生物量年平均为 46.94 g/m^3,分布密度为 318 个/m^3,生物种类主要有焦河篮蛤、泥螺、渤海鸭嘴蛤、中国绿螂、四角蛤蜊、彩虹明樱蛤、珠带拟蟹守螺、锯缘青蟹等。底栖生物:杭州湾底栖生物量年均仅为 0.35 g/m^3,属浙江省沿海最低生物区。底栖生物密度为 13.5 个/m^3。

杭州湾是多种降河性洄游鱼类产卵和仔鱼生活的场所,游泳生物主要为近岸中小型鱼类为主,一般可分为三类,即:洄游性类型、海水鱼类和咸淡水类型(河口性鱼类)等。湾内出现季节长和频率高的优势种类主要有凤鲚(*Coilia mystus*)、刀鲚(*Coilia ectenes*)、银鲳(*Pampus argenteus*)和龙头鱼(*Harpadon nehereus*)等(吴明,2004)。

4)旅游资源

杭州湾沿岸地区拥有较为丰富的旅游资源,著名的有钱塘江、平湖九龙山、海盐南北潮、慈溪杭州湾湿地、乍浦古炮台、甬江海防史迹、镇海后海塘史迹等自然、生态及人文景观,以及杭州湾跨海大桥、秦山核电、独山、乍浦及镇海、北仑港区等桥梁、工业、港口旅游资源。

5)鸟类资源

杭州湾冬季水鸟种类和数量多,以雁鸭类和鸻鹬类为主,也是浙江海岸湿地水鸟资源最集中的地区,有41种,隶属于7目10科,尤其慈溪三北浅滩是多种候鸟在华东的主要越冬地和迁徙驿站。

3.2 沿岸社会经济发展概况

杭州湾地跨浙江、上海两省市,呈"V"形分布,沿岸主要包括上海、嘉兴、杭州、绍兴、宁波等地区,即其北岸主要有上海的南汇区、奉贤区、金山区和嘉兴的平湖市、海盐县、海宁市,南岸主要有杭州的萧山区、绍兴市的绍兴县、上虞市和宁波的余姚、慈溪、镇海等,具体可见表3.3。其中上海、杭州和宁波三座著名城市,呈三角之势分别位于湾口两翼和湾顶之西。此外,杭州湾口外有舟山市的定海区、普陀区和岱山、嵊泗两县。

表3.3　杭州湾沿岸地区主要城镇一览表

市	县	主要乡镇
上海市	南汇区	祝桥镇、老港镇、老港镇、书院镇、芦潮港镇、泥城镇、滨海镇等
	奉贤区	南桥镇、奉城镇、庄行镇、金汇镇、四团镇、青村镇、柘林镇、海湾镇等
	金山区	枫泾镇、朱泾镇、亭林镇、漕泾镇、山阳镇、金山卫镇、张堰镇、廊下镇、吕巷镇等
嘉兴市	平湖市	乍浦镇、新埭镇、新仓镇、黄姑镇、独山港区和全塘镇、广陈镇、林埭镇等
	海盐县	武源镇、沈荡镇、澉浦镇、通元镇、西塘桥镇、秦山镇、于城镇、百步镇等
	海宁市	许村镇、长安镇、周王庙镇、丁桥镇、黄湾镇、斜桥镇、盐官镇、袁花镇等
杭州市	萧山区	楼塔镇、河上镇、戴村镇、浦阳镇、进化镇、临浦镇、所前镇、衙前镇、闻堰镇、宁围镇等
绍兴市	绍兴县	滨海工业区、钱清镇、孙瑞镇、平水镇、兰亭镇、富盛镇、陶堰镇等
	上虞市	曹娥街道、道墟镇、长塘镇、上浦镇、陈溪乡、梁湖镇、盖北镇等
宁波市	余姚市	泗门镇、临山镇、丈亭镇、梁弄镇、小曹娥镇、牟山镇、黄家埠镇等
	慈溪市	龙山镇、掌起镇、观海卫镇、桥头镇、新浦镇、庵东镇、周巷镇等
	镇海区	城关镇、庄市街道、骆驼街道、蟹浦镇、九龙湖镇等

杭州湾沿岸社会经济发达,拥有素有鱼米之乡之称的杭嘉湖和萧绍宁平原,以及较发达和完善的交通网络体系,港口优势突出,区位优势显著,2008年杭州湾沿岸地区上海、嘉兴、杭州、绍兴、宁波的社会经济概况见表3.4~表3.7。

表3.4　2008年杭州湾沿岸(北岸)各县(市、区)社会经济概况(上海市环杭州湾各区县)

项目名称	上海		
	南汇区	奉贤区	金山区
年末总人口/万人	106.21	80.84	64.56
其中,非农业人口/万人	33.08(2005年)	32.04	30.61(2007年)
行政区域面积/km²	687.39	720.44	586.05

项目名称	上海		
	南汇区	奉贤区	金山区
国内生产总值(当年价)/亿元	350.2	459.94	311.8
三次产业结构/%	4.0:54.4:40.5	3.4:64.5:31.1	3.0:64.4:32.6
人均国内生产总值/元	39 410	56 895	48 296
工业总产值/亿元	1 050.7	1 144.565 9	1 012.3
农林牧渔总产值/亿元	48.63	36.348 8	29
耕地面积/hm²	52 700	27 700.11	26 662
海岸线/km	60	31.6	23.3
粮食播种面积/hm²	15 400	13 674.8	20 000
年粮食产量/t	11.02	10.529 2	/
水产品总产量/×10⁴ t	2.38	3.265 7	/
全社会固定资产投资总额/亿元	/	147.23	102.8
社会消费品零售总额/亿元	/	184.293 9	171.7
财政总收入/亿元	106.9	93.6	76.2
其中地方财政收入/亿元	33.5	28.55	23
年末金融机构存款余额/亿元	729.8	4 760 993	380.5
年末金融机构贷款余额/亿元	/	3 372 156	348.1
城镇居民人均可支配收入/元	31 617	19 998.5	22 100
农村居民人均纯收入/元	9 426	10 880	10 312
学校数/所	181	100	56
专利授权数/项	/	/	7
卫生机构数/个	314	65	65
卫生技术人员数/人	4 396	3 124	3 726
废水排放总量/×10⁴ t	/	/	/
其中工业废水排放量/×10⁴ t	/	1 592.82	/
污水集中处理率/%	/	/	/

注:①资料来源于各县市区的统计年鉴;②"/"表示无相关统计资料。

表3.5 2008年杭州湾沿岸(南岸)社会经济概况(浙江环杭州湾各区县)

项目名称	嘉兴		
	平湖市(2007年)	海盐县	海宁市
年末总人口/万人	48.37	36.92	64.09
其中,非农业人口/万人	17.38	7.22	43.62
行政区域面积/km²	537	1 073	700.5
国内生产总值(当年价)/亿元	240.2	202.18	348.95
三次产业结构/%	4.3:66.0:28.7	7.3:66.1:26.6	4.9:62.5:32.6
人均国内生产总值/元	57 086	54 848	53 702

项目名称	嘉兴		
	平湖市（2007 年）	海盐县	海宁市
工业总产值/亿元	640.91	378.37	722.17
农林牧渔总产值/亿元	22.6	21.79	26.11
耕地面积/hm²	31 020	45 400	50 720
海岸线/km	27	53.5	/
粮食播种面积/hm²	33 179	29 200	28 970
年粮食产量/t	226 983	197 009	189 300
水产品总产量/×10⁴ t	39 000	10 686	32 800
全社会固定资产投资总额/亿元	167.5	80.29	154.39
社会消费品零售总额/亿元	67.56	44.77	132.52
财政总收入/亿元	39.27	19.15	43.96
其中地方财政收入/亿元	18.67	9.69	21.39
年末金融机构存款余额/亿元	288.85	191.93	384.26
年末金融机构贷款余额/亿元	209.19	180.79	269.6
城镇居民人均可支配收入/元	23 446	23 700	23 080
农村居民人均纯收入/元	11 403	11 650	11 577
学校数/所	114	100	77
专利授权数/项	/	329	519
卫生机构数/个	221	142	172
卫生技术人员数/人	2 479	1 396	3 457
废水排放总量/×10⁴ t	1 617	/	3 230
其中工业废水排放量/×10⁴ t	1 592	2 636.3	2 885
污水集中处理率/%	79.95	80.79	81.76

注：①资料来源于各县市区统计年鉴；②"/"表示无相关统计资料。

表 3.6　2008 年杭州湾沿岸（南岸）各县（市、区）社会经济概况（浙江环杭州湾各区县）

项目名称	杭州	绍兴	
	萧山区（2007 年）	绍兴县	上虞市
年末总人口/万人	119.47	71.46	77.31
其中，非农业人口/万人	38.11	28.71	24.18
行政区域面积/km²	1 420	1 177	1 403
国内生产总值（当年价）/亿元	977.77	608.27	348.34
三次产业结构/%	4.5:64.5:30.0	4.2:59.8:34.0	7.0:61.0:32.0
人均国内生产总值/元	70 829	85 368	45 067
工业总产值/亿元	3 154.66	2 552.71	972.26
农林牧渔总产值/亿元	59.31	388.62	40.29

项目名称	杭州	绍兴	
	萧山区(2007 年)	绍兴县	上虞市
耕地面积/hm²	53 200	25 453	76 165
海岸线/km	/	/	/
粮食播种面积/hm²	/	28 107	46 313
年粮食产量/t	268 913	197 259	274 800
水产品总产量/×10⁴ t	46 505	23 843	36 300
全社会固定资产投资总额/亿元	306.76	242.38	144.32
社会消费品零售总额/亿元	170.59	91.04	99.67
财政总收入/亿元	111.58	74.73	39.8
其中地方财政收入/亿元	53.88	38.52	20.23
年末金融机构存款余额/亿元	1 140.23	820.91	429.88
年末金融机构贷款余额/亿元	950.73	597.52	332.11
城镇居民人均可支配收入/元	23 831	26 155	24 360
农村居民人均纯收入/元	11 730	13 372	10 859
学校数/所	388	138	117
专利授权数/项	931	5 643	971
卫生机构数/个	831	25	126
卫生技术人员数/人	6 263	2 783	2 605
废水排放总量/×10⁴ t	/	/	/
其中工业废水排放量/×10⁴ t	19 564.34	17 209	2 704.24
污水集中处理率/%	80.1	87.36	64.75

注:①资料来源于各县市区统计年鉴;②"/"表示无相关统计资料。

表 3.7　2008 年杭州湾沿岸(南岸)各县(市、区)社会经济概况(浙江环杭州湾各区县)

项目名称	宁波		
	余姚市	慈溪市	镇海区
年末总人口/万人	83.11	103.12	22.43
其中,非农业人口/万人	17.91	17.79	14.95
行政区域面积/km²	1 527	1 361	246
国内生产总值(当年价)/亿元	484.71	601.43	180.27
三次产业结构/%	0.6:63.6:34.8	11.3:48.6:40.1	2.6:61.2:36.2
人均国内生产总值/元	58 389	58 437	67 994
工业总产值/亿元	818.85	1 730.31	629.05
农林牧渔总产值/亿元	282.89	41.17	81.77
耕地面积/hm²	967 415	43 927	11 073

项目名称	宁波		
	余姚市	慈溪市	镇海区
海岸线/km	23	78.5	16
粮食播种面积/hm²	482 524	43 927	4 754
年粮食产量/t	206 135	109 503	31 426
水产品总产量/×10⁴ t	41 236	46 844	1 172
全社会固定资产投资总额/亿元	154.41	196.32	167.85
社会消费品零售总额/亿元	159.6	214.09	47.77
财政总收入/亿元	70.24	86.01	39.06
其中地方财政收入/亿元	33.33	43.44	19.9
年末金融机构存款余额/亿元	434.85	791.49	150.02
年末金融机构贷款余额/亿元	392.99	642.28	247.88
城镇居民人均可支配收入/元	25 113	26 385	25 304
农村居民人均纯收入/元	9 904	12 263	11 985
学校数/所	173	51	38
专利授权数/项	1 209	2 502	/
卫生机构数/个	34	73	141
卫生技术人员数/人	3 270	5 076	2 545
废水排放总量/×10⁴ t	3 456	/	/
其中工业废水排放量/×10⁴ t	1 495	11 240	1 766.95
污水集中处理率/%	99.03	93.42	/

注:①资料来源于各县市区统计年鉴;②"/"表示无相关统计资料。

2008 年杭州湾沿岸各县(市、区)人口约达 878.89 万人,其中,非农业人口 306.6 万人,人口密度约为 768 人/km²。年国内生产总值约 5 114.06 亿元,其中萧山区、绍兴县和慈溪市相对较高,分别为 977.77 亿元、608.27 亿元、601.43 亿元。人均国内生产总值平均为 580 027 元,其中绍兴县最高,为 85 368 元,其次是萧山区,为 70 829 元,最低南汇区为 39 410 元。根据 2005 年度全国百强县(市)社会经济综合发展指数测评结果,除上海的三区(南汇、奉贤、金山)和宁波的镇海区 3 个未进入百强县(市)排名外,其他 9 个县(市)均进入百强县(市)前 50 名,其中萧山区、绍兴县进入了前 10 名,分别列第 7 位、第 10 位,慈溪、余姚分别列第 14 位、第 18 位,表明杭甬两中心城市以及绍兴显示出明显的社会经济实力。

统计结果显示,2008 年杭州湾沿岸各县(市、区)的城镇居民人均可支配收入 24 590.79 元,农村居民人均纯收入 11 280.08 元。根据 2008 年全国城镇居民人均可支配收入数据显示,宁波、绍兴和杭州均列前 10 位。这表明杭州湾区域居民的生活水平均普遍较高,从另一个侧面反映了该地区经济处于领先的发展现状。

杭州湾沿岸各县(市、区)的产业结构中,第一产业比重均相对较低,除慈溪外均低于

10%，最低是余姚0.6%，其他县（市、区）一般在3%～7%，慈溪由于传统的萧绍宁平原地域区位优势，第一产业比重占经济比重还相对较高，达11.3%；第二产业比重相对较高，除南汇、慈溪外，其他县（市、区）第二产业比重占经济比重均在60%以上，最高是海盐县为66.1%，最低是慈溪为48.6%；杭州湾沿岸各县（市、区）的第三产业比重在整个经济比重中也占有很大的一席之地，约占1/3。

环杭州湾地区的主导产业主要以工业为主。上海市金山区地处杭州湾畔，中国著名的特大型企业——中国石化上海石油化工股份有限公司坐落于境内；奉贤区地处上海市南部，南临杭州湾，已形成以机电、服装、箱包、建材、机械、橡塑、化工、纺织等八大行业为支柱的工业经济体系；南汇区位于长江口和杭州湾的交汇处，其主导产业是：现代装备制造业、汽车及零部件、电子信息、医药和医疗设备制造业、现代物流业、商贸业、房地产业和旅游业，总部经济和研发经济。平湖市充分发挥区位优势和港口资源优势，以接轨上海、建设环杭州湾产业带为导向，以港口为龙头，大力发展临港工业，逐步形成了电力、石化、钢铁、新型建材、造纸、船舶修造、汽车零部件和装备制造业等产业。嘉兴市牢牢把握滨海新区大开发的历史机遇，围绕临港产业特点，进一步加大招商引资力度，以工程塑料、特种纤维等石油化工新材料和金属制品、造纸等出口加工贸易产业为主导。初步形成了五大标志性产业集群。电子信息产业集群、现代医药业集群、石化产业集群、纺织产业集群、服装产业集群。

参考文献

陈则实，等．1992.中国海湾志（第五分册）[M]．北京：海洋出版社．

韩海骞，牛有象，熊绍隆，等．2009.金塘大桥桥墩附近的海床冲刷[J]．海洋学研究，27(1)：101-106．

黄荣敏，陈立，谢葆玲，等．2006.建桥对河流洲边滩的影响[J]．水利水运工程学报，(2)：51-55．

庞启秀，李孟国，麦苗．2008.桥墩对周围海域水动力环境影响研究[J]．中国港湾建设，155(3)：32-35．

任丽燕，吴次芳，邱文泽，等．2008.环杭州湾城市规划及产业发展对湿地保护的影响[J]．地理学报，63(10)：1055-1063．

上海市"908"专项成果集成．2011.上海市近海海洋综合调查与评价专项总报告[R]．上海市海洋局．

宋立松，王新，向卫华，等．2007.杭州湾滩涂资源遥感动态监测分析[J]．浙江水利科技，(1)：11-17．

吴明．2004.杭州湾滨海湿地现状与保护对策[J]．林业资源管理，(6)：44-47．

杨士瑛，国守华．1985.杭州湾区的气候特征分析[J]．东海海洋，(12)：12-17．

杨志荣，刘勇，任丽燕，等．2008.基于遥感影像的杭州湾湿地开发保护分区研究[J]．农机化研究，(11)：26-30．

YANG T H（杨同辉），ZHANG J H（章建红），ZHANG L J（张铃菊），LI X P（李修鹏），ZHOU H F（周和锋）．2007. Study on the diversity of plant communities at the front line of south beach of Hangzhou Bay[J]．Journal oJ Fujian Forestry Sc fence and Technology（福建林业科技），34(3)：170-172(in Chinese)．

第4章 污染源调查与估算

入海污染源调查是海洋环境容量计算与分配以及污染物总量控制的一项基础性研究工作。根据污染物产生的原因,主要可分为陆源污染和海域污染。陆源污染主要包括工业污染、生活污染、农业污染(畜禽养殖污染、农业化肥污染)和水土流失等,海域污染主要为海水养殖。按空间分布可分为点源和面源,一般认为,点源是指有固定排污口的工业企业直排口、水闸等;非点源也称面源,主要包括生活污染、畜禽养殖污染、农业化肥污染和水土流失引起的污染等。杭州湾的污染主要来自于陆源污染(包括点源和面源)、海域污染两大部分,陆源污染物随地表径流、入海排污口等排放入海,是海洋各类污染物的主要来源。

4.1 调查内容和方法

杭州湾污染源调查内容主要包括工业企业排污(直排入海和非直排入海)、陆源面源(生活污染、农业化肥、畜禽养殖和水土流失)、海水养殖以及入海河流和水闸输入等。根据污染物来源及其入海途径,杭州湾污染源调查与估算主要采用现场踏勘、采样监测和统计调查与计算(或估算)相结合的方法进行,即工业排污主要通过当地环保部门的资料收集和现场采样监测相结合的方法获取;生活、农业、水土流失等陆源面源主要通过杭州湾周边各县(市、区)2008—2009 年正式出版的统计年鉴上获取人口、耕地面积、禽畜养殖量等相关统计数据、采用相关公式估算其污染源强;入海河流(钱塘江、甬江、曹娥江)主要通过现场采样监测并结合历史资料确定污染物入海通量;沿岸入海排水闸主要通过现场采样、实验室分析及资料收集相结合方式掌握其排放情况,为陆源面源污染源强估算提供验证。海水养殖污染源主要通过当地海洋与渔业部门获取海水养殖量等相关统计资料,采用相关公式估算得出(表4.1)。

表4.1 杭州湾污染源调查内容和方法

污染源	序号	调查内容	方法
陆源污染	1	工业排污	现场踏勘、采样监测、统计调查与计算
	2	生活排污	统计调查与估算
	3	畜禽养殖	统计调查与估算
	4	农业化肥污染	统计调查与估算
	5	水土流失	统计调查与估算
	6	入海河流	现场踏勘、采样监测、统计调查与计算
	7	入海排水闸	现场踏勘、采样监测、统计调查与计算
海域污染	8	海水养殖	统计调查与估算

4.1.1　现场踏勘

杭州湾地跨上海、浙江两省市，即浙江省的宁波、绍兴、杭州、嘉兴 4 个地级市以及上海市的金山、奉贤、南汇等 3 个区，海域面积约 5 000 km²，海岸线长 258 km。沿岸社会经济发达，人口密集，入海河流、水闸众多。通过现场踏勘，初步了解环杭州湾沿岸的入海污染物状况，基本掌握陆源污染物的排海方式及特征，为获取环杭州湾污染源的第一手资料奠定基础。

4.1.2　统计调查与估算

4.1.2.1　汇水区的划分

杭州湾污染源具有特殊性，集水区域为密集的平原河网，汇水区以县(市、区)行政区域为划分单元，因此共划分成 12 个汇水区(表 4.2)。

表 4.2　杭州湾汇水区划分

序号	汇水区	序号	汇水区	序号	汇水区
1	镇海区	5	绍兴县	9	平湖市
2	慈溪市	6	萧山区	10	金山区
3	余姚市	7	海宁县	11	奉贤区
4	上虞市	8	海盐县	12	南汇区

4.1.2.2　统计调查与估算方法

杭州湾污染物源强估算包括了工业污染、生活污染、农业化肥污染、畜禽养殖污染、水土流失和海水养殖污染。工业污染源强的估算主要是通过企业排污的实际调查结果计算得出；生活排污、农业化肥、土壤流失、畜禽养殖及海水养殖的污染源强，则采用输出系数法(JOHNES P J,1996)进行估算获取。输出系数法主要是利用相对容易得到的土地利用状况等资料，直接建立土地利用类型、畜禽粪便排放量、农村生活污染排放量与受纳水体非点源污染负荷的关系。该方法在很大程度上避免了对非点源污染产生和迁移过程的过多考虑，适用于以流域为单元的长期年均负荷估算。计算方法如下：

$$L = \sum_{i=1} E_i [A_i(I_i)] + p \tag{4.1}$$

式中，L 为污染物流失总量，kg；E_i 为流域内不同类型的污染物输出系数，即单位面积或每头(只)畜禽、人均生活污染的污染物年输出量，kg/(km²·a)；A 为第 i 类土地利用类型的面积或第 i 种牲畜数量、人口数量，km、头(只)或人；I_i 为单位面积或每头(只)畜禽粪便、人均生活污染的第 i 种污染源污染物量，kg。p 为降雨输入的污染物量，kg。本文忽略降雨输入的污染物量。

1)工业污染

工业污染源调查采用以统计调查为主、现场监测为辅的方式进行，即从环保部门直接获取数据，如果对于某一个区域缺乏此方面的资料，则采用现场采样监测的方式进行。杭州湾沿岸浙江省各县(市、区)企业直排入海的排污资料由浙江省环境监测中心提供,上海市工业企业排污资料则来自上海市水务部门、环保部门发布的《上海市水环境污染源和入河排污口调查报告》,同时结合海洋部门的监督监测对资料进行补充收集。

工业污染是陆源污染的重要组成部分,工业污染物种类繁多,包括 COD、氨氮、油类、重金属类以及各种难降解有机污染物等。工业污染源包括直排入海(点源)和非直排入海(面源,通过江河、水闸等入海)两部分。一般情况下,工业废水经处理达标后,废水中残留的有机成分多为难降解有机物,在自然条件下较难通过生物作用等进一步净化,其去除多表现为吸附等物理作用,考虑上述因素,直排入海的工业污染源强(点源)按100%计算,非直排入海的工业污染源强将根据杭州湾周边各县(市、区)污水集中处理率综合考虑。杭州湾周边各(市、区)污水集中处理率,据各县(市、区)年鉴,2008 年慈溪市为 79.9%,余姚市为99.0%,上虞市为65.8%,绍兴县为87.4%,萧山区为80.1%,海宁县为81.8%,海盐县为80.1%,平湖市为80.0%。因此,非直排入杭州湾的工业污水 COD_{Cr} 入海量以其排放量的80%计,总氮按60%计算,直排入杭州湾的都按100%计算。

2)生活污染

生活污染包括生活污水和人粪尿,是陆域面源污染的一个重要负荷之一。在一些工业污染治理起步较早、经济较为发达的地区,生活污染已取代了工业污染,成为对环境质量的主要威胁。生活面源污染也包括两部分。一部分是指纳入区域污水处理系统(如污水处理厂)处理后直排入海或排入江河,这一部分面源污染将被视为点源,污染源强计算可按环保部门等实际调查统计的结果进行,并需从面源计算区域中扣除。另一部分是指未纳入污水处理系统、主要通过地表径流等途径进入水体的生活面源,其污染源强计算可采用数学模型法进行。

鉴于污水处理厂与受纳水体来源关系较为复杂,又缺乏纳入污水处理系统的区域人口规模的具体统计数据,因此从生活污染面源中扣除点源部分,在实际应用过程中常常存在一定的困难。在本文仍采用数学模型法进行,即生活污染的生产量计算方法——排污系数法,它是通过实验算出人均排污系数,然后与人口规模相乘得到。

生活排污系数主要参考水利部太湖流域管理局在"太湖流域河网水质研究"中和张大弟等(1997)在上海郊区的相关研究中的结果(表4.3)。

表4.3　人粪尿和生活污水污染物排放系数　　　　　　　单位:kg/(a·人)

污染源	COD_{Cr}	BOD_5	TN	TP
农村生活污水	5.84	3.39	0.584	0.146
城镇生活污水	7.30	4.24	0.730	0.183
人粪尿	13.52	7.84	2.816	0.483

生活污水入海量的计算应考虑到其处理率和净化率,处理率主要是指化粪池的处理率,净化率是指污染物在入海前发生的复杂的物理、化学和生物的自然净化作用。参考文献中的参数的确定和研究的经验(张大弟,1997;水利部太湖流域管理局,1997),研究区域,

人尿以 10% 进入水环境计算,化粪池处理率和自然净化率分别以 25% 和 30% 计算。

3)农业化肥污染

化学肥料施入土壤后,通过淋溶、挥发、地表径流和冲刷等方式损失,进入到土壤、水体或大气中,只有小部分被吸收。因此,农业化肥污染也是农村地区面源污染之一。

一般农业化肥污染根据氮肥和磷肥使用量,按照流失率分别取 20% 和 5%,计算的流失部分即污染源强。但是由于缺乏部分县(市、区)的化肥使用量的统计数据,根据徐祖信等(2003)和帅方敏等(2007)的研究结果,本文采用不同土地利用类型来计算,即不同土地利用类型的面积乘以单位面积负荷量计算得出农业化肥污染源强(表 4.4)。

表 4.4 不同土地利用类型农业化肥污染单位面积负荷量 　　　单位:$kg/(hm^2 \cdot a)$

农业	COD_{Cr}	BOD_5	TN	TP
水田	72.8	7.26	26.0	1.8
旱地	76.16	6.00	11.2	3.3
园地	10.88	0.86	3.1	0.15

4)畜禽养殖污染

由于规模养殖,近年来农村畜禽养殖污染的贡献日益受到重视。据统计,1 头牛、1 头猪和 1 只鸡所排粪尿的 BOD_5 相当于 10 个人、30 个人和 0.7 个人所排粪尿的 BOD_5(黄秀珠等,1998)。因此在农村地区,畜禽粪尿污染不容忽视。

综合张大弟等(1997)、黄秀珠等(1998)、汪耀斌(1998)和谢蓉(1999)等的畜禽污染物排放系数,确定各类畜禽的污染物排放系数(表 4.5)。

表 4.5 各类畜禽污染物排放系数 　　　单位:$kg/(a \cdot 头)$

禽类	COD_{Cr}	BOD_5	TN	TP
牛	76.91	193.67	29.08	7.23
羊	4.4	2.7	4.23	1.43
猪	3.78	25.98	0.94	0.16
家禽	0.233	0.559	0.138	0.026
兔	—	—	1.07	—

注:表中排放系数除 BOD_5 外,均为进入水体量;BOD_5 考虑 60% 进入水体。

将排放系数乘以调查得到的各海区的畜禽数,即可计算得出畜禽污染物产生总量。与生活污染一样,计算畜禽污染物的入海量,要再考虑各污染物的流失率和降解率。参考文献分析结果(谢蓉,1999;汪耀斌,1998),本研究区域畜禽污染物的流失率和降解率分别取 30% 和 50%。

5)海水养殖污染

(1)鱼类养殖污染

网箱养鱼是完全依靠人工投饵的精养方式,其养殖密度高,投饵量大,养殖过程中的残

34

饵及鱼类代谢过程中的可溶性废物流失到海水中，影响海水质量。网箱养鱼对水体的影响主要是残饵和有机代谢物。

对网箱养殖大马哈鱼的研究结果表明，投入的饲料约有 80% 的氮被鱼类直接摄食，摄食的部分中仅有约 25% 的氮用于鱼类生长，还有 65% 用于液态排泄，10% 作为粪便排出体外。其他研究认为有 52%～95% 的氮进入水体。杨逸萍等（1999）研究发现以饲料和鱼苗形式人为输入海水网箱养鱼系统中的氮只有 27%～28% 通过鱼的收获而回收，有 23% 积累于沉积物中。国家海洋局第二海洋研究所在象山港以港内主要养殖品种鲈鱼进行的研究表明，鲈鱼对饲料的摄食率为 62.6%～82.2%，年平均为 71.81%（低于 Gowen 等的结果）；平均排粪率（以 POC 记）为 6.52%（此数据除以 71.81% 得 9.08%，与 Gowen 等的结果接近）；但未做鱼类对饲料的真正利用率和鱼类的液态排泄率。宁波水产所也曾经做过大黄鱼对饲料的摄食率（膨化饲料 92.89%，鱼浆饲料 31.41%），但也未做鱼类对饲料的真正利用率。

综上所述，鱼类对饲料中碳、氮和磷的真正利用率取 24%，未利用的碳、氮、磷最终有 51% 溶解在水中，25% 以颗粒态沉于底部。

根据鱼类网箱养殖过程中饲料转移情况，分析养殖过程中残饵及有机废物的产出量。计算公式如下：

$$投饵量：TF = M \times 2.5$$
$$总投入饵料中氮、磷、碳的量：T = TF \times K$$
$$进入水体的氮、磷、碳的量：UM = T \times 51\%$$

式中，M 为鱼类产量，投饵量按每吨鱼类 2.5 t 计算，TF 表示总的投饵量；K 表示氮、磷、碳在饵料中的百分率。

根据象山港 5 种常用饵料的实测结果，饵料中的含量分别为：碳为 33.2%～64.7%，平均 44.4%；磷为 0.7%～1.4%，平均 1.04%。根据厦门大学环境科学中心实验数据：海马牌对虾配合饵料的含量氮为 6.83%，磷为 1.09%；因此确定氮、磷、碳在饵料中的百分率取值为：$K_N = 7\%$，$Kp = 1.04\%$，$Kc = 44.4\%$。

由公式：$C_nH_{2n+2} + \left(n + \dfrac{n+1}{2}\right)O_2 \rightarrow nCO_2 + (n+1)H_2O$，所以 1 个碳原子（原子量 12）相当于 3 个氧原子（原子量 48），所以由碳的量 $\times 48/12 = COD_{Cr}$ 的量。

则各污染物的计算公式为（TF 为投饵量）：

$$COD_{Cr} = TF \times 44.4\% \times 51\% \times 48/12；$$
$$TN = TF \times 7\% \times 51\%；$$
$$TP = TF \times 1.04\% \times 51\%。$$

（2）虾蟹类养殖污染

目前对虾养殖多采用半精养或精养的围塘养殖方式，主要依靠人工投饵，饵料多为人工配合饵料或鲜活饵料等高蛋白物质。与鱼类养殖相似，其投喂的饵料也只有部分被对虾摄食。据报道，即使在管理水平很高的养虾场，也仍会有高达 30% 的饵料没有被虾摄食。

这些残饵和对虾的排泄物等部分溶于海水或经微生物分解产生可溶性营养物质进入养殖水体,还有一部分则沉积于底泥中。而富集于底泥中的这些污染物,在一定条件下又会重新释放出来,回归水体,成为水体污染的重要内源之一。

据报道,在对虾养殖中,人工投放的饵料中仅 19% 转化为虾体内的氮,其余大部分约 62% ~68% 积累于虾池底部淤泥中,此外尚有 8% ~12% 以悬浮颗粒氮、溶解有机氮、溶解无机氮等形式存在于水中。虾池残饵和排泄物所溶出的营养盐和有机质是影响养殖水环境营养水平以及造成虾池自身污染的重要因子。

综上所述,虾类投喂饵料中的碳、氮、磷,取 65% 积累于虾池底部淤泥中,取 10% 溶解在水中,所以有 25% 被虾所利用,其中,19% 转化为虾体,6% 作为排泄物排出,因此溶解在水体中的氮的百分含量为 16%(残饵与排泄物溶出之和)。蟹类由于缺乏相关数据,各数据取值情况同虾类。氮、磷、碳在饵料中的百分率同鱼类,即 $K_N = 7\%$,$K_P = 1.04\%$,$K_C = 44.4\%$。每吨虾类的投饵量按每吨 2.5 t 计算。

则虾蟹类养殖各污染物的计算公式为:

$$COD_{Cr} = TF \times 44.4\% \times 16\% \times 48/12;$$

$$TN = TF \times 7\% \times 16\%;$$

$$TP = TF \times 1.04\% \times 16\%。$$

(3)贝类养殖污染

贝类以滤食水体中浮游植物、有机颗粒等为生,其养殖不需要人工投饵。研究表明,贻贝养殖会滤掉海区 35% ~40% 的浮游生物和有机碎屑,这在一定程度上减少了水体的营养负荷,阻断局部氮循环、刺激初级生产、延缓水体的富营养化。但贝类养殖有内源代谢问题,在养殖过程中会排出的大量粪便和假粪,即富含有机物的颗粒。其排泄物约 80% 是可溶性物质,其余为悬浮物。因此,贝类的代谢物会增加水体中氮、磷、碳的含量。贝类粪便和排泄物的长期积累,还会导致养殖区底质发生一系列的物理化学变化,如造成底质缺氧,加快硝酸盐的还原反应和硝化反应等,进而导致底栖生物群落结构的改变。

Kautshy 和 Evans 研究了自然种群贻贝污染物排泄情况,结果显示每年每克干重贻贝产生的粪便量约 1.76 g 干重,其中,含氮 0.001 7 g、磷 0.000 26 g。Rodhouse 研究了同种贻贝筏式养殖中的粪便产生情况,结果表明贻贝筏式养殖每年每平方米产生 8.5 kg 碳和 1.1 kg 氮,其碳/氮比值约为 8。楠木丰对长牡蛎的研究结果表明在 10 个月的养殖周期内,1 台筏(长 200 m)将产生 19.3 t 干重的粪便物,其碳/氮比值在 6 ~10 之间。

根据上述研究,养殖贝类排泄物参考值为氮 0.001 7(t/t 贝),磷 0.000 26(t/t 贝)。根据 Redfield 比值,碳:氮:磷 = 106:16:1,即质量比为碳:氮:磷 = (106×12):(16×14):(1×31) = 41:7:1,由此估算贝类排泄物中碳含量为 0.010 7 t/t 贝。

则贝类养殖中各污染物计算公式如下:

$$COD_{Cr} = 贝类养殖量 \times 0.010\ 7 \times 48/12;$$

$$TN = 贝类养殖量 \times 0.001\ 7;$$

$$TP = 贝类养殖量 \times 0.000\ 26。$$

由于渔业养殖所投放的饵料通常未能被完全利用,加之鱼类活动本身的排泄物,导致养殖塘中的污染物浓度要高于环境水体,这些污染物会以养殖水体更换的方式排入环境水体。参考徐祖信等(2003)的水产养殖污染排放系数,确定各类污染物排放系数(表4.6)。

表4.6　水产养殖污染排放系数　　　　　　　　　　　　　单位:kg/(hm² · a)

COD_{Cr}	TN	TP
999	101	4.95

和畜禽养殖一样,水产养殖污染物在环境中的降解率取50%。

6)水土流失污染

泥沙既是污染物又是其他污染物的载体,泥沙量与污染物的发生量有一定关系。杭州湾周边平原地区,根据美国农业部的通用土壤流失方程(The Universal Soil Loss Equation,USLE)度小于3度的平原按无土壤流失计算。因此本研究对土壤流失污染不做计算。

4.1.3　现场采样监测

4.1.3.1　入海河流采样监测

河流输入是陆域污染物入海的重要途径之一。为了解和掌握杭州湾两岸主要河流(甬江、钱塘江、曹娥江)的污染物实际入海情况,2009年3月、5月、8月、11月分别对杭州湾主要入海河流钱塘江、甬江进行现场采样监测,曹娥江因2008年设闸则采用2007年的现场采样资料。

站位的布设和样品的采集、运输、保存等均按照《江河入海污染物总量监测技术规程》(HY/T 077—2005)等相关要求执行。钱塘江共布设了5个采样站位,甬江共布设了3个采样站,曹娥江1个采样站(表4.7)。污染物监测指标包括油类、COD_{Cr}、氨氮、亚硝酸盐、硝酸盐、总磷、活性磷酸盐、活性硅酸盐、重金属等。

各类污染物污染浓度乘以径流量即为河流污染物入海通量。

表4.7　杭州湾沿岸入海河流采样站位

河流名称	站位	纬度(N)	经度(E)
钱塘江	1#	30°12′49″	120°10′20″
	2#	30°12′42″	120°10′26″
	3#	30°12′34″	120°10′31″
	4#	30°12′27″	120°10′35″
	5#	30°12′21″	120°10′40″
甬江	1#	29°52′38″	121°33′30″
	2#	29°52′38″	121°33′29″
	3#	29°52′39″	121°33′27″
曹娥江	1#	30°01′38″	120°51′37″

4.1.3.2 入海水闸采样监测

杭州湾污染源具有特殊性,集水区域为密集的平原河网。除钱塘江外,其他入湾河流均已设闸。沿湾基本为人工岸线,污染物多数通过水闸往外排,且排放不具规律性,多数区域冬季基本不排,汛期多排放。

为了解和掌握以河网平原为特征、主要通过水闸不规律排放的污染物入海情况及其降解转化特征,2009年12月对杭州湾南、北两岸及湾顶的三个代表性闸口,即海盐的南头水闸、萧山的顺坝1号排涝闸和慈溪的陆中湾十塘闸进行了现场采样和实验室分析研究,亦为陆源面源污染物源强估算结果的可靠性提供验证。

具体见第5.1章节。

4.2 结果与分析

4.2.1 现场踏勘

2009年2月5—6日,对环杭州湾浙江沿岸(嘉兴、海盐、余杭、萧山、绍兴、上虞、余姚、慈溪、镇海)的陆源排污情况(包括企业入海直排口、排水闸等)进行实地踏勘与调访,行程共计1 300多千米,拍摄照片100多张,客观掌握了陆源污染物入海的基本特征,为充分掌握环杭州湾沿岸的入海污染物状况获取了宝贵的第一手资料(图4.1)。

杭州湾陆域地貌以平原为主,地势平坦,水网密布,两岸基本已海塘围护,陆源污染物则主要通过河流、水闸和排污口直排等方式排放入海。点源则通过排污口直排入海,杭州湾沿岸工业发达、人口密集,其中,仅浙江区域工业直排入海口有10个,主要为印染、电镀、纺织、造纸、皮革、化工、医药、塑料、农产品加工等企业;生活污水直排入海口(污水处理厂)11个。陆源面源则具不确定性,即在不确定的时间内,通过不确定的途径,排放不确定数量的污染等,排放不具规律性,多物质,主要通过河流、水闸等间接排放入海。杭州湾沿岸河流主要有钱塘江、曹娥江和甬江,其中,钱塘江最大;沿岸水闸约40个,主要功能为蓄水、灌溉及排涝等,为不定期排放,冬季基本不排,汛期多排放。

4.2.2 统计调查与估算

杭州湾污染物源强的统计调查与估算,主要包括了工业污染、生活污染、农业化肥污染、畜禽养殖污染、水土流失和海水养殖污染等。

4.2.2.1 工业污染

1)统计调查结果

杭州湾地处长江三角洲南翼,为环杭州湾区域的中心地带,跨上海和浙江两市省,工业发达。2008年杭州湾沿岸的工业企业约2 400家,其中,直排企业10家(仅浙江部分),非直排企业2 358家,主要为印染、电镀、纺织、造纸、皮革、化工、医药、塑料、农产品加工等。2008年工业直排入海和非直排入海的工业废水排放总量约为56 274 × 10^4 m³/a,其中,COD_{Cr}排放总量为100 091 t/a,氨氮总量为6 423 t/a。工业废水排放量中,直排入海的排放

38

(a) 杭州湾沿岸河道

(b) 杭州湾沿岸入海排水闸

(c) 杭州湾沿岸工业园区、开发区——工业企业

(d) 杭州湾沿岸污水处理设施——污水处理厂

图 4.1　现场踏勘照片(拍摄于 2009 年)

量为 $5\ 066.54 \times 10^4\ m^3/a$,占总排放量的 9%,其中,$COD_{Cr}$ 为 8 507.02 t/a,氨氮为 180.625 t/a(表 4.8);非直排入海的工业废水排放总量为 $51\ 207.2 \times 10^4\ m^3/a$,占总排放量的 91%,其中,$COD_{Cr}$ 为 91 583.5 t/a,氨氮为 6 242.6 t/a(表 4.9)。

表 4.8　2008 年杭州湾浙江沿岸工业污染（直排入海）

序号	县（市、区）	污染源名称	工业废水排放量/（×10⁴ m³/a）	COD$_{Cr}$总量/（t/a）	氨氮总量/（t/a）	总氮总量/（t/a）
1	平湖市	平湖市通兴印染有限公司	3.36	2.35	0.05	0.084
2		平湖市宏伟化工有限公司	2.48	2.11	0.025	0.05
3	海盐县	浙江柏丽印染服装公司	7.5	4.13	0.12	2.26
4		海盐八达印染有限公司	23	40.71	0.63	1.19
5		海盐求新纺织印染有限公司	24	18.53	1.18	2.42
6		海盐东方印染有限公司	12	13.32	1.57	2.95
7	海宁市	海宁之江造纸有限公司	25.3	12.14	/	/
8	萧山区	富丽达控股集团有限公司	2 968.7	3 235.8	105.4	/
9		浙江富丽达纤维有限公司	905.2	1 203.9	21.8	/
10	余姚市	余姚黄家埠排污口	1 095.0	3 974.03	49.85	/
合计			5 066.54	8 507.02	180.625	8.954

注：①数据来源：序号 1～9 由浙江省环境监测中心提供，序号 10 由宁波市海洋与渔业局提供（内部资料）；②"/"表示无数据资。

表 4.9　2008 年杭州湾沿岸工业污染（非直排入海）

汇水区		污染源数量/个	工业废水排放量/（×10⁴ m³/a）	COD$_{Cr}$总量/（t/a）	氨氮总量/（t/a）
上海	南汇区	323	3 618.0	2 689.2	176.4
	奉贤区	324	3 380.4	11 588.4	450.2
	金山区	669	5 954.4	23 482.8	964.2
浙江	平湖市	85	1 315.8	1 350.9	208.3
	海盐县	60	2 230.2	2 419.8	80.1
	海宁市	90	2 448.6	2 733.1	262.3
	萧山区	188	11 177.4	16 244.9	641.0
	绍兴县	214	15 998.7	21 596.0	1 267.9
	上虞市	180	2 501.8	4 556.4	871.1
	余姚市	78	1 014.4	2 827.5	138.6
	慈溪市	132	964.7	1 610.0	150.5
	镇海区	15	603.0	484.5	32.0
	合计	2 358	51 207.2	91 583.5	6 242.6

注：数据资料上海部分来自于上海市水务部门、环保部门发布的《上海市水环境污染源和入河排污口调查报告》（2005 年），浙江部分由浙江省环境监测中心提供。

2）工业污染源强估算

杭州湾沿岸各汇水区的工业污染源强中，COD$_{Cr}$入海量为 79 149.59 t/a，总氮入海量为

3 331. 49 t/a。12 个汇水区中，COD_{Cr} 入海量以金山区、萧山区、绍兴县为最大，分别占 COD_{Cr} 总入海量的 24.06%、22.03%、21.83%，其次为奉贤区，约占总量的 11.88%，镇海最小，约占总量的 0.49%；总氮入海量绍兴县为最大，约占总氮总入海量的 22.83%，其次为金山区、上虞市、萧山区，分别占总量的 17.37%、15.69%、15.36%，镇海最小，约占总量的 0.58%（表 4.10）。

表 4.10　杭州湾周边各汇水区（行政单元）工业污染源强估算结果

汇水区	COD_{Cr}		总氮	
	源强/(t/a)	所占百分比/%	源强/(t/a)	所占百分比/%
镇海区	387.63	0.49	19.22	0.58
慈溪市	1 662.22	2.10	90.32	2.71
余姚市	2 762.9	3.49	132.86	3.99
上虞市	3 645.1	4.61	522.67	15.69
绍兴县	17 276.79	21.83	760.74	22.83
萧山区	17 435.7	22.03	511.83	15.36
海宁县	2 186.47	2.76	157.36	4.72
海盐县	2 012.54	2.54	56.89	1.71
平湖市	1 152.36	1.46	125.12	3.76
金山区	19 047.16	24.06	578.53	17.37
奉贤区	9 399.48	11.88	270.1	8.11
南汇区	2 181.24	2.76	105.85	3.18
合计	79 149.59	100	3 331.49	100

4.2.2.2　生活污染

1）统计调查结果

生活污染包括生活污水和人粪尿污染，其主要污染物 COD、氮、磷，污染物产量和人口数具有正相关性。2008 年，杭州湾周边各汇水区总约 878.89 万人，其中，上海（南汇区、奉贤区、金山区）人口 251.61 万人，占总人口的 28.63%；嘉兴（平湖市、海盐县、海宁市）人口 150.38 万人，占总人口的 17.11%；杭州（萧山区）人口 119.47 万人，占总人口的 13.59%；绍兴（上虞市、绍兴县）人口 148.77 万人，占总人口的 16.93%；宁波（余姚市、慈溪市、镇海区）人口 208.66 万人，占总人口的 23.74%。各汇水区（行政单元）中，以萧山区、南汇区、慈溪市人口相对较多，分别为 119.47 万人、106.21 万人、103.12 万人，分别占总人口的 13.59%、12.08%、11.73%；镇海区最少，为 22.43 万人，约占总人口的 2.85%（表 4.11 和图 4.2）。

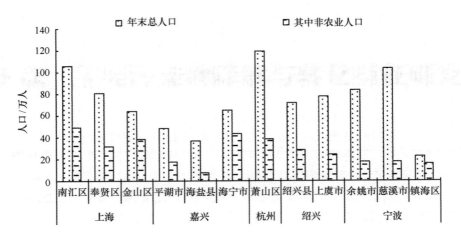

图4.2 杭州湾周边各汇水区（行政单元）人口分布

表4.11 杭州湾沿岸县（市、区）各乡镇人口   单位：人

序号	县(市、区)	乡镇	总人口	非农业人口	农业人口
1	南汇区	全区	1 062 100	492 300	241 700
2	奉贤区	全区	808 400	320 400	296 600
3	金山区	全区	645 600	379 378	266 222
4	平湖市	全市	483 651	173 775	309 876
		当湖街道	104 876	84 700	20 176
		平湖经济开发区(钟埭街道)	44 130	20 103	24 027
		曹桥街道	31 112	3 948	27 164
		乍浦镇	54 675	36 338	18 337
		新埭镇	51 484	5 788	45 696
		新仓镇	40 641	4 503	36 138
		黄姑镇	51 081	6 342	44 739
		独山港区和全塘镇	31 962	7 518	24 444
		广陈镇	38 839	2 035	36 804
		林埭镇	34 851	2 500	32 351
5	海盐县	武源镇	109 334	60 258	49 076
		沈荡镇	33 009	2 879	30 130
		澉浦镇	31 665	1 464	30 201
		通元镇	41 945	1 370	40 575
		西塘桥镇	64 904	1 195	63 709
		秦山镇	31 259	3 542	27 717
		于城镇	22 421	505	21 916
		百步镇	34 669	1 011	33 658

序号	县(市、区)	乡 镇	总人口	非农业人口	农业人口
6	海宁市	硖石街道	68 690	13 012	55 678
		海洲街道	53 130	6 334	46 796
		海昌街道	35 787	20 513	15 274
		马桥街道	27 791	24 522	3 269
		许村镇	106 423	66 146	40 277
		长安镇	77 167	51 952	25 215
		周王庙镇	47 874	42 636	5 238
		丁桥镇	44 969	40 566	4 403
		斜桥镇	61 537	56 402	5 135
		尖山新区(黄湾镇)	23 514	23 028	486
		盐官镇	51 501	43 700	7 801
		袁花镇	52 491	47 385	5 106
7	萧山区	楼塔镇	26 709	2 290	24 419
		河上镇	28 879	2 774	26 105
		戴村镇	37 925	3 236	34 689
		浦阳镇	31 581	2 887	28 694
		进化镇	46 711	4 039	42 672
		临浦镇	53 814	25 152	28 662
		义桥镇	47 035	8 334	38 701
		所前镇	37 383	3 719	33 664
		衙前镇	24 903	5 742	19 161
		闻堰镇	24 849	10 826	14 023
		宁围镇	57 899	23 682	34 217
		新街镇	58 480	11 936	46 544
		坎山镇	48 601	16 352	32 249
		瓜沥镇	64 346	24 615	39 731
		党山镇	44 205	3 407	40 798
		益农镇	41 907	1 842	40 065
		靖江镇	32 949	12 479	20 470
		南阳镇	37 021	4 361	32 660
		义蓬镇	56 725	5 906	50 819
		河庄镇	47 963	3 906	44 057
		党湾镇	41 576	2 997	38 579
		新湾镇	36 443	4 476	31 967
		城厢街道	120 640	114 482	6 158
		北干街道	55 394	50 610	4 784
		蜀山街道	35 257	9 775	25 482
		新塘街道	55 526	21 307	34 219

序号	县(市、区)	乡镇	总人口	非农业人口	农业人口
8	绍兴县	滨海工业区	38 537	17 323	21 214
		柯桥开发委	52 788	44 072	8 716
		柯桥街道	48 997	48 984	13
		柯岩街道	54 000	33 578	20 422
		华舍街道	39 036	33 102	5 934
		湖塘街道	33 210	6 664	26 546
		钱清镇	59 324	32 545	26 779
		孙瑞镇	38 910	5 904	33 006
		福全镇	40 198	4 998	35 200
		平水镇	53 213	10 071	43 142
		安昌镇	36 460	20 626	15 834
		王坛镇	33 696	2 059	31 637
		兰亭镇	31 468	4 569	26 899
		稽东镇	32 702	1 510	31 192
		杨汛桥镇	33 893	13 030	20 863
		漓渚镇	22 150	3 945	18 205
		富盛镇	23 795	945	22 850
		陶堰镇	23 580	2 470	21 110
		夏履镇	18 607	741	17 866
9	上虞市	百官街道	117 301	102 709	14 592
		曹娥街道	57 613	45 536	12 077
		东关街道	38 207	16 360	21 847
		道墟镇	50 050	8 259	41 791
		长塘镇	13 879	481	13 398
		上浦镇	24 367	1 587	22 780
		汤浦镇	15 378	1 451	13 927
		章镇镇	43 409	3 688	39 721
		岭南乡	11 904	403	11 501
		陈溪乡	9 271	355	8 916
		下管镇	12 681	913	11 768
		丁宅乡	10 561	445	10 116
		丰惠镇	53 132	6 638	46 494
		永和镇	16 335	1 350	14 985
		梁湖镇	29 238	9 737	19 501
		驿亭镇	21 577	2 825	18 752
		小越镇	30 190	10 877	19 313

序号	县(市、区)	乡镇	总人口	非农业人口	农业人口
9	上虞市	谢塘镇	26 228	3 103	23 125
		盖北镇	25 941	1 453	24 488
		崧厦镇	107 100	16 413	90 687
		沥海镇	58 688	7 196	51 492
10	余姚市	凤山街道	58 780	23 792	34 988
		阳明街道	94 632	51 154	43 478
		梨洲街道	75 572	25 955	49 617
		兰江街道	63 356	29 009	34 347
		低塘街道	43 734	3 976	39 758
		郎霞街道	42 490	2 741	39 749
		泗门镇	62 927	9 637	53 290
		陆埠镇	48 598	4 523	44 075
		大隐镇	9 057	695	8 362
		临山镇	39 745	3 317	36 428
		丈亭镇	30 364	3 087	27 277
		四明山镇	11 373	542	10 831
		三七市镇	31 044	1 979	29 065
		梁弄镇	32 010	3 117	28 893
		牟山镇	18 989	922	18 067
		马渚镇	47 611	9057	38 554
		大岚镇	13 190	486	12 704
		小曹娥镇	28 983	1 053	27 930
		黄家埠镇	39 037	2 264	36 773
		河姆渡镇	21 715	1 207	20 508
		鹿亭乡	17 855	572	17 283
11	慈溪市	浒山街道	69 879	51 789	18 090
		白沙路街道	46 995	8 592	38 403
		古塘街道	38 807	23 996	14 811
		宗汉街道	63 175	4 854	58 321
		坎墩街道	46 115	3 926	42 189
		龙山镇	63 788	7 503	56 285
		掌起镇	49 521	5 314	44 207
		观海卫镇	122 696	15 980	106 716
		附海镇	25 018	1 057	23 961
		桥头镇	38 088	2 238	35 850
		匡堰镇	22 076	1 201	20 875

序号	县(市、区)	乡镇	总人口	非农业人口	农业人口
11	慈溪市	逍林镇	41 661	4 993	36 668
		新浦镇	47 200	2 553	44 647
		胜山镇	35 267	1 720	33 547
		横河镇	62 372	4 686	57 686
		崇寿镇	26 939	1 506	25 433
		庵东镇	36 837	4 905	31 932
		天元镇	27 156	2 791	24 365
		长河镇	44 673	4 184	40 489
		周巷镇	95 307	22 791	72 516
		杭州湾新区	27 650	1 326	26 324
12	镇海区	全区	224 348	159 537	64 811

注:资料来源于2008—2009年各县(市、区)统计年鉴。

2008年,纳入区域污水处理厂处理后直排排放入海的生活污水排放量约为 85 939 × 10^4 m^3/a,其中,COD_{Cr}排放总量为 73 468.4 t/a,总氮为 21 911.8 t/a,氨氮总量为 11 598.9 t/a,总磷为 431.9 t/a(表 4.12)。

表 4.12　2008 年杭州湾浙江沿岸直排入海的生活污染(污水处理厂)

序号	县(市、区)	污染源名称	污染源类型	污水排放总量/(×10⁴ m^3/a)	COD_{Cr}总量/(t/a)	氨氮总量/(t/a)	总氮总量/(t/a)	总磷总量/(t/a)
1	嘉兴市	嘉兴市联合污水处理厂	污水处理厂	11 242	12 366.2	3 597.4	4 901.5	82.0
2	海宁县	海宁紫光水务有限公司	污水处理厂	3 276	2 175.0	406.2	766.6	4.1
3		海宁盐仓污水处理有限公司	污水处理厂	396	267.7	1.1	163.2	0.8
4		海宁紫薇水务有限责任公司	污水处理厂	1 944	1 229.0	46.3	1 001.0	2.5
5	杭州市	杭州市排水有限公司四堡污水处理厂	污水处理厂	18 771	5 631.4	2 986.2	4 299.5	123.0
6		杭州天创水务有限公司	污水处理厂	10 877	6 961.3	886.2	2 453.2	52.3
7	萧山区	杭州萧山城市污水处理厂	污水处理厂	4 435	3 938.1	400.5	731.6	20.5
8		杭州萧山东片大型污水处理厂	污水处理厂	9 282	11 973.7	386.5	1 135.6	72.1
9	上虞市	上虞市污水处理厂	污水处理厂	2 701	3 565.3	2 393.1	2 611.9	11.9
10	绍兴市	绍兴市污水处理厂	污水处理厂	21 498	24 507.7	292.4	3 525.7	56.8
11	余姚市	余姚市小曹娥城市污水处理有限公司	污水处理厂	1 517	853.0	203.0	322.0	5.9
	合计			85 939	73 468.4	11 598.9	21 911.8	431.9

注:数据资料由浙江省环境监测中心提供。

2）生活污染源强估算

杭州湾沿岸各汇水区的生活污染源强中,COD_Cr入海量为 33 472.23 t/a,总氮入海量为 4 025.42 t/a,总磷入海量为 906.67 t/a。12 个汇水区中,COD_Cr入海量以萧山区、慈溪市、南汇区为最大,分别占总量的 14.30%、12.00%、10.06%,其次为余姚市,占总量的 9.75%,镇海最小,占总量的 2.89%;总氮入海量萧山区为最大,约占总量的 14.21%,其次为慈溪市、南汇区,分别占总量的 11.98%、10.43%,镇海最小,约占总量的 2.84%;总磷入海量以萧山区为最大,约占总量的 14.26%,其次为慈溪市、南汇区,分别占总量的 11.98%、10.23%,镇海最小,约占总量的 2.87%(表 4.13)。

表 4.13 杭州湾周边各汇水区(行政单元)生活污染源强估算结果

汇水区	COD_Cr		总氮		总磷	
	源强/(t/a)	所占百分比/%	源强/(t/a)	所占百分比/%	源强/(t/a)	所占百分比/%
镇海区	966.2	2.89	114.18	2.84	25.98	2.87
慈溪市	4 015.43	12.00	482.26	11.98	108.65	11.98
余姚市	3 263.41	9.75	391.39	9.72	88.25	9.73
上虞市	3 093.25	9.24	369.84	9.19	83.55	9.22
绍兴县	2 908.01	8.69	346.74	8.61	78.47	8.65
萧山区	4 786.23	14.30	572.14	14.21	129.27	14.26
海宁县	2 782.69	8.31	329.22	8.18	74.87	8.26
海盐县	1 444.17	4.31	173.32	4.31	39.06	4.31
平湖市	1 952.51	5.83	233.11	5.79	52.71	5.81
金山区	2 194.06	6.55	260.18	6.46	59.08	6.52
奉贤区	2 699.65	8.07	333.24	8.28	74.02	8.16
南汇区	3 366.62	10.06	419.80	10.43	92.76	10.23
合计	33 472.23	100	4 025.42	100	906.67	100

4.2.2.3 农业化肥污染

1）统计调查结果

氮肥和磷肥为农用化肥的主要品种,其用量大,施用范围广。农用化肥流失使得大量氮、磷进入水体,成为水体氮、磷的重要污染源。农业化肥的施用量和施用面积正相关,水田、旱地和园地的面积之和近似的等于化肥施用面积。2008 年,杭州湾沿岸各汇水区共有水田 212 823.1 hm²,旱地 301 336.2 hm²,园地 52 480.1 hm²,合计 566 639.4 hm²。各汇水区中,海宁市和萧山区的耕地(水田和旱地)和园林面积的总面积相对较大,分别约为 96 078.8 hm² 和 106 674.3 hm²,镇海区相对最小,约为 11 135 hm²(表 4.14 和图 4.3)。

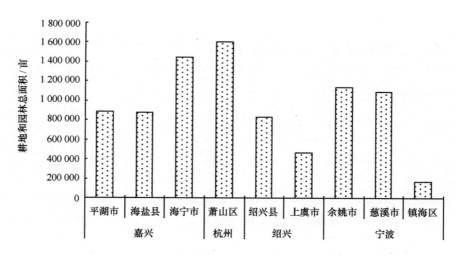

图 4.3　杭州湾周边各汇水区(行政单元)耕地和园林总面积

表 4.14　杭州湾沿岸各乡镇耕地和园地面积　　　　　　　　单位:hm²

汇水区		水田	旱地	园地	小计
上海	南汇区	/	/	/	/
	奉贤区	1 846.7	/		1 846.7
	金山区	/	/	/	/
嘉兴	平湖市	18 325.9	31 928.7	8 604.5	58 859.1
	海盐县	23 068.4	28 900.3	6 547.5	58 516.2
	海宁市	32 286.1	53 069.7	10 723.0	96 078.8
杭州	萧山区	53 200.0	49 693.3	3 781.0	106 674.3
绍兴	绍兴县	31 191.0	24 107.3	339.3	55 637.6
	上虞市	16 560.7	12 639.3	1 983.6	31 183.6
宁波	余姚市	24 775.7	39 718.6	11 213.9	75 708.2
	慈溪市	9 833.3	54 960.0	8 073.3	72 866.6
	镇海区	3 582.0	6 319.0	1 214.0	11 115.0
合计		212 823.1	301 336.2	52 480.1	566 639.4

注:①资料来源于 2008—2009 年各县(市、区)统计年鉴;②"/"表示无相关统计资料。

2)农业化肥污染源强估算

杭州湾沿岸各汇水区的农业化肥污染源强中,COD_{Cr} 入海量为 39 404.48 t/a,总氮入海量为 9 210.43 t/a,总磷入海量为 1 395.01 t/a。12 个汇水区中,COD_{Cr} 入海量以萧山区、上虞市为最大,分别约占总量的 19.54%、16.52%,其次为慈溪市、余姚市,分别占总量的 12.66%、16.52%;总氮入海量以萧山区、上虞市为最大,分别约占总量的 21.19%、15.93%,其次为余姚市、平湖市,分别约占总量的 12.20%、11.75%;总磷入海量以萧山区、上虞市为最大,分别约占总量的 18.66%、16.84%,其次为慈溪市、余姚市,分别占总量的 14.36%、12.71%(表 4.15)。

表 4.15　杭州湾周边各汇水区(行政单元)农业化肥污染源强估算结果

汇水区	COD$_{Cr}$		总氮		总磷	
	源强/(t/a)	所占百分比/%	源强/(t/a)	所占百分比/%	源强/(t/a)	所占百分比/%
镇海区	755.23	1.92	167.67	1.82	27.48	1.97
慈溪市	4 989.46	12.66	896.25	9.73	200.28	14.36
余姚市	4 950.65	12.56	1 123.78	12.20	177.35	12.71
上虞市	6 508.88	16.52	1 467.06	15.93	234.85	16.84
绍兴县	3 951.66	10.03	943.76	10.25	137.88	9.88
萧山区	7 698.74	19.54	1 951.49	21.19	260.32	18.66
海宁县	3 859.43	9.79	860.75	9.35	139.64	10.01
海盐县	2 189.81	5.56	578.29	6.28	71.82	5.15
平湖市	4 110.41	10.43	1 082.02	11.75	135.75	9.73
金山区	/	/	/	/	/	/
奉贤区	134.44	0.34	48.01	0.52	3.32	0.24
南汇区	255.77	0.65	91.35	0.99	6.32	0.45
合计	39 404.48	100	9 210.43	100	1 395.01	100

注:"/"表示无资料。

4.2.2.4　禽畜养殖污染

1)统计调查结果

畜禽养殖污染也是陆源污染的一个重要组成部分,禽畜养殖产生的主要污染物为 COD、氮、磷等。2008 年,杭州湾沿岸周边各汇水区禽畜数量 11 250 多万只,且主要以家禽类养殖为主,10 244 万只,占禽畜总数量的 90% 以上;其次为猪和兔,分别为 727 万头、213 万头,占禽畜总数量的 6.5%、1.9%;牛、羊数量相对较少,分别为 1.2 万头、69 万头。各县(市、区)中,上海(南汇区、奉贤区)禽畜养殖主要以家禽为主,均在 95% 以上,其次为猪养殖;嘉兴(平湖市、海盐县、海宁市)、杭州(萧山区)和绍兴(绍兴县、上虞市)主要以家禽、猪养殖为主(约占总禽畜养殖数量的 97.4%);宁波(余姚市、慈溪市和镇海区)则主要以家禽、兔类养殖为主(约占总禽畜养殖数量的 96.2%)(表 4.16 和图 4.4)。

表 4.16　杭州湾沿岸各乡镇禽畜全年饲养量

县(市、区)	乡镇	牛/头	羊/只	猪/头	家禽/只	兔/只
南汇区	全区	500	/	50 000	25 000 000	/
奉贤区	全区	/	/	472 800	11 450 000	/
金山区	全区	/	/	/	/	/
萧山区	楼塔镇	71	405	38 600	75 000	545
	河上镇	59	190	36 342	580 000	1 000
	戴村镇	67	996	38 700	608 300	/
	浦阳镇	/	950	72 472	1 402 000	22 650
	进化镇	1	4 638	46 250	1 730 000	3 000
	临浦镇	/	979	103 600	2 574 300	1 631
	义桥镇	15	6 029	56 108	541 800	11 000
	所前镇	408	420	83 128	771 000	/
	衙前镇	/	543	22 858	57 000	/
	闻堰镇	/	1 350	16 369	151 000	5 490
	宁围镇	550	2 008	25 100	49 494	/
	新街镇	7	533	34 500	605 800	550
	坎山镇	5	650	38 589	220 600	/
	瓜沥镇	2	1 670	39 884	703 900	200
	党山镇	/	1 884	73 216	874 450	180
	益农镇	/	2 880	40 300	280 500	/
	靖江镇	/	376	97 300	430 100	/
	南阳镇	242	1 110	210 239	1 251 000	24 860
	义蓬镇	/	664	80 500	610 900	/
	河庄镇	6	2 288	135 812	284 100	1 450
	党湾镇	/	3 778	156 800	684 700	/
	新湾镇	/	580	82 324	280 600	/
	城厢街道	/	/	5 852	93 000	/
	北干街道	/	/	27 559	33 600	26 000
	蜀山街道	3	16	27 300	431 200	/
	新塘街道	2	12	36 700	459 700	/
	第一农垦场	/	/	20 200	18 100	/
	第二农垦场	/	/	132 355	/	/
	红垦农场	/	/	62 505	/	/
	钱江农场	/	/	202 423	/	/
	红山农场	945	/	42 877	/	/
	湘湖农场	/	/	79 400	/	/
	农业开发区	/	/	61 000	/	/

县(市、区)	乡镇	牛/头	羊/只	猪/头	家禽/只	兔/只
绍兴县	滨海工业区(马鞍镇)	2	1 783	79 423	56 180	61
	柯桥开发区(齐贤镇)	/	268	56 510	14 559	19
	柯桥街道	/	/	/	/	/
	柯岩街道	/	62	50 646	83 438	100
	华舍街道	/	6	13 785	124 795	/
	湖塘街道	337	366	10 566	88 900	3 134
	钱清镇	/	/	18 885	59 540	/
	孙瑞镇	3	1 211	12 510	91 340	515
	福全镇	11	115	70 425	193 270	60
	平水镇	52	1 180	128 798	211 056	7 700
	安昌镇	/	/	28 800	217 780	/
	王坛镇	153	2 846	12 841	32 858	4 951
	兰亭镇	10	139	45 658	42 220	40
	稽东镇	44	647	10 418	39 592	2 884
	杨汛桥镇	6	674	17 100	24 150	/
	漓渚镇	6	10	3 828	14 300	/
	富盛镇	12	2 500	20 850	60 000	2 000
	陶堰镇	/	286	6 987	87 098	/
	夏履镇	/	/	11 715	15 613	/
余姚市	凤山街道			4 194	411 800	
	阳明街道			16 419	569 000	
	梨洲街道			2 817	102 500	
	兰江街道			11 343	299 300	
	临山镇			12 960	1 256 800	
	黄家埠镇			15 801	29 500	
	小曹娥镇			6 544	475 800	
	泗门镇			14 194	324 397	
	低塘街道			5 268	117 250	
	郎霞街道	2 373	49 113	11 566	210 600	451 300
	马渚镇			8 638	854 154	
	牟山镇			45 056	1 245 250	
	丈亭镇			4 799	114 860	
	三七市镇			45 486	217 360	
	河姆渡镇			4 214	806 231	
	大隐镇			2 804	235 000	
	陆埠镇			1 425	103 000	
	梁弄镇			819	224 900	
	鹿亭乡			1 750	50 660	
	大岚镇			1 649	86 600	

县(市、区)	乡镇	牛/头	羊/只	猪/头	家禽/只	兔/只
海盐县	武源镇	/	7 321	88 821	3 865 828	21 933
	沈荡镇	/	16 877	280 147		23 270
	澉浦镇	/	8 862	54 622		13 671
	通元镇	/	15 794	83 665		30 161
	西塘桥镇	/	2 966	413 334		82 932
	秦山镇	/	7 155	36 671		1 228
	于城镇	/	16 876	111 188		25 699
	百步镇	/	15 265	109 332		19 492
	开发区	/	85	66 481		3 075
海宁市	硖石街道	/	14 102	39 565	164 675	10 355
	海洲街道	/	3 237	14 452	574 703	500
	海昌街道	/	12 059	16 990	155 629	1 146
	马桥街道	/	24 069	67 988	1 058 107	8 747
	许村镇	/	3 1061	41 495	441 614	
	长安镇	/	59 902	54 656	263 143	1 295
	周王庙镇	/	53 955	29 146	2 086 470	2 270
	丁桥镇	/	30 550	44 475	3 601 368	5 829
	斜桥镇	/	51 314	118 786	2 074 030	14 656
	尖山新区(黄湾镇)	/	23 705	10 368	744 180	19 060
	盐官镇	/	42 268	37 825	3 260 500	2 153
	袁花镇	/	16 879	10 9261	744 730	19 900
	其他	/	2 254	21 050	184 015	1 900
平湖市	当湖街道	846	35 800	48 272	426 402	121 500
	平湖经济开发区(钟埭街道)			94 445	136 047	
	曹桥街道			127 304	323 024	
	乍浦镇			25 872	33 402	
	新埭镇			223 008	1 620 227	
	新仓镇			66 122	595 150	
	黄姑镇			66 509	412 496	
	独山港区和全塘镇			24 822	62 105	
	广陈镇			135 778	856 274	
	林埭镇			119 839	1 083 055	
镇海区	全区	1 198	2 500	123 900	2 329 900	216 700

县（市、区）	乡镇	牛/头	羊/只	猪/头	家禽/只	兔/只
	白沙路街道	2	2	1 984	27 653	6 137
	古塘街道	7	/	3 090	2 100	100
	宗汉街道	7	2 517	2 231	32 989	4 000
	坎墩街道	34	428	418	19 560	3 890
	龙山镇	35	314	70 291	1 012 793	412 186
	掌起镇	356	/	6 589	684 000	64 000
	观海卫镇	147	142	21 062	1 375 424	147 724
	附海镇	4	40	2 529	117 500	2 200
	桥头镇	21	3	7 489	230 860	47 000
慈溪市	匡堰镇	25	44	16 291	170 000	155
	逍林镇	/	/	4 914	269 500	6 350
	新浦镇	/	100	24 310	141 720	2 020
	胜山镇	6	105	1 300	26 500	11 700
	横河镇	13	43	16 815	223 490	26 200
	崇寿镇	19	401	2 221	68 794	10 270
	庵东镇	10	912	1 957	119 753	35 466
	天元镇	/	2 200	5 251	70 500	750
	长河镇	5	300	3 270	33 723	800
	周巷镇	43	4 098	12 717	841 239	22 650
上虞市	全市	3 709	88 600	591 700	8 429 900	108 200

注：①资料来源于 2008～2009 年各县（市、区）统计年鉴；②"/"表示无相关统计资料。

2）畜禽养殖污染源强估算

杭州湾沿岸各汇水区的畜禽养殖污染源强中，COD_{Cr} 入海量为 19 152.5 t/a，总氮入海量为 8 615.28 t/a，总磷入海量为 1 616.08 t/a。12 个汇水区中，COD_{Cr} 入海量以萧山区为最大，占 COD_{Cr} 总量的 22.73%，其次为海宁县、南汇区、海盐县，分别占总量的 13.66%、11.06%、10.55%，镇海最小，约占总量的 2.04%；总氮入海量以萧山区、海宁县为最大，分别约占总量的 18.67%、17.58%，其次为南汇区，约占总量的 14.27%；总磷入海量以海宁县、萧山区为最大，分别约占总量的 22.06%、18.07%，其次为南汇区，约占总量的 14.33%（表 4.17）。

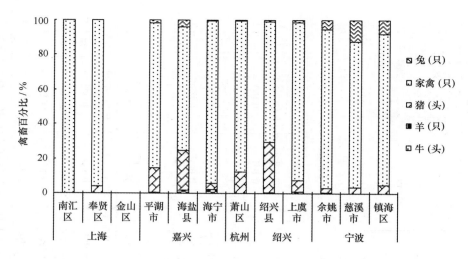

图 4.4　杭州湾周边各汇水区(行政单元)禽畜数量百分比

表 4.17　杭州湾周边各汇水区(行政单元)畜禽养殖污染源强估算结果

汇水区	COD_Cr		总氮		总磷	
	源强 /(t/a)	所占百分比 /%	源强 /(t/a)	所占百分比 /%	源强 /(t/a)	所占百分比 /%
镇海区	390.02	2.04	250.35	2.91	32.42	2.01
慈溪市	576.16	3.01	607.12	7.05	59.12	3.66
余姚市	426.49	2.23	152.87	1.77	27.49	1.70
上虞市	1 706.56	8.91	811.28	9.42	163.58	10.12
绍兴县	948.00	4.95	300.09	3.48	54.50	3.37
萧山区	4 353.17	22.73	1 608.89	18.67	292.04	18.07
海宁县	2 616.51	13.66	1 514.74	17.58	356.51	22.06
海盐县	2 020.32	10.55	708.01	8.22	141.40	8.75
平湖市	1 822.65	9.52	704.04	8.17	126.78	7.84
金山区	615.00	3.21	20.26	0.24	/	/
奉贤区	1 559.26	8.14	708.59	8.22	130.67	8.09
南汇区	2 118.36	11.06	1 229.04	14.27	231.57	14.33
合计	19 152.5	100	8 615.28	100	1 616.08	100

注:"/"表示无资料。

4.2.2.5 海水养殖污染

1) 统计调查结果

杭州湾沿岸的海水养殖主要为池塘养殖和滩涂养殖(滩涂紫菜、低坝高网养殖、平涂养殖贝类、蓄水养殖),养殖品种主要有:淡水四大家鱼(青、草、鲢、鳙)、鲫鱼、南美白对虾、青虾、青蟹、中华绒螯蟹、白虾、斑节对虾、蛏子、泥螺、文蛤、海瓜子等。2008 年,杭州湾鱼类养殖面积 8 857 hm²,虾蟹类养殖面积 23 940 hm²,贝类养殖面积 2 157 hm²。海水养殖主要分布在杭州湾南岸的慈溪和余姚海域,杭州湾北岸也存在少量的海水养殖,北岸则主要分布在嘉兴的海宁和海盐海域以及南汇等海域(表 4.18 和表 4.19)。

表 4.18 2008 年杭州湾沿岸各汇水区渔业养殖情况

县(市、区)	鱼类		虾蟹类		贝类	
	面积/hm²	产量/t	面积/hm²	产量/t	面积/hm²	产量/t
南汇区	549	/	1 369	/	/	/
奉贤区	/	/	/	/	/	/
金山区	/	/	/	/	/	/
平湖市	/	/	55	254	/	/
海宁市	7	30	116	424	/	872
海盐县	5	23	266	1 897	/	713
萧山区	/	/	/	/	/	/
绍兴县	/	/	/	/	/	/
上虞市	8	28	42	93	/	483
余姚市	458	153	1 012	735	8	108
慈溪市	7 747	2 045	21 080	3 188	2 149	9 206
镇海区	83	83	/	327	/	6
合计	8 857	2 362	23 940	6 918	2 157	11 388

注:①资料来源主要由杭州湾沿岸省、市及县海洋与渔业局提供;②"/"表示无相关统计资料。

2) 海水养殖污染源强估算

杭州湾沿岸各汇水区的海水养殖污染源强中,COD_{Cr} 入海量为 4 391.15 t/a,总氮入海量为 409.17 t/a,总磷入海量为 24.43 t/a。12 个汇水区中,COD_{Cr}、总氮和总磷的入海量均以慈溪市为最大,分别占总量的 73.42%、71.98% 和 74.70%,其次为海宁县,分别占总量的 12.28%、12.98% 和 11.30%(表 4.20)。

表 4.19　2008 年宁波市海水养殖分海域、分品种面积产量

县（市、区）	合计		池塘														滩涂				蓄水养殖	
			小计		对虾		鱼类		青蟹		池塘混养品种产量						小计		滩涂紫菜			
	面积/hm²	产量/t	面积/hm²	产量/t	面积/hm²	产量/t	面积/hm²	产量/t	面积/hm²	产量/t	小计	蛏子	杂色蛤	白虾	鱼类	其他	面积/hm²	产量/t	面积/hm²	产量/t	面积/hm²	产量/t
余姚	123	811	98	598	38	321	31	153	29	124	/	/	/	/	/	/	25	213	/	/	/	/
慈溪	4 648	14 899	1 897	4 672	942	2 724	321	760	463	382	806	585	30	45	125	21	2 751	10 227	58	649	185	992
镇海	200	126	0	/	0	/	0	/	0	/	/	/	/	/	/	/	200	126	/	/	/	/
小计	4 971	15 836	1 995	5 270	980	3 045	351	913	493	506	806	585	30	45	125	21	2 976	10 566	58	649	185	992

县（市、区）	平涂养殖贝类												低坝高网养殖								
	小计		蛏子		泥螺		海瓜子		文蛤		其他		面积/hm²	产量/t							
	面积/hm²	产量/t	面积/hm²	产量/t	面积/hm²	产量/t	面积/hm²	产量/t	面积/hm²	产量/t	面积/hm²	产量/t		小计	对虾	青蟹	梭子蟹	白虾	鱼类	贝类	其他
余姚	8	108	/	/	4	42	/	/	4	66	/	/	/	/	/	/	/	/	/	/	/
慈溪	2 149	8 255	119	1 343	1 055	3 955	505	1 137	/	/	470	1 820	360	800	205	40	35	10	168	336	6
镇海	0	/	/	/	0	/	/	/	/	/	/	/	200	126	/	8	/	29	83	6	/
小计	2 157	8 363	119	1 343	1 059	3 997	505	1 137	4	66	470	1 820	560	926	205	48	35	39	251	342	6

注：①资料由宁波市海洋与渔业局提供；②"/"表示无相关统计资料。

表 4.20 杭州湾周边各汇水区(行政单元)渔业养殖污染源强估算结果

汇水区	COD_Cr		总氮		总磷	
	源强 /(t/a)	所占百分比 /%	源强 /(t/a)	所占百分比 /%	源强 /(t/a)	所占百分比 /%
镇海区	270.43	6.16	26.33	6.43	1.49	6.10
慈溪市	3 224.09	73.42	294.51	71.98	18.25	74.70
余姚市	85.95	1.96	8.45	2.07	0.5	2.05
上虞市	51.79	1.18	5.1	1.25	0.28	1.15
绍兴县	/	/	/	/	/	/
萧山区	/	/	/	/	/	/
海宁县	539.05	12.28	53.12	12.98	2.76	11.30
海盐县	147.66	3.36	14.55	3.56	0.78	3.19
平湖市	72.18	1.64	7.11	1.74	0.37	1.51
金山区	/	/	/	/	/	/
奉贤区	/	/	/	/	/	/
南汇区	/	/	/	/	/	/
合计	4 391.15	100	409.17	100	24.43	100

注:"/"表示无资料。

4.2.2.6 污染源强分布特征

杭州湾周边 12 个汇水区中,COD_Cr 排放量最大的是萧山区,其次是绍兴县和金山区;BOD_5 排放量最大的是萧山区,其次是海盐县和平湖市;总氮、总磷排放量较大的主要是萧山区、上虞市和海宁县,各污染物排放量最小的是镇海区,占总量的 2% 以下(表 4.21)。上述分布特征与各区域的人口、工业、农林渔及畜禽养殖等社会经济综合发展水平密切相关,如据 2008 年统计结果显示,在各县(市、区)中,工业废水排放量以萧山区、绍兴县、金山区最大,分别占总排放量的 28.43%、26.25% 和 10.58%,镇海区最小约占总量的 1.07%;人口以萧山区、南汇区、慈溪市最大,分别占总人口的 13.59%、12.08%、11.73%,镇海区最小约占总量的 2.85%;农业化肥施用面积(主要为水田、旱地和园地等)则以萧山区、海宁县最大,分别约占总面积的 17%、19%,镇海区最小约占总量的 2%。因此,加强萧山区、绍兴县等区域的污染负荷控制,尤其是来自于工业和农业化肥污染排放的 COD_Cr 和畜禽养殖排放的 BOD_5 以及农业化肥污染和畜禽养殖排放的总氮、总磷等,对杭州湾污染源削减,改善海域生态环境起着关键性作用。

表 4.21　杭州湾周边各汇水区(行政单元)污染物排放总量

汇水区	COD_Cr 污染源强(t/a)	COD_Cr 百分比(%)	BOD_5 污染源强/(t/a)	BOD_5 百分比/%	TN 污染源强/(t/a)	TN 百分比/%	TP 污染源强/(t/a)	TP 百分比/%	总计 污染源强/(t/a)	总计 百分比/%
镇海区	2 769.51	1.48	1 646.97	2.20	577.75	2.16	87.37	2.17	5 087.44	1.73
慈溪市	14 467.36	7.71	3 883.13	5.19	2 370.46	8.87	386.30	9.61	21 129.02	7.21
余姚市	11 489.40	6.13	3 736.00	4.99	1 809.35	6.77	297.04	7.39	17 349.68	5.92
上虞市	15 005.58	8.00	6 853.64	9.16	3 175.95	11.88	482.26	12.00	25 546.47	8.72
绍兴县	25 084.46	13.38	5 528.55	7.39	2 351.33	8.80	270.85	6.74	33 264.75	11.35
萧山区	46 247.56	24.66	17 711.39	23.66	5 779.92	21.63	753.68	18.76	70 562.50	24.07
海宁县	11 984.15	6.39	7 397.93	9.88	2 915.19	10.91	573.78	14.28	22 898.23	7.81
海盐县	7 814.50	4.17	8 239.70	11.01	1 531.06	5.73	253.06	6.30	17 859.22	6.09
平湖市	9 110.11	4.86	7 533.56	10.07	2 151.40	8.05	315.61	7.86	19 133.65	6.53
金山区	21 856.22	11.65	1 278.07	1.71	858.97	3.21	59.08	1.47	24 068.92	8.21
奉贤区	13 792.83	7.35	5 607.03	7.49	1 359.94	5.09	208.01	5.18	20 987.74	7.16
南汇区	7 921.99	4.22	5 426.58	7.25	1 846.34	6.91	330.65	8.23	15 543.64	5.30
合计	187 543.67	100	74 842.55	100	26 727.36	100	4 017.69	100	293 431.27	100

　　不同的污染源中,工业污染排放量最大,其贡献率约 32.64%,工业污染成为杭州湾沿岸最主要的污染源;其次为畜禽养殖污染,其贡献率为 27.73%,成为第二大污染源;生活和农业化肥的污染排放量和贡献率亦不容忽视,分别为 19.75%、18.23%;海水养殖污染对杭州湾海域污染的贡献率相对较小,贡献率仅为 1.65%。各种污染物中,COD_Cr 主要来自工业污染,占总量的 48.59%,其次是农业化肥,占总量的 21.01%;BOD_5 主要来源是畜禽养殖,占总量的 69.35%,其次是生活排放,占总量的 26.06%;总氮的主要来源为农业化肥污染和畜禽养殖,分别占总量的 34.46% 和 32.23%;总磷的主要来源为畜禽养殖和农业化肥污染,分别占总量的 40.22% 和 34.72%(表 4.22)。

表 4.22　杭州湾周边不同污染源污染物排放量及其贡献率

污染源		COD_Cr	BOD_5	TN	TP	合计	比例/%
工业	污染源强/(t/a)	91 123.31	—	4 467.06	75.50	95 665.87	32.64
	比例/%	48.59	—	16.71	1.88		
生活	污染源强/(t/a)	33 472.23	19 501.79	4 025.42	906.67	57 906.11	19.75
	比例/%	17.85	26.06	15.06	22.57		
畜禽	污染源强/(t/a)	19 152.50	51 903.60	8 615.28	1 616.08	81 287.46	27.73
	比例/%	10.21	69.35	32.23	40.22		

污染源		COD$_{Cr}$	BOD$_5$	TN	TP	合计	比例/%
农业化肥	污染源强/(t/a)	39 404.48	3 437.16	9 210.43	1 395.01	53 447.08	18.23
	比例/%	21.01	4.59	34.46	34.72		
海水养殖	污染源强/(t/a)	4 391.15	—	409.17	24.43	4 824.75	1.65
	比例/%	2.34	—	1.53	0.61		
总计	污染源强/(t/a)	187 543.67	74 842.55	26 727.36	4 017.69	293 131.27	100
	比例/%	63.98	25.53	9.12	1.37		

4.2.3 主要河流污染物入海通量估算

杭州湾沿岸江河入海排放的污染物总量约为 1.50×10^6 t/a,其中 COD$_{Cr}$ 约为 1.05×10^6 t/a,约占总量的 70%;活性硅酸盐约为 0.215×10^6 t/a,约占总量的 14.32%;无机氮约为 0.110×10^6 t/a,约占总量的 7.36%,其中氨氮约为 0.043×10^6 t/a,约占总量的 2.85%;总磷为 8.292×10^3 t/a,约占总量的 0.55%;活性磷酸盐约为 2.676×10^3 t/a,约占总量的 0.18%;石油类约为 2.922×10^3 t/a,约占总量的 0.19%;重金属(铜、铅、锌、镉、砷、汞)约为 0.86×10^3 t/a,约占总量的 0.06%。杭州湾沿岸江河中各污染物的入海通量中,主要贡献因子为 COD$_{Cr}$、活性硅酸盐和无机氮,其中,COD$_{Cr}$ 贡献率最大,其次为活性硅酸盐和无机氮(表 4.23)。

杭州湾沿岸江河中各污染物的入海通量中,钱塘江贡献率最大,各污染物的入海通量占总量的百分比均在 60% 以上,最高达 92% 左右。

4.3 小结

(1)杭州湾污染源具有特殊性,集水区域为密集的平原河网,沿湾基本为人工岸线,污染物主要通过沿岸的河流、水闸及企业直排等方式排放入海。据统计,2008 年杭州湾沿岸工业直排口 10 个(仅浙江),工业废水排放量为 $5\,066.54 \times 10^4$ m³/a,其中,COD$_{Cr}$ 排放总量为 8 507.02 t/a,氨氮排放总量为 180.625 t/a 等;生活污水处理厂直排口 11 个,生活污水排放量为 $85\,939 \times 10^4$ m³/a,其中,COD 排放总量为 73 468.4 t/a,总氮排放总量为 21 911.8 t/a,氨氮排放总量为 11 598.9 t/a,总磷排放总量为 431.9 t/a。沿岸主要入海河流为钱塘江、曹娥江和甬江,其污染物入海通量约为 1.50×10^6 t/a,其中,COD$_{Cr}$ 入海通量约为 1.05×10^6 t/a,约占总量的 70%。沿岸水闸约 40 个,主要功能为蓄水、灌溉及排涝等,为不定期排放,即冬季基本不排,汛期多排放。

(2)杭州湾各污染源中,工业污染、畜禽养殖污染较大,其贡献率分别约为 33%、28%,其中,工业污染成为杭州湾沿岸第一大污染源;其次为生活污染和农业化肥污染,其贡献率均近 20%;渔业污染负荷相对较小,其贡献率低于 2%。

(3)杭州湾各污染物中,COD$_{Cr}$ 的主要来源是工业污染和农业化肥污染,分别约占总量

表 4.23　杭州湾沿岸主要河流的污染物浓度及入海通量

河流名称	径流量	石油类	COD$_{Cr}$	总磷	氨氮	硝酸盐	亚硝酸盐	无机氮	活性磷酸盐	活性硅酸盐	Cu	Pb	Zn	Cd	Hg	As	合计
污染物含量（重金属单位为 μg/L，其他为 mg/L）																	
钱塘江	4.0×10^{10}	0.064	19.8	0.139 7	0.657	1.416	0.071	2.144	0.057 8	4.423	3.74	1.10	13.67	0.146	0.012	1.09	/
甬江	3.5×10^9	0.104	32.7	0.541 1	1.601	2.038	0.324	3.963	0.103 9	6.052	4.16	0.98	14.31	0.125	0.013	1.18	/
曹娥江	4.5×10^9	/	32.3	0.180 4	2.452	/	/	/	/	3.825	/	/	/	/	/	/	/
污染物入海通量/(t/a)																	
钱塘江	4.0×10^{10}	2 560.0	792 880.0	5 587.0	26 286.0	56 644.0	2 826.0	85 756.0	2 312.5	176 901.3	149.6	43.8	546.6	5.8	0.5	43.7	1 152 542.8
甬江	3.5×10^9	362.8	114 420.8	1 893.8	5 601.8	7 132.2	1 134.8	13 868.8	363.7	21 182.6	14.6	3.4	50.1	0.4	0.0	4.1	166 033.9
曹娥江	4.5×10^9	/	145 125.0	811.6	11 031.8	/	/	11 031.8	/	17 212.5	/	/	/	/	/	/	185 212.6
合计		2 922.8	1 052 425.8	8 292.4	42 919.5	63 776.2	3 960.8	110 656.5	2 676.2	215 296.4	164.1	47.2	596.7	6.3	0.5	47.8	1 503 789.3
所占百分比/%																	
钱塘江	4.0×10^{10}	87.6	75.3	67.4	61.2	88.8	71.3	77.5	86.4	82.2	91.1	92.8	91.6	93.0	91.5	91.4	76.6
甬江	3.5×10^9	12.4	10.9	22.8	13.1	11.2	28.7	12.5	13.6	9.8	8.9	7.2	8.4	7.0	8.5	8.6	11.0
曹娥江	4.5×10^9	/	13.8	9.8	25.7	/	/	/	/	8.0	/	/	/	/	/	/	12.3
合计		0.19	69.98	0.55	2.85	4.24	0.26	7.36	0.18	14.32	0.011	0.003	0.040	0.000	0.000	0.003	100

的49%和21%；而 BOD$_5$ 的主要来源是畜禽养殖污染，约占70%，其次为生活污染，约占26%；总氮和总磷则主要来源于农业化肥污染和畜禽养殖污染，总氮分别为占总量的34%和32%，总磷分别占总量的40%和35%。

（4）在杭州湾周边12个县（区）中，COD$_{Cr}$排放量最大的是萧山区，其次是绍兴县和金山区；BOD$_5$排放量最大的是萧山区，其次是海盐县和平湖市；总氮、总磷排放量较大的主要是萧山区、上虞市和海宁市。上述分布特征与各区域的人口、工业、农林渔及畜禽养殖等社会经济综合发展水平密切相关。

参考文献

黄秀清，王金辉，蒋晓山，等．2008.象山港海洋环境容量及污染物总量控制研究[M]．北京：海洋出版社．

黄秀清，王金辉，蒋晓山，等．2011.乐清湾海洋环境容量及污染物总量控制研究[M]．北京：海洋出版社．

黄秀珠，叶长兴．1998.持续畜牧业的发展与环境保护[J]．福建畜牧兽医，(5)：27－29.

刘莲，黄秀清，曹维，等．2012.杭州湾周边区域的污染负荷及其特征研究[J]．海洋开发与管理，(5)：108－102.

日本机械工业联合会，日本产业机械工业会．1987.水域的富营养化及其防治对策[M]．北京：中国环境科学出版社．

帅方敏，王新生，陈红兵，等．2007.长湖流域非点源污染现状分析[J]．云南地理环境研究，19(5)：119－122.

水利部太湖流域管理局．1997.太湖流域河网水质研究[R].

涂振顺，黄金良，张珞平，等．2009.沿海港湾区域陆源污染物定量估算方法研究[J]．海洋环境科学，28(2)：202－207.

汪耀斌．1998.黄浦江上游沪、苏、浙边界地区污染源与水质调查分析[J]．水资源保护，4：37－40.

谢蓉．1999.上海市畜牧业污染控制与黄浦江上游水源保护[J]．农村生态环境，15(1)：41－44.

徐祖信，黄沈发，鄢忠纯．2003.上海市非点源污染负荷研究[J]．上海环境科学，22：1－3.

晏维金，尹澄清，孙濮，等．1999.磷氮在水田湿地中的迁移转化及径流流失过程[J]，应用生态学报，10(3)：312－316.

杨逸萍，王增焕、孙建，等．1999.精养虾池主要水化学因子变化规律和氮的收支[J]．海洋科学，(1)：15－17.

张大弟，张晓红．1997.上海市郊区非点源污染综合调查评价[J]．上海农业学报，13(1)：31－36.

Johnes P J. Evaluation and management of the impact of land use change on the nitrogen and phosphorus load delivered to surface waters: the export coefficient modeling approach [J]. Journal of Hydrology, 1996, 183: 323－349.

第5章 主要污染物降解与转化特征研究

在海洋环境容量及其污染总量控制工作中,污染物在环境中的降解与转化过程既是工作的基础,也是研究工作的难点。本文针对平原河网污染物降解转化、海域主要污染物降解转化和庵东湿地生态服务功能及污染物降解效应等几个难点问题开展了大量的基础实验研究,并得出了一些有价值的结果,为杭州湾海洋环境容量及污染物总量控制工作提供了参考。

5.1 平原河网污染物降解转化特征

鉴于杭州湾沿岸周边水闸污染物的排海特征(间歇式不定期排放),为了解和掌握污染物在河网中的降解与转化过程,2009 年 12 月,在杭州湾北岸、南岸和湾顶区域选择了 3 个代表性排水闸,即海盐南头水闸、陆中湾十塘闸和顺坝 1 号排涝闸,进行了主要入海污染物的现场采样和实验模拟分析研究,同时也为陆源面源污染物源强估算结果的可靠性提供验证。

5.1.1 实验设计

5.1.1.1 外业采样点

在 3 个排水闸的水闸口内侧各布设 1 个监测站(水质盐度≤5)(表5.1),采集表层水样和底泥各 1 份(图5.1)。

表5.1 水闸调查站位

序号	水闸	纬度(N)	经度(E)	所属行政区域	备 注
1	海盐南头水闸	30°30′14″	120°56′54″	海盐县	杭州湾北岸
2	顺坝 1 号排涝闸	30°15′46″	121°19′15″	萧山市	湾顶区域
3	陆中湾十塘闸	30°20′40″	121°14′02″	慈溪市	杭州湾南岸

5.1.1.2 实验设计

将水、泥混合体进行充分搅拌,测出多组(如 0 g/L、5 g/L、10 g/L、20 g/L、40 g/L、80 g/L)单位体积中不同底泥浓度下的水体中污染物浓度值,以期模拟和了解水闸开闸放水时水体中污染物的入海排放情况。其中,0 g/L 浓度组代表未开闸时水体中的污染物浓度。

(a) 水闸水质采样   (b) 水闸底泥采样

图 5.1   水闸采样

5.1.1.3   研究指标

COD_{Cr}、总氮(TN)、总磷(TP)、无机氮(氨氮、亚硝酸盐、硝酸盐)、活性磷酸盐。

5.1.2   结果分析

5.1.2.1   污染物浓度变化特征

1)COD_{Cr}

在 6 组试验组中(即 0 g/L、5 g/L、10 g/L、20 g/L、40 g/L、80 g/L),陆中湾十塘闸、顺坝 1 号排涝闸及海盐南头水闸的水闸内侧水体中 COD_{Cr} 浓度值范围分别在 49.5 ~ 101.0 mg/L、25.4 ~ 44.7 mg/L 和 22.9 ~ 109.0 mg/L,平均值分别为 72.4 mg/L、33.3 mg/L 和 44.2 mg/L,即慈溪陆中湾十塘闸水体中 COD_{Cr} 浓度值最高,其次为海盐南头水闸,顺坝 1 号排涝闸相对最低(表 5.2)。

表 5.2   水闸内侧单位体积中不同底泥浓度下的水体中污染物浓度值

水闸名称	样品号	泥量 /(g/L)	COD_{Cr} /(mg/L)	总磷 /(mg/L)	总氮 /(mg/L)	活性磷酸盐 /(mg/L)	硝酸盐 /(mg/L)	亚硝酸盐 /(mg/L)	氨氮 /(mg/L)	无机氮 /(mg/L)
陆中湾十塘闸	C0	0	49.5	0.058	2.179	0.006 6	0.261	0.082	0.355	0.698
	C1	5	73.2	0.074	3.234	0.016 6	0.933	0.091	0.655	1.679
	C2	10	57.1	0.066	3.530	0.073 4	0.928	0.129	0.975	2.032
	C3	20	101.0	0.079	2.809	0.015 1	1.343	0.107	1.310	2.760
	C4	40	76.5	0.062	3.006	0.025 7	1.976	0.125	0.500	2.601
	C5	80	76.9	0.074	2.642	0.021 5	1.761	0.164	0.475	2.400
	平均值		72.4	0.069	2.900	0.026 5	1.200	0.116	0.712	2.028

水闸名称	样品号	泥量 /(g/L)	COD_{Cr} /(mg/L)	总磷 /(mg/L)	总氮 /(mg/L)	活性磷酸盐 /(mg/L)	硝酸盐 /(mg/L)	亚硝酸盐 /(mg/L)	氨氮 /(mg/L)	无机氮 /(mg/L)
顺坝1号排涝闸	X0	0	25.4	0.076	2.931	0.013 4	0.891	0.059	0.845	1.795
	X1	5	33.0	0.091	4.077	0.017 4	1.358	0.103	1.095	2.556
	X2	10	29.4	0.087	3.447	0.030 8	1.262	0.084	1.215	2.561
	X3	20	31.8	0.086	3.428	0.015 8	1.010	0.065	1.170	2.245
	X4	40	44.7	0.091	3.697	0.032 8	0.940	0.086	1.290	2.315
	X5	80	35.4	0.095	3.743	0.049 0	1.384	0.065	1.560	3.009
	平均值		33.3	0.088	3.554	0.026 5	1.141	0.077	1.196	2.413
海盐南头水闸	H0	0	22.9	0.103	5.398	0.123 5	1.052	0.156	1.270	2.478
	H1	5	31.4	0.133	7.880	0.130 8	5.298	0.266	1.255	6.819
	H2	10	28.6	0.122	9.868	0.143 6	4.245	0.458	1.650	6.353
	H3	20	27.0	0.122	9.322	0.107 2	4.700	0.187	1.090	5.977
	H4	40	109.0	0.110	8.889	0.124 8	4.823	0.186	1.145	6.154
	H5	80	46.3	0.120	7.774	0.092 6	4.900	0.192	0.970	6.062
	平均值		44.2	0.118	8.189	0.120 4	4.170	0.241	1.230	5.640

注:C0、X0、H0 代表空白组,即不加底泥浓度的对照组,为现场采集的表层水样,代表不搅动水体(未开闸时);C1~C5、X1~X5、H1~H5 代表加不同底泥浓度的5个实验组,代表受不同搅动程度的水体(开闸时)。

水闸内侧水体中的 COD_{Cr} 含量,随着底泥浓度的增加(即5 g/L、10 g/L、20 g/L、40 g/L、80 g/L)总体上呈一定的上升趋势,其中,陆中湾十塘闸在底泥为20 g/L 的实验组中水体中的 COD_{Cr} 含量达到最大值为101.0 mg/L;而顺坝1号排涝闸及海盐南头水闸则在底泥为40 g/L 的实验组中水体中的 COD_{Cr} 含量达到最大值,分别为44.7 mg/L 和109.0 mg/L(表5.2和图5.2)。

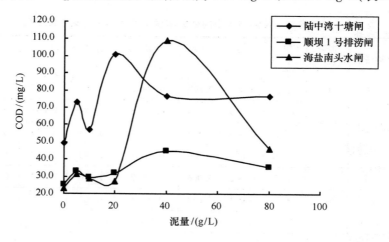

图5.2　不同底泥浓度下 COD_{Cr} 含量的变化情况

水体搅动与不搅动两种不同情况下，COD$_{Cr}$ 浓度的增量范围为 7.6~51.5 mg/L（平均为 27.4 mg/L，陆中湾十塘闸）、4.0~19.3 mg/L（平均为 9.5 mg/L，顺坝 1 号排涝闸）、4.1~86.1 mg/L（平均为 25.6 mg/L，海盐南头水闸）。增量系数为 0.15~1.04（平均为 0.55，陆中湾十塘闸）、0.16~0.76（平均为 0.37，顺坝 1 号排涝闸）、0.18~3.76（平均为 1.12，海盐南头水闸）。因此，在搅动的情况下水体中 COD 浓度的增量约为 20.8 mg/L，增量系数约为 0.68（表 5.3）。

2）总磷

在 6 组试验组中（即 0 g/L、5 g/L、10 g/L、20 g/L、40 g/L、80 g/L），陆中湾十塘闸、顺坝 1 号排涝闸及海盐南头水闸的水闸内侧水体中总磷浓度值范围分别为 0.058~0.079 mg/L、0.076~0.095 mg/L、0.103~0.133 mg/L，平均值分别为 0.069 mg/L、0.088 mg/L、0.118 mg/L，即海盐南头水闸水体中总磷浓度值最高，其次为顺坝 1 号排涝闸，慈溪陆中湾十塘闸相对最低（表 5.2）。

6 组试验组中，水体中的总磷含量最低值出现在不加底泥浓度的对照组，即现场采集的表层水样中。水闸内侧水体中的总磷含量，随着底泥浓度的增加（即 5 g/L、10 g/L、20 g/L、40 g/L、80 g/L）总体上呈一定的上升趋势，其中，陆中湾十塘闸在底泥为 20 g/L 的试验组中水体中的总磷含量达到最大值，为 0.79 mg/L；顺坝 1 号排涝闸在底泥为 80 g/L 的试验组中水体中的总磷含量达到最大值，为 0.95 mg/L；而海盐南头水闸则在底泥为 5 g/L 的试验组中水体中的总磷含量达到最大值，为 0.133 mg/L（表 5.2 和图 5.3）。

水体搅动与不搅动两种不同情况下，总磷浓度的增量范围为 0.004~0.021 mg/L（平均为 0.013 mg/L，陆中湾十塘闸）、0.010~0.019 mg/L（平均为 0.014 mg/L，顺坝 1 号排涝闸）、0.007~0.030 mg/L（平均为 0.018 mg/L，海盐南头水闸）。增量系数为 0.07~0.36（平均为 0.22，陆中湾十塘闸）、0.13~0.25（平均为 0.18，顺坝 1 号排涝闸）、0.07~0.29（平均为 0.18，海盐南头水闸）。因此，在搅动的情况下水体中总磷浓度的增量约为 0.015 mg/L，增量系数约为 0.19（表 5.3）。

3）活性磷酸盐

在 6 组试验组中（即 0 g/L、5 g/L、10 g/L、20 g/L、40 g/L、80 g/L），陆中湾十塘闸、顺坝 1 号排涝闸及海盐南头水闸的水闸内侧水体中活性磷酸盐浓度值范围分别为 0.006 6~0.073 4 mg/L、0.013 4~0.049 0 mg/L、0.092 6~0.143 6 mg/L，平均值分别为 0.026 5 mg/L、0.026 5 mg/L、0.120 4 mg/L，即海盐南头水闸水体中活性磷酸盐浓度值最高，其次为顺坝 1 号排涝闸和慈溪陆中湾十塘闸（表 5.2）。

6 组试验组中，水体中的活性磷酸盐含量最低值除海盐南头水闸外，顺坝 1 号排涝闸和慈溪陆中湾十塘闸均出现在不加底泥浓度的对照组，即现场采集的表层水样中。水闸内侧水体中的活性磷酸盐含量，海盐南头水闸随着底泥浓度的增加呈现先上升后下降的趋势；顺坝 1 号排涝闸随着底泥浓度的增加呈现一定的上升趋势；而陆中湾十塘闸在底泥为 10 g/L 的试验组中其含量达到最大值，为 0.734 mg/L，其他试验组中（即 5 g/L、20 g/L、40 g/L、80 g/L）则变化不大（表 5.2 和图 5.4）。

表 5.3 水体搅动与不搅动情况下污染物的浓度增量及其增量系数

项目	CODcr			总磷			总氮		
	陆中湾十塘闸	顺坝1号排涝闸	海盐南头水闸	陆中湾十塘闸	顺坝1号排涝闸	海盐南头水闸	陆中湾十塘闸	顺坝1号排涝闸	海盐南头水闸
不搅动浓度/(mg/L)	49.5	25.4	22.9	0.058	0.076	0.103	2.179	2.931	5.398
搅动时浓度/(mg/L)	76.9	34.9	48.5	0.071	0.090	0.121	3.044	3.678	8.747
增量范围/(mg/L)	7.6~51.5	4.0~19.3	4.1~86.1	0.004~0.021	0.010~0.019	0.007~0.030	0.463~1.351	0.497~1.146	2.376~4.470
平均增量/(mg/L)	27.4	9.5	25.6	0.013	0.014	0.018	0.865	0.747	3.349
增量系数	0.15~1.04	0.16~0.76	0.18~3.76	0.07~0.36	0.13~0.25	0.07~0.29	0.21~0.62	0.17~0.39	0.44~0.93
平均增量系数	0.55	0.37	1.12	0.22	0.18	0.18	0.40	0.25	0.62

项目	活性磷酸盐			硝酸盐			亚硝酸盐		
	陆中湾十塘闸	顺坝1号排涝闸	海盐南头水闸	陆中湾十塘闸	顺坝1号排涝闸	海盐南头水闸	陆中湾十塘闸	顺坝1号排涝闸	海盐南头水闸
不搅动浓度/(mg/L)	0.0066	0.0134	0.1235	0.261	0.891	1.052	0.082	0.059	0.156
搅动时浓度/(mg/L)	0.0304	0.0292	0.1198	1.388	1.191	4.793	0.123	0.080	0.258
增量范围/(mg/L)	0.0085~0.0668	0.0024~0.0356	-0.0309~0.0201	0.667~1.715	0.049~0.493	3.193~4.246	0.009~0.082	0.006~0.044	0.030~0.302
平均增量/(mg/L)	0.0238	0.0158	-0.0037	1.127	0.300	3.741	0.041	0.021	0.102
增量系数	1.29~10.12	0.18~2.66	-0.25~0.16	2.55~6.57	0.05~0.55	3.04~4.04	0.11~0.99	0.09~0.75	0.19~1.94
平均增量系数	3.61	1.18	-0.03	4.32	0.34	3.56	0.50	0.36	0.65

项目	氨氮			无机氮		
	陆中湾十塘闸	顺坝1号排涝闸	海盐南头水闸	陆中湾十塘闸	顺坝1号排涝闸	海盐南头水闸
不搅动浓度/(mg/L)	0.355	0.845	1.270	0.698	1.795	2.478
搅动时浓度/(mg/L)	0.783	1.266	1.222	2.294	2.537	6.273
增量范围/(mg/L)	0.120~0.955	0.250~0.715	-0.300~0.380	0.981~2.062	0.450~1.214	3.499~4.341
平均增量/(mg/L)	0.428	0.421	-0.048	1.596	0.742	3.795
增量系数	0.34~2.69	0.30~0.85	-0.24~0.30	1.40~2.95	0.25~0.68	1.41~1.75
平均增量系数	1.21	0.50	-0.04	2.29	0.41	1.53

注:搅动时浓度为平均浓度值,即5组不同底泥浓度下水体中污染物的平均浓度值。

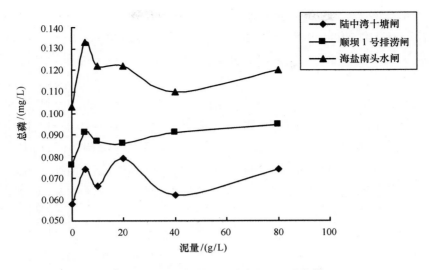

图 5.3　不同底泥浓度下总磷含量的变化情况

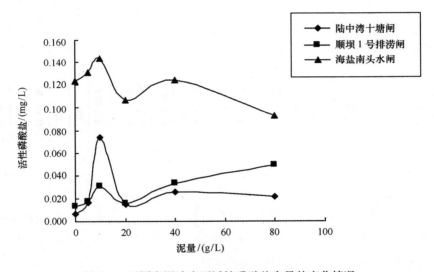

图 5.4　不同底泥浓度下活性磷酸盐含量的变化情况

　　水体搅动与不搅动两种不同情况下,活性磷酸盐浓度的增量范围为 0.008 5~0.066 8 mg/L(平均为 0.023 8 mg/L,陆中湾十塘闸)、0.002 4~0.035 6 mg/L(平均为 0.015 8 mg/L,顺坝 1 号排涝闸)、-0.030 9~0.020 1 mg/L(平均为 -0.003 7 mg/L,海盐南头水闸);增量系数为 1.29~10.12(平均为 3.61,陆中湾十塘闸)、0.18~2.66(平均为 1.18,顺坝 1 号排涝闸)、-0.25~0.16(平均为 -0.03,海盐南头水闸)。因此,在搅动的情况下水体中活性磷酸盐浓度的增量约为 0.012 0 mg/L,增量系数约为 1.59(表 5.3)。

　　4)总氮

　　在 6 组试验组中(即 0 g/L、5 g/L、10 g/L、20 g/L、40 g/L、80 g/L),陆中湾十塘闸、顺坝

1号排涝闸及海盐南头水闸的水闸内侧水体中总氮浓度值范围分别为2.179~3.530 mg/L、2.931~4.077 mg/L、5.398~9.868 mg/L,平均值分别为2.900 mg/L、3.554 mg/L、8.919 mg/L,即海盐南头水闸水体中总氮浓度值最高,其次顺坝1号排涝闸和慈溪陆中湾十塘闸(表5.2)。

6组试验组中,水体中的总氮含量最低值出现在不加底泥浓度的对照组,即现场采集的表层水样中。水闸内侧水体中的总氮含量,海盐南头水闸在底泥为10 g/L的试验组中其含量达到最大值,为9.868 mg/L,然后随着底泥浓度的增加呈现下降趋势;而陆中湾十塘闸和顺坝1号排涝闸随着底泥浓度的增加总体上呈一定的上升趋势,最大值在底泥为10 g/L的试验组中,而底泥为20 g/L、40 g/L、80 g/L的3个高浓度组则变化不明显,即呈现出了一定的稳定状态(表5.2和图5.5)。

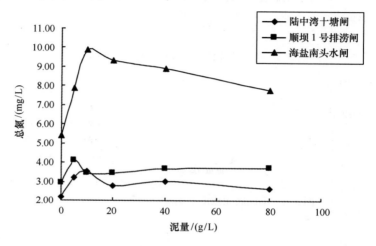

图5.5　不同底泥浓度下总氮含量的变化情况

水体搅动与不搅动两种不同情况下,总氮浓度的增量范围为0.463~1.351 mg/L(平均为0.865 mg/L,陆中湾十塘闸)、0.497~1.146 mg/L(平均为0.747 mg/L,顺坝1号排涝闸)、2.376~4.470 mg/L(平均为3.349 mg/L,海盐南头水闸);增量系数为0.21~0.62(平均为0.40,陆中湾十塘闸)、0.17~0.39(平均为0.25,顺坝1号排涝闸)、0.44~0.93(平均为0.62,海盐南头水闸)。因此,在搅动的情况下水体中总氮浓度的增量约为1.654 mg/L,增量系数约为0.42(表5.3)。

5)硝酸盐

在6组试验组中(即0 g/L、5 g/L、10 g/L、20 g/L、40 g/L、80 g/L),陆中湾十塘闸、顺坝1号排涝闸及海盐南头水闸的水闸内侧水体中硝酸盐浓度值范围分别为0.261~1.976 mg/L、0.891~1.384 mg/L、1.052~5.298 mg/L,平均值分别为1.200 mg/L、1.141 mg/L、4.170 mg/L,即海盐南头水闸水体中硝酸盐浓度值最高,其次慈溪陆中湾十塘闸和顺坝1号排涝闸(表5.2)。

6组试验组中,水体中的硝酸盐含量最低值除海盐南头水闸外,顺坝1号排涝闸和慈溪陆中湾十塘闸均出现在不加底泥浓度的对照组,即现场采集的表层水样中。同时,水闸内侧水体中的硝酸盐含量,陆中湾十塘闸随着底泥浓度的增加呈现一定的上升趋势,在底泥为40 g/L的试验组中其含量达到最大值1.976 mg/L;海盐南头水闸在试验组中(即10 g/L、20 g/L、40 g/L、80 g/L),随着底泥浓度的增加呈现一定的上升趋势,但最大含量值出现在底泥为5 g/L的试验组中;而顺坝1号排涝闸在5组试验组中(即5 g/L、10 g/L、20 g/L、40 g/L、80 g/L),则出现先升后降再升变化趋势,高值出现在底泥为5 g/L、80 g/L的试验组中(表5.2和图5.6)。

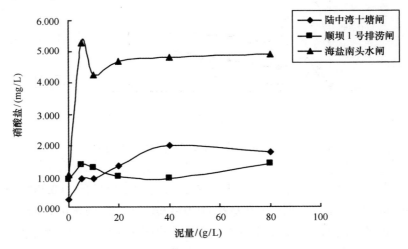

图5.6　不同底泥浓度下硝酸盐含量的变化情况

硝酸盐浓度的增量范围为0.667～1.715 mg/L(平均为1.127 mg/L,陆中湾十塘闸)、0.049～0.493 mg/L(平均为0.300 mg/L,顺坝1号排涝闸)、3.193～4.246 mg/L(平均为3.741 mg/L,海盐南头水闸);增量系数为2.55～6.57(平均为4.32,陆中湾十塘闸)、0.05～0.55(平均为0.34,顺坝1号排涝闸)、3.04～4.04(平均为3.56,海盐南头水闸)。因此,在搅动的情况下水体中硝酸盐浓度的增量约为1.723 mg/L,增量系数约为2.74(表5.3)。

6)亚硝酸盐

在6组试验组中(即0 g/L、5 g/L、10 g/L、20 g/L、40 g/L、80 g/L),陆中湾十塘闸、顺坝1号排涝闸及海盐南头水闸的水闸内侧水体中亚硝酸盐浓度值范围分别为0.082～0.164 mg/L、0.059～0.103 mg/L、0.156～0.458 mg/L,平均值分别为0.116 mg/L、0.077 mg/L、0.241 mg/L,即海盐南头水闸水体中亚硝酸盐浓度值最高,其次慈溪陆中湾十塘闸,顺坝1号排涝闸相对最低(表5.2)。

6组试验组中,水体中的亚硝酸盐含量最低值出现在不加底泥浓度的对照组,即现场采集的表层水样中。同时,水闸内侧水体中的亚硝酸盐含量,陆中湾十塘闸随着底泥浓度的增加呈现一定的上升趋势,最大值出现在底泥浓度为80 g/L时,最大含量值0.164 mg/L;海盐南头水闸在底泥浓度为5 g/L、10 g/L时相对较大,其他浓度组变化不明显;顺坝1号排涝闸在底泥为 5 g/L 时出现最大值,为 0.103 mg/L,在底泥浓度为 20 g/L、40 g/L、80 g/L 的试验组中,亚硝酸盐含量变化不大(表 5.2 和图 5.7)。

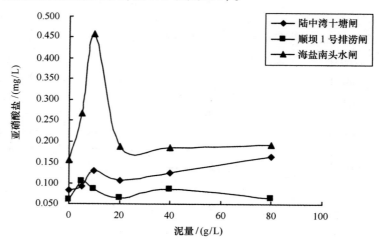

图 5.7 不同底泥浓度下亚硝酸盐含量的变化情况

水体搅动与不搅动两种不同情况下,亚硝酸盐浓度的增量范围为 0.009～0.082 mg/L(平均为 0.041 mg/L,陆中湾十塘闸)、0.006～0.044 mg/L(平均为 0.021 mg/L,顺坝 1 号排涝闸)、0.030～0.302 mg/L(平均为 0.102 mg/L,海盐南头水闸);增量系数为 0.11～0.99(平均为 0.50,陆中湾十塘闸)、0.09～0.75(平均为 0.36,顺坝 1 号排涝闸)、0.19～1.94(平均为 0.65,海盐南头水闸)。因此,在搅动的情况下水体中亚硝酸盐浓度的增量约为 0.055 mg/L,增量系数约为 0.50(表 5.3)。

7)氨氮

在 6 组试验组中(即 0 g/L、5 g/L、10 g/L、20 g/L、40 g/L、80 g/L),陆中湾十塘闸、顺坝 1 号排涝闸及海盐南头水闸排水闸的水闸内侧水体中氨氮浓度值范围分别为 0.355～1.310 mg/L、0.845～1.560 mg/L、0.970～1.650 mg/L,平均值分别为 0.712 mg/L、1.196 mg/L、1.230 mg/L,即海盐南头水闸排水闸、顺坝 1 号排涝闸水体中氨氮浓度值相对较高,慈溪陆中湾十塘闸最低(表 5.2)。

6 组试验组中,水体中的氨氮含量最低值出现在不加底泥浓度的对照组,即现场采集的表层水样中。同时,水闸内侧水体中的氨氮含量,陆中湾十塘闸随着底泥浓度的增加呈现先升后降的变化特征,最大值出现在底泥浓度为 20 g/L 时,最大含量值为 1.310 mg/L;顺坝 1 号排涝闸随着底泥浓度的增加则主要呈现上升趋势,最大值出现在底泥浓度为 80 g/L 时,最大值达 1.560 mg/L;而海盐南头水闸随着底泥浓度的增加呈现先上升后下降的趋势,最大值出现在底泥浓度为 10 g/L 时(表 5.2 和图 5.8)。

水体搅动与不搅动两种不同情况下,氨氮浓度的增量范围为 0.120～0.955 mg/L(平均为 0.428 mg/L,陆中湾十塘闸)、0.250～0.715 mg/L(平均为 0.421 mg/L,顺坝 1 号排涝闸)、-0.300～0.380 mg/L(平均为 -0.048 mg/L,海盐南头水闸);增量系数为 0.34～2.69

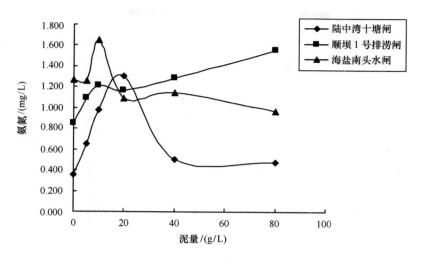

图 5.8　不同底泥浓度下氨氮含量的变化情况

（平均为 1.21,陆中湾十塘闸）、0.30 ~ 0.85（平均为 0.50,顺坝 1 号排涝闸）、−0.24 ~ 0.30（平均为 −0.04,海盐南头水闸）。因此,在搅动的情况下水体中氨氮浓度的增量约为 0.267 mg/L,增量系数约为 0.56（表5.3）。

8）无机氮

在 6 组试验组中（即 0 g/L、5 g/L、10 g/L、20 g/L、40 g/L、80 g/L）,陆中湾十塘闸、顺坝 1 号排涝闸及海盐南头水闸排水闸的水闸内侧水体中无机氮浓度值范围分别为 0.698 ~ 2.760 mg/L、1.795 ~ 3.009 mg/L、2.478 ~ 6.819 mg/L,平均值分别为 2.413 mg/L、1.196 mg/L、5.640 mg/L,即海盐南头水闸排水闸水体中无机氮浓度值最高,其次为顺坝 1 号排涝闸,慈溪陆中湾十塘闸相对较低（表5.2）。

6 组试验组中,水体中的无机氮含量最低值出现在不加底泥浓度的对照组,即现场采集的表层水样中。同时,水闸内侧水体中的无机氮含量,陆中湾十塘闸随着底泥浓度的增加呈现先升后降的变化特征,最大值出现在底泥浓度为 20 g/L 时,最大含量值为 2.760 mg/L;顺坝 1 号排涝闸随着底泥浓度的增加其变化特征不明显,最大值出现在底泥浓度为 80 g/L 时,最大值达 3.009 mg/L;而海盐南头水闸随着底泥浓度的增加主要呈现先升后降、随后变化不大而逐步趋向稳定的趋势,最大值出现在底泥浓度为 5 g/L 时,最大值为 6.819 mg/L（表5.2 和图5.9）。

水体搅动与不搅动两种不同情况下,无机氮浓度的增量范围为 0.981 ~ 2.062 mg/L（平均为 1.596 mg/L,陆中湾十塘闸）、0.450 ~ 1.214 mg/L（平均为 0.742 mg/L,顺坝 1 号排涝闸）、3.499 ~ 4.341 mg/L（平均为 3.795 mg/L,海盐南头水闸）;增量系数为 1.40 ~ 2.95（平均为 2.29,陆中湾十塘闸）、0.25 ~ 0.68（平均为 0.41,顺坝 1 号排涝闸）、1.41 ~ 1.75（平均为 1.53,海盐南头水闸）。因此,在搅动的情况下水体中无机氮浓度的增量约为 2.044 mg/L,增量系数约为 1.41（表5.3）。

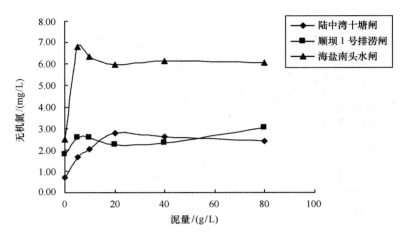

图 5.9　不同底泥浓度下无机氮含量的变化情况

5.1.2.2　平原河网入海污染物特征分析

随着底泥浓度的增加(即 5 g/L、10 g/L、20 g/L、40 g/L、80 g/L),杭州湾沿岸 3 个水闸(陆中湾十塘闸、顺坝 1 号排涝闸及海盐南头水闸)内侧水体中的污染物浓度总体上呈现了一定的上升趋势,但规律性不明显,即在不同的底泥浓度下,监测指标 COD_{Cr}、总氮、总磷、硝酸盐、亚硝酸盐、氨氮、活性磷酸盐的含量最大值,在低、中、高各个浓度试验组中均有可能出现,如陆中湾十塘闸约 75% 的污染物浓度最大值主要出现在底泥中的中低浓度试验组(10～20 g/L)中,顺坝 1 号排涝闸则约 76% 污染物浓度最大值主要出现在底泥中的高浓度试验组(40 g/L、80 g/L)中,约 25% 的污染物浓度最大值主要出现在低浓度试验组(5 g/L)中,而海盐南头水闸污染物浓度最大值主要出现在低浓度试验组(5～10 g/L)中,约占88%。因此,不同水闸的污染物降解与转化特征不尽一致,具有一定的区域性(表 5.4)。

表 5.4　水闸内侧单位体积中不同底泥浓度下的水体中污染物浓度最大值

水闸名称	统计值	COD_{Cr} /(mg/L)	总磷 /(mg/L)	总氮 /(mg/L)	活性磷酸盐 /(mg/L)	硝酸盐 /(mg/L)	亚硝酸盐 /(mg/L)	氨氮 /(mg/L)	无机氮 /(mg/L)	百分比 /%
陆中湾十塘闸	最大值 (底泥浓度值)	101.0 (20 g/L)	0.079 (20 g/L)	3.530 (10 g/L)	0.073 4 (10 g/L)	1.976 (40 g/L)	0.164 (80 g/L)	1.310 (20 g/L)	2.760 (20 g/L)	占75% (10～20 g/L)
	平均值	76.9	0.069	2.900	0.026 5	1.200	0.116	0.712	2.028	
顺坝1号排涝闸	最大值 (底泥浓度值)	44.7 (40 g/L)	0.095 (80 g/L)	4.077 (5 g/L)	0.049 0 (80 g/L)	1.384 (80 g/L)	0.103 (5 g/L)	1.560 (80 g/L)	3.009 (80 g/L)	占63%(80 g/L) 占13%(40 g/L) 占25%(5 g/L)
	平均值	34.9	0.088	3.554	0.026 5	1.141	0.077	1.196	2.413	
海盐南头水闸	最大值 (底泥浓度值)	109.0 (40 g/L)	0.133 (5 g/L)	9.868 (10 g/L)	0.143 6 (10 g/L)	5.298 (5 g/L)	0.458 (10 g/L)	1.650 (10 g/L)	6.819 (5 g/L)	占88% (5～10 g/L)
	平均值	48.5	0.118	8.189	0.120 4	4.170	0.241	1.230	5.640	

另外,3 个水闸水体中的污染物浓度,除 COD_{Cr} 在陆中湾十塘闸最高外,总氮、总磷、硝酸盐、亚硝酸盐、氨氮、活性磷酸盐等监测指标均在海盐南头水闸最高;其次总磷、总氮、氨氮在顺坝 1 号排涝闸高于陆中湾十塘闸,而活性磷酸盐、硝酸盐、亚硝酸盐在陆中湾十塘闸高于顺坝 1 号排涝闸。

总之,在杭州湾沿岸 3 个水闸实验表明,在搅动与不搅动两种情况下,水闸水体中的污染物浓度值均出现一定的增量,即水体的搅动对水闸水体中的污染物浓度的增加具有一定的贡献;而当水体中污染物浓度达到一定量值时,随着底泥浓度的增加,其浓度不再升高、逐步趋向稳定状态。其中,COD 浓度的增量约为 20.8 mg/L,增量系数约为 0.68;总磷浓度的增量约为 0.015 mg/L,增量系数约为 0.19;活性磷酸盐浓度的增量约为 0.012 0 mg/L,增量系数约为 1.59;总氮浓度的增量约为 1.654 mg/L,增量系数约为 0.42;硝酸盐浓度的增量约为 1.723 mg/L,增量系数约为 2.74;亚硝酸盐浓度的增量约为 0.055 mg/L,增量系数约为 0.50;氨氮浓度的增量约为 0.267 mg/L,增量系数约为 0.56;无机氮浓度的增量约为 2.044 mg/L,增量系数约为 1.41。

5.1.2.3 陆源污染物入海通量估算及结果验证

1)污染物入海通量

污染物源强的估算是海域环境容量和污染物总量控制研究的基础。杭州湾的污染源具有明显特殊性,其集水区域与周边陆域以山体丘陵为主的象山港、乐清湾等海湾有着天然差别,杭州湾区域的陆源污染物多通过水闸排放方式进入海洋。水闸排放具不规律性,且水闸开闸放水与不开闸时水体中的污染物浓度存在明显差异,即水闸开闸对水体中污染物的浓度增量具有一定的贡献。因此杭州湾实际入海的污染物源强的获取与象山港、乐清湾等有着不同之处,需对传统的污染源强估算结果(第 4 章节)进行系数修正。

由于杭州湾周边以河网平原为主,水系相通,本文以杭州湾周边的三个代表性水闸(海盐南头水闸、萧山顺坝 1 号排涝闸和慈溪陆中湾十塘闸)的水质污染物浓度为代表,结合所在县市、区的年平均径流量数据来计算污染物的入海通量,即为实测值。与传统的污染源强的估算结果相比,即可获取水闸污染物的实际入海系数(表 5.5)。

表 5.5　海盐市、萧山区、慈溪市污染物源强的实测值与估算值对比

县(市、区)	年径流量/(×10⁸ m³/a)	CODCr				TN				TP			
		浓度/(mg/L)	实测/(t/a)	估算/(t/a)	实际入海系数	浓度/(mg/L)	实测/(t/a)	估算/(t/a)	实际入海系数	浓度/(mg/L)	实测/(t/a)	估算/(t/a)	实际入海系数
海盐县	2.09	33.33	6 965	7 590	0.918	8.19	1 711	1 508	1.135	0.12	25	252	0.099
萧山区	7.7	32.4	24 948	21 829	1.143	3.55	2 737	3 904	0.701	0.09	68	661	0.103
慈溪市	5.35	70.93	37 945	11 243	3.375	2.9	1 552	2 076	0.748	0.07	37	368	0.101

注:①实际入海系数 = 实测值/估算值。②浓度为水闸的污染物平均浓度。③估算值不包含工业与生活直排和渔业养殖污染。

COD_{Cr}的实际入海系数(即实测值/估算值)除海盐为0.918外,慈溪、萧山的实际入海系数均大于1。一般来说,实际入海系数应小于1(即实测值小于估算值),因此慈溪、萧山的实际入海系数还有待于进一步探讨。总氮入海量实测与估算比值,萧山、慈溪分别为0.701、0.748,海盐大于1,因此海盐的实际入海系数仍有待研究。总磷估算值与实测值相比,估算值约为实测值10倍左右,即其实际入海系数为0.1(仅10%)左右,这可能与磷的地球化学行为不活跃有关,磷的迁移转化主要是通过吸附作用进行,据Weddell和Bower估计,施用的磷肥约5%扩散到大气中,土壤吸附固定5%~75%,植物吸收7%~15%,径流带入地表水5%~10%,渗滤到根区以下的土壤或地下水小于1%。同时,晏维金等、陈利顶等、甄兰等也认为农田、水体之间设置的草地、林地、湿地景观、水塘等截留地表径流中的磷可达90%左右,因此本文总磷的实际入海系数(平均为0.104)与上述研究结果也较为一致。但根据杭州湾海域现状调查结果显示,杭州湾海域磷平均含量已超四类海水水质标准(0.0577 mg/L,2009年),因此为安全与保守起见,总磷的实际入海污染源强及实际入海系数的确定,还应进一步探讨。

另外,由于杭州湾沿岸水闸近40个,本研究仅对杭州湾沿岸3个水闸开展了调查研究,考虑到样本的代表性和全面性还不够,污染物入海参数还需开展进一步的研究与探讨。鉴于上述原因,污染物的入海源强仍采用传统方法得出的估算结果(第4章)。

2)估算结果验证

杭州湾周边陆域为典型的平原河网地貌,陆源污染物进入杭州湾的主要途径为地表径流。根据海盐市、萧山区和慈溪市污染物入海总量的估算值和实测值的比较分析(表5.5),COD_{Cr}除在慈溪地区估算值与实测值相差较大外,其他两个地区的估算值和实测值都比较接近;总氮在海盐地区估算值与实测值比较接近,萧山区和慈溪市的估算值均约为实测值的70%,误差稍大,其原因可能为估算时总氮在环境中的迁移和降解作用考虑不够全面所致;总磷的估算值约为实测值10倍左右,这可能与磷的地球化学行为不活跃有关,这一结论与黄秀清等研究结果相一致。因此,总体来说,杭州湾陆源污染物入海总量的估算是基本正确、可靠的。

5.2　海域主要污染物降解转化特征

在海域主要污染物环境容量计算中,污染物降解速率的选择对于保证污染物浓度场模型的准确性具有非常重要的作用,而如何确定该参数是一个研究的盲点和难点。目前使用经验公式确定降解速率系数是常用方法,这种方法使得容量计算值与实际值之间存在差距,增加了容量计算值的误差和模型验证的工作量。为保证杭州湾COD、无机氮、活性磷酸盐降解速率系数率定的准确性,开展COD、无机氮、活性磷酸盐三种因子的降解转化速率实验室和海上围隔模拟试验,主要为了验证海域容量计算的降解速率系数。

5.2.1 实验室模拟试验

5.2.1.1 试验简介

1)试验采样

本次试验选取杭州湾生态调查海域中两个典型站位取样,取样时间为2009年6月和2009年9月,具体站点为21号(30°17′34″N,121°34′52″E)和31号(30°25′00″N,121°53′50″E)站位(图5.10)。其中,21号站点位于近岸悬浮物浓度较高的海域;31号站点靠近外海悬浮物浓度较低的海域。

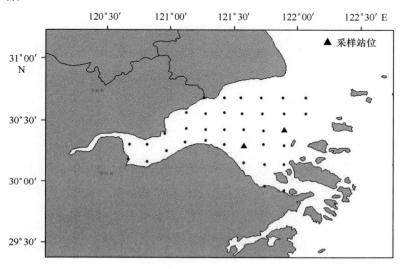

图 5.10 模拟试验采样站位

2)污水来源

为了模拟海水中 COD、活性磷酸盐、无机氮在高浓度状态下进行降解的情况,在采样海水中加入宁波市城市污水处理厂的生活污水调节海水 COD,加入标样调节海水中活性磷酸盐和无机氮。

3)试验装置

将 27 个容积为 10 L 的玻璃龙头瓶反应器(470 mm×245 mm×450 mm)放置在空旷的室内。为防止试验过程中悬浮物质沉淀,使用磁力搅拌器(78－1 型号)在反应器中进行搅拌,保持水中微小颗粒的悬浮状态,并起到大气富氧的作用。

4)试验方法

本次试验需要测定海水中的 COD,因为有氯离子的影响,所以采用碱性高锰酸盐指数法,活性磷酸盐采用磷钼蓝分光光度法测定,盐度采用盐度计测定,pH 采用 pH 计测定,悬浮物采用重量法测定。

5.2.1.2 分析方法

1）计算 COD 降解速率

COD 降解过程基本上符合一级反应动力学模式,降解速率方程为:

$$\frac{dC}{dt} = -k_c C \tag{5.1}$$

$$即:C = C_0 \cdot e^{-k_c t} \tag{5.2}$$

式中,C_0 为初始浓度,mg/L;C 为 t 时刻浓度,mg/L;t 为反应时间,d;k_c 为降解速率常数,d^{-1}。

第一步是线性化,对式(5.2)两边取对数,得:

$$\ln C = \ln C_0 - k_0 t \tag{5.3}$$

$$令 \; y = \ln C, x = t, a = \ln C_0, b = -k_c \tag{5.4}$$

则式(5.3)化为线性形式:

$$y = a + bx \tag{5.5}$$

第二步是对数据进行线性回归分析,对已知浓度的 n 组数据$(t_i, C_i)(i = 1, 2, \cdots, n)$,由式(5.4)可以转化为 n 组数据$(x_i, y_i) = (t_i, \ln C_i)(i = 1, 2, \cdots, n)$。应用最小二乘法原理,对式(5.5)一元线性回归,得:

$$a = \frac{\sum_{i=1}^{n} x_i^2 \sum_{i=1}^{n} y_i - \sum_{i=1}^{n} x_i y_i \sum_{i=1}^{n} x_i}{n \sum_{i=1}^{n} x_i^2 - \left(\sum_{i=1}^{n} x_i \right)^2} \tag{5.6}$$

$$b = \frac{\sum_{i=1}^{n} x_i y_i - \sum_{i=1}^{n} x_i \sum_{i=1}^{n} y_i}{n \sum_{i=1}^{n} x_i^2 - \left(\sum_{i=1}^{n} x_i \right)^2} \tag{5.7}$$

第三步是降解速率的确定,由式(5.4)可得,$k_c = -b$。

2）计算活性磷酸盐转化系数

海水中的溶解无机磷的转化速率遵循一级动力学方程(陈松,1993):

$$\ln C = k_{1p} t + B \tag{5.8}$$

式中,C 为某一时刻活性磷酸盐浓度,mg/L;k_{1p} 为活性磷酸盐的转化速率(线性化转化过程同 COD)。

3）正交试验分析方法

正交试验设计是利用正交表来安排与分析多因素试验的一种设计方法。它是由试验因素的全部水平组合中,挑选部分有代表性的水平组合进行试验的,通过对这部分试验结果的分析全面了解试验的情况,找出最优的水平组合以及试验因素对试验结果影响程度的一种实用方法。

本次正交试验结果利用 SPSS16.0 软件进行分析。

5.2.1.3　典型污染物降解和转化试验研究

1) COD 降解速率研究

(1) COD 正交试验设计及降解速率确定

海水中影响污染物降解的环境因素主要有污染物初始浓度、温度、盐度、pH 值、悬浮物浓度等。结合实际条件,COD 降解试验考虑 4 个影响因素,即污染物初始浓度(A)、盐度(B)、pH(C)和悬浮物浓度(D),并且考虑的每个因素取 3 个水平(表 5.6)。选用 $L_9(3^4)$ 正交表。

表 5.6　COD 正交试验因素及水平 $L_9(3^4)$

水平	因　素			
	初始浓度/(mg/L)	盐度	pH	悬浮物浓度/(mg/L)
1	4	15	7.8	2 倍稀释
2	6	20	8.0	1 倍稀释
3	8	25	8.2	原始浓度

正交试验两个站位两个月各 9 组,其中,2009 年 6 月 21 号站位悬浮物原始浓度为 347.5 mg/L,31 号站位悬浮物原始浓度为 258.5 mg/L;2009 年 9 月 21 号站位悬浮物原始浓度为 358 mg/L,31 号站位悬浮物原始浓度为 231.5 mg/L。对试验数据进行线性化处理(图 5.11 ~ 图 5.14),其中,2009 年 6 月 31 号站位 9 组试验得到相关性系数 R^2 的范围在 0.743 0 ~ 0.940 9 之间,均值为 0.872 6;2009 年 6 月 21 号站位 9 组试验得到相关性系数 R^2 的范围在 0.748 8 ~ 0.946 1,均值为 0.820 8;2009 年 9 月 31 号站位 9 组试验得到相关性系数 R^2 的范围在 0.132 5 ~ 0.954 3,均值为 0.721 8;2009 年 9 月 21 号站位 9 组试验得到相关性系数 R^2 的范围在 0.240 0 ~ 0.872 0,均值为 0.661 0。COD 降解速率较好的符合一级反应动力方程。

2009 年 6 月 COD 降解速率在 21 号和 31 号站位,范围分别在 0.109 2 ~ 0.163 9 d^{-1} 和 0.116 6 ~ 0.164 7 d^{-1},均值分别为 0.139 8 d^{-1} 和 0.138 7 d^{-1};2009 年 9 月降解速率在 21 号和 31 号站位,范围在 0.060 5 ~ 0.243 1 d^{-1} 和 0.032 6 ~ 0.248 6 d^{-1},均值分别为 0.111 9 d^{-1} 和 0.106 6 d^{-1}。2009 年 6 月 COD 降解速率略大于 2009 年 9 月(表 5.7)。

表 5.7　COD 降解试验结果

初始浓度/(mg/L)	盐度	pH	悬浮物浓度/(mg/L)	降解速率/d^{-1}			
				2009 年 6 月 31 号站位	2009 年 6 月 21 号站位	2009 年 9 月 31 号站位	2009 年 9 月 21 号站位
4	15	7.8	2 倍稀释	0.132 3	0.155 3	0.088 9	0.063 5
4	20	8.0	1 倍稀释	0.149 9	0.145 2	0.129 4	0.084 7
4	25	8.2	原始浓度	0.164 7	0.161 6	0.248 6	0.243 1

初始浓度 /(mg/L)	盐度	pH	悬浮物浓度 /(mg/L)	降解速率/d⁻¹			
				2009 年 6 月 31 号站位	2009 年 6 月 21 号站位	2009 年 9 月 31 号站位	2009 年 9 月 21 号站位
6	15	8.0	原始浓度	0.147 8	0.163 9	0.121 8	0.164 3
6	20	8.2	2 倍稀释	0.141 2	0.129 6	0.032 6	0.060 5
6	25	7.8	1 倍稀释	0.135 8	0.121 5	0.108 3	0.097 3
8	15	8.2	1 倍稀释	0.116 6	0.109 2	0.090 3	0.073 4
8	20	7.8	原始浓度	0.128 9	0.145 9	0.123 0	0.132 3
8	25	8.0	2 倍稀释	0.131 0	0.126 4	0.016 2	0.088 0
平均值				0.138 7	0.139 8	0.106 6	0.111 9

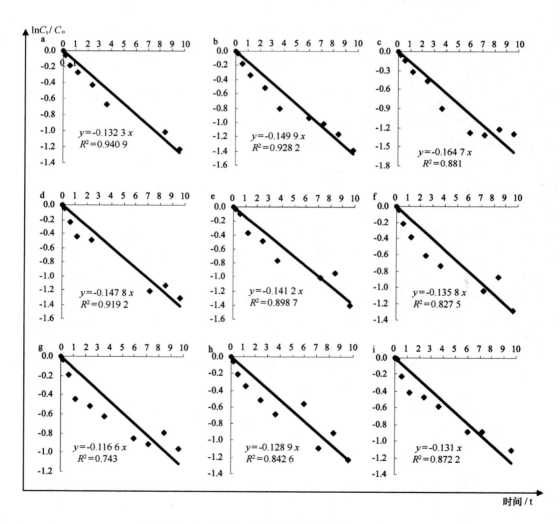

图 5.11　31 号站位 COD 降解反应方程(2009 年 6 月)

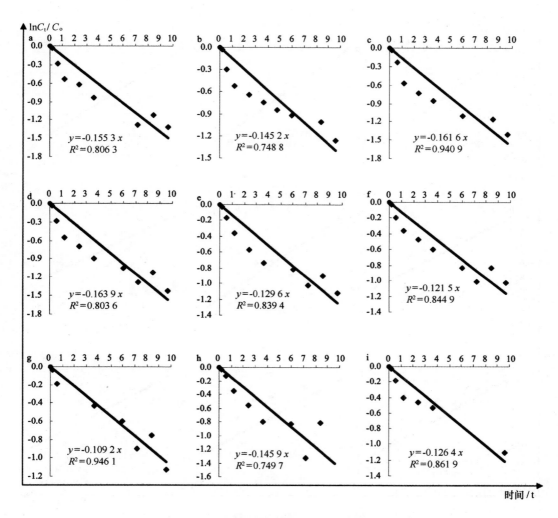

图5.12 21号站位 COD 降解反应方程(2009 年 6 月)

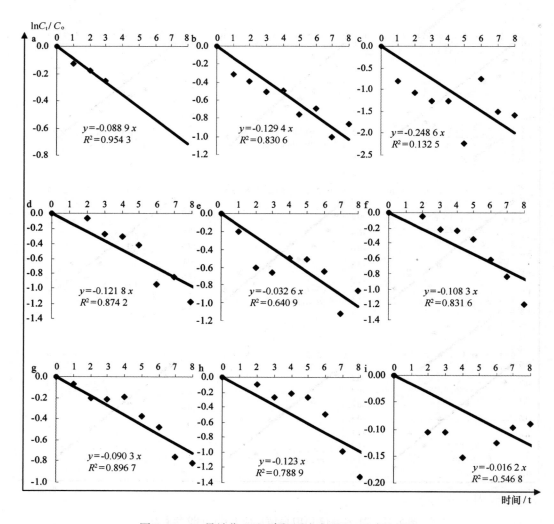

图 5.13　31 号站位 COD 降解反应方程(2009 年 9 月)

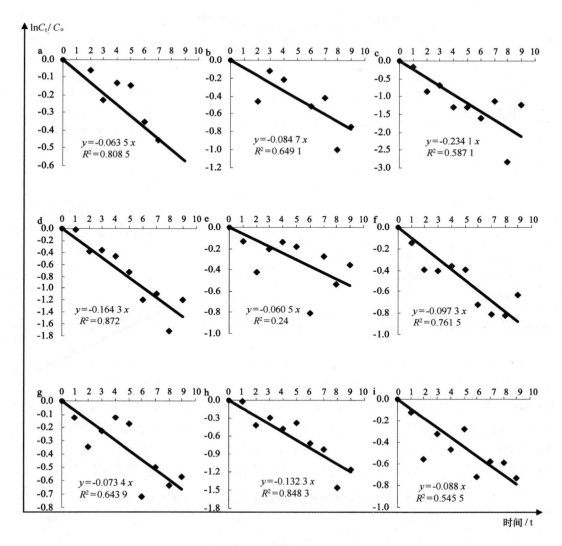

图 5.14　21 号站位 COD 降解反应方程（2009 年 9 月）

（2）影响 COD 降解因子分析

从不同因素水平的平均值可以看出，对结果影响强弱顺序为 A1 > A2 > A3，B3 > B2 > B1，C2 > C3 > C1，D3 > D1 > D2，在 A1B3C2D3 条件下，COD 降解速率最快。从极差值可以看出，A 因素的极差值最大，说明 COD 初始浓度是该组中影响 COD 在海水中降解速率快慢的最重要的因素，并且大于其余极差一倍，说明 COD 初始浓度对 COD 降解的影响非常明显。按照极差的大小可知，各因素影响降解速率的从强到弱顺序依次为：初始浓度、悬浮物浓度、盐度、pH，其中悬浮物浓度、盐度、pH 对 COD 降解速率影响程度相对较小（表 5.8）。

表 5.8　31 号站位 COD 正交试验结果及分析（2009 年 6 月）

因素	初始浓度	盐度	pH	悬浮物浓度	试验结果
试验 1	1	1	1	1	0.132 3 d^{-1}
试验 2	1	2	2	2	0.149 9 d^{-1}
试验 3	1	3	3	3	0.164 7 d^{-1}
试验 4	2	1	2	3	0.147 8 d^{-1}
试验 5	2	2	3	1	0.141 2 d^{-1}
试验 6	2	3	1	2	0.135 8 d^{-1}
试验 7	3	1	3	2	0.116 6 d^{-1}
试验 8	3	2	1	3	0.128 9 d^{-1}
试验 9	3	3	2	1	0.131 0 d^{-1}
均值 1	0.149	0.132	0.132	0.135	/
均值 2	0.142	0.140	0.143	0.134	/
均值 3	0.126	0.144	0.141	0.147	/
极差	0.023	0.012	0.011	0.013	/

2009 年 6 月在 21 号站位进行的一组 COD 降解正交试验结果（表 5.9）。从不同因素水平的平均值可以看出，对结果影响强弱顺序为 A1 > A2 > A3，B1 > B2 > B3，C2 > C1 > C3，D3 > D1 > D2，在 A1B1C2D3 条件下，COD 降解速率最快。从极差值可以看出，D 因素的极差值最大，说明悬浮物浓度是该组中影响 COD 在海水中降解速率快慢的最重要的因素。按照极差的大小可知，各因素影响降解速率的从强到弱顺序依次为：悬浮物浓度、初始浓度、pH、盐度，其中悬浮物浓度和初始浓度对 COD 降解速率影响程度较盐度和 pH 影响程度大。

表 5.9　21 号站位 COD 正交试验结果及分析（2009 年 6 月）

因素	初始浓度	盐度	pH	悬浮物浓度	试验结果
试验 1	1	1	1	1	0.155 3 d^{-1}
试验 2	1	2	2	2	0.145 2 d^{-1}
试验 3	1	3	3	3	0.161 6 d^{-1}
试验 4	2	2	2	3	0.163 9 d^{-1}
试验 5	2	3	3	1	0.129 6 d^{-1}
试验 6	2	1	1	2	0.121 5 d^{-1}
试验 7	3	3	3	2	0.109 2 d^{-1}
试验 8	3	1	1	3	0.145 9 d^{-1}
试验 9	3	2	2	1	0.126 4 d^{-1}
均值 1	0.154	0.143	0.141	0.137	/
均值 2	0.138	0.140	0.145	0.125	/
均值 3	0.127	0.137	0.133	0.157	/
极差	0.027	0.006	0.012	0.032	/

2009 年 9 月在 31 号站位进行的一组 COD 降解正交试验(表 5.10)。从不同因素水平的平均值可以看出,对结果影响强弱顺序为 A1 > A2 > A3,B3 > B1 > B2,C3 > C1 > C2,D3 > D2 > D1,在 A1B3C3D3 条件下,COD 降解速率最快。从极差值可以看出,D 因素的极差值最大,说明悬浮物浓度是该组中影响 COD 在海水中降解速率快慢的最重要的因素。按照极差的大小可知,各因素影响降解速率的从强到弱顺序依次为:悬浮物浓度、初始浓度、pH、盐度,其中悬浮物浓度和初始浓度对 COD 降解速率影响程度较盐度和 pH 影响程度大。

表 5.10   31 号站位 COD 正交试验结果及分析(2009 年 9 月)

因素	初始浓度	盐度	pH	悬浮物浓度	试验结果
试验 1	1	1	1	1	0.088 9 d^{-1}
试验 2	1	2	2	2	0.129 4 d^{-1}
试验 3	1	3	3	3	0.248 6 d^{-1}
试验 4	2	2	2	3	0.121 8 d^{-1}
试验 5	2	3	3	1	0.032 6 d^{-1}
试验 6	2	1	1	2	0.108 3 d^{-1}
试验 7	3	3	3	2	0.090 3 d^{-1}
试验 8	3	1	1	3	0.123 0 d^{-1}
试验 9	3	2	2	1	0.016 2 d^{-1}
均值 1	0.156	0.100	0.107	0.046	/
均值 2	0.088	0.095	0.089	0.109	/
均值 3	0.076	0.124	0.124	0.164	/
极差	0.08	0.029	0.035	0.118	/

2009 年 9 月在 21 号站位进行的一组 COD 降解正交试验(表 5.11)。从不同因素水平的平均值可以看出,对结果影响强弱顺序为 A1 > A2 > A3,B3 > B1 > B2,C3 > C2 > C1,D3 > D2 > D1,在 A1B3C3D3 条件下,COD 降解速率最快。从极差值可以看出,D 因素的极差值最大,说明悬浮物浓度是该组中影响 COD 在海水中降解速率快慢的最重要的因素。按照极差的大小可知,各因素影响降解速率的从强到弱顺序依次为:悬浮物浓度、盐度、初始浓度、pH。

表 5.11   21 号站位 COD 正交试验结果及分析(2009 年 9 月)

因素	初始浓度	盐度	pH	悬浮物浓度	试验结果
试验 1	1	1	1	1	0.063 5 d^{-1}
试验 2	1	2	2	2	0.084 7 d^{-1}
试验 3	1	3	3	3	0.243 1 d^{-1}
试验 4	2	2	2	3	0.164 3 d^{-1}
试验 5	2	3	3	1	0.060 5 d^{-1}

因素	初始浓度	盐度	pH	悬浮物浓度	试验结果
试验6	2	1	1	2	0.097 3 d^{-1}
试验7	3	3	3	2	0.073 4 d^{-1}
试验8	3	1	1	3	0.132 3 d^{-1}
试验9	3	2	2	1	0.088 0 d^{-1}
均值1	0.130	0.100	0.098	0.071	/
均值2	0.107	0.092	0.112	0.085	/
均值3	0.098	0.143	0.126	0.180	/
极差	0.032	0.051	0.028	0.109	/

2）活性磷酸盐转化速率系数研究

（1）活性磷酸盐正交试验设计及转化速率确定

海水中影响污染物转化速率系数的环境因素主要有污染物初始浓度、温度、盐度、pH、悬浮物浓度等。结合实际条件,活性磷酸盐转化速率系数试验将污染物初始浓度（A）、盐度（B）、pH（C）和悬浮物浓度（D）作为影响因素,并且每个因素取3个水平,选用 L$_9$(3^4)正交表（表5.12）。

表5.12　活性磷酸盐正交试验因素及水平 L$_9$(3^4)

水平	因　　素			
	初始浓度/(mg/L)	盐度	pH	悬浮物浓度/(mg/L)
1	0.1	15	7.8	2倍稀释
2	0.2	20	8.0	1倍稀释
3	0.3	25	8.2	原始浓度

两个站位两个月各进行了9组活性磷酸盐转化速率系数正交试验,对试验数据进行线性化处理（图5.15～图5.18）。其中,2009年6月31号站位9组试验得到相关性系数 R^2 的范围在0.455 6～0.994 7,均值为0.799 2;2009年6月21号站位9组试验得到相关性系数 R^2 的范围在0.526 7～0.990 7,均值为0.768 3;2009年9月31号站位9组试验得到相关性系数 R^2 的范围在0.508 4～0.890 1,均值为0.7123;2009年9月21号站位9组试验得到相关性系数 R^2 的范围在0.680 4～0.834 5,均值为0.734 3。根据36组试验可以看出活性磷酸盐转化速率较好地符合一级反应动力方程。

活性磷酸盐不同月份和站点悬浮物浓度与COD降解试验相同。根据试验结果可以看出（表5.13）,2009年6月21号站位和31号站位活性磷酸盐转化速率范围分别为0.005 1～0.064 3 d^{-1}和0.004 5～0.059 3 d^{-1},均值分别为0.024 4 d^{-1}和0.024 9 d^{-1},基本一致。2009年9月21号站位和31号站位活性磷酸盐转化速率范围分别为0.004 5～0.119 6 d^{-1}和0.116 6～0.157 3 d^{-1},均值分别为0.140 5 d^{-1}和0.049 2 d^{-1},认为2008年21号站位数据可能由于试验预处理时标样添加有误,导致试验结果存在误差。

表 5.13　活性磷酸盐降解试验结果

初始浓度 /(mg/L)	盐度	pH	悬浮物浓度 /(mg/L)	转化速率/d⁻¹			
				2009 年 6 月 31 号站位	2009 年 6 月 21 号站位	2009 年 9 月 31 号站位	2009 年 9 月 21 号站位
0.1	15	7.8	2 倍稀释	0.027 2	0.004 5	0.043 4	0.157 3
0.1	20	8.0	1 倍稀释	0.025 5	0.035 0	0.017 4	0.154 6
0.1	25	8.2	原始浓度	0.005 1	0.013 9	0.004 5	0.143 6
0.2	15	8.0	原始浓度	0.031 8	0.008 6	0.022 1	0.131 1
0.2	20	8.2	2 倍稀释	0.020 5	0.019 5	0.052 2	0.146 7
0.2	25	7.8	1 倍稀释	0.023 0	0.059 3	0.006 6	0.150 2
0.3	15	8.2	1 倍稀释	0.064 3	0.021 9	0.083 0	0.116 6
0.3	20	7.8	原始浓度	0.015 4	0.017 3	0.119 6	0.132 7
0.3	25	8.0	2 倍稀释	0.011 7	0.040 0	0.094 0	0.131 3
平均值				0.024 9	0.024 4	0.049 2	0.140 5

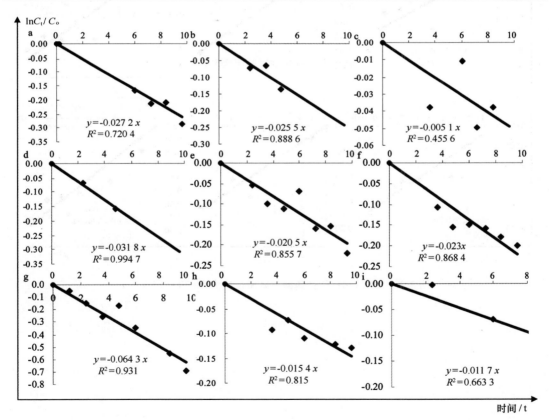

图 5.15　31 号站位活性磷酸盐降解反应方程(2009 年 6 月)

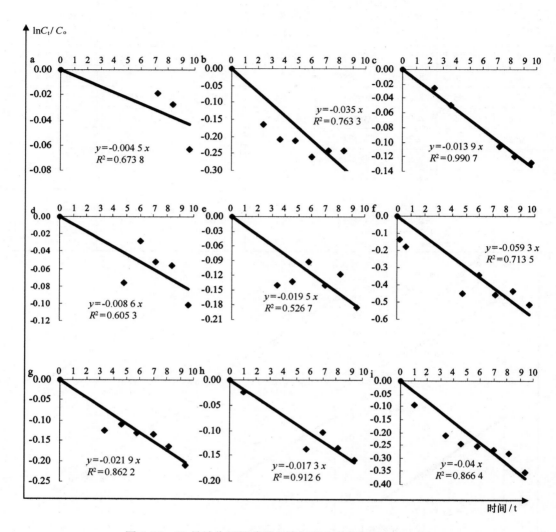

图 5.16 21 号站位活性磷酸盐降解反应方程(2009 年 6 月)

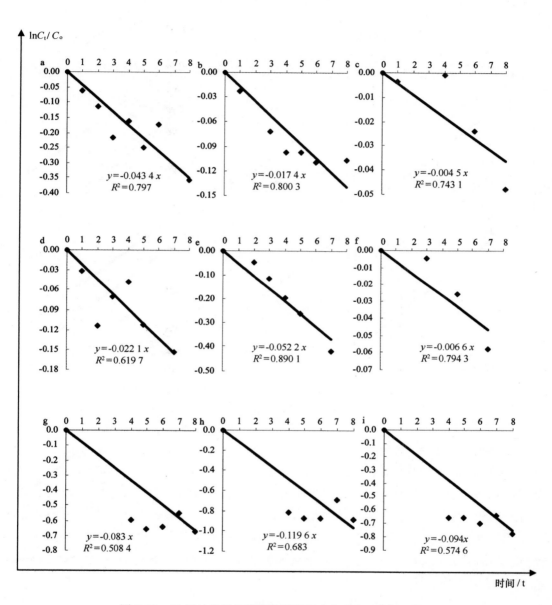

图 5.17　31 号站位活性磷酸盐降解反应方程(2009 年 9 月)

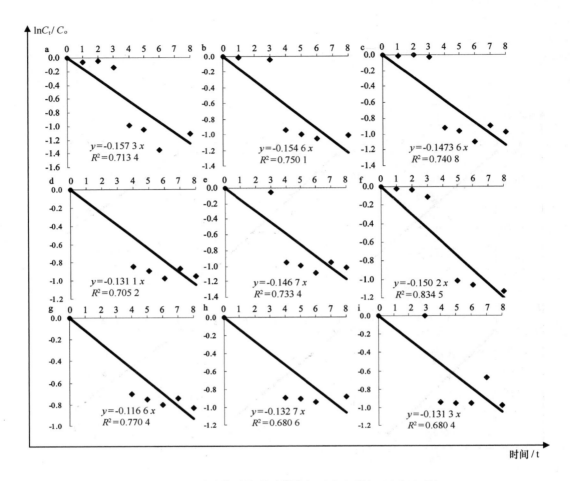

图 5.18　21 号站位活性磷酸盐降解反应方程（2009 年 9 月）

（2）影响活性磷酸盐转化因子分析

从不同因素水平的平均值可以看出，对转化速率影响强弱顺序为 A1 > A2 > A3，B3 > B1 > B2，C3 > C2 > C1，D3 > D2 > D1，在 A1B3C3D3 条件下，活性磷酸盐转化速率最大。从极差值可以看出，D 因素的极差值最大，说明悬浮物浓度是该组中影响活性磷酸盐在海水中转化快慢的最重要的因素，并且大于其余极差一倍多，说明悬浮物浓度对活性磷酸盐转化的影响非常明显。按照极差的大小可知，各因素影响转化速率从强到弱顺序依次为：悬浮物浓度、盐度、活性磷酸盐初始浓度、pH，其中盐度、活性磷酸盐初始浓度、pH 对 COD 降解速率影响程度相对较小（表 5.14）。

表 5.14　31 号站位活性磷酸盐正交试验结果及分析（2009 年 6 月）

因素	初始浓度	盐度	pH	悬浮物浓度	试验结果
试验 1	1	1	1	1	0.063 5 d^{-1}
试验 2	1	2	2	2	0.084 7 d^{-1}
试验 3	1	3	3	3	0.243 1 d^{-1}

因素	初始浓度	盐度	pH	悬浮物浓度	试验结果
试验 4	2	1	2	3	0.164 3 d^{-1}
试验 5	2	2	3	1	0.060 5 d^{-1}
试验 6	2	3	1	2	0.097 3 d^{-1}
试验 7	3	1	3	2	0.073 4 d^{-1}
试验 8	3	2	1	3	0.132 3 d^{-1}
试验 9	3	3	2	1	0.088 0 d^{-1}
均值 1	0.130	0.100	0.098	0.071	/
均值 2	0.107	0.092	0.112	0.085	/
均值 3	0.098	0.143	0.126	0.180	/
极差	0.032	0.051	0.028	0.109	/

从不同因素水平的平均值可以看出,对转化速率影响强弱顺序为 A2 > A3 > A1,B3 > B2 > B1,C2 > C1 > C3,D2 > D1 > D3,在 A2B3C2D2 条件下,活性磷酸盐转化速率最大。从极差值可以看出,D 和 B 因素的极差值相对较大,说明悬浮物浓度和盐酸是该组中影响活性磷酸盐在海水中转化速率快慢的主要的因素。按照极差的大小可知,各因素影响转化速率的强弱程度顺序为:悬浮物浓度等于盐度,盐度大于活性磷酸盐初始浓度,pH 最弱(表 5.15)。

表 5.15　21 号站位活性磷酸盐正交试验结果及分析(2009 年 6 月)

因素	初始浓度	盐度	pH	悬浮物浓度	试验结果
试验 1	1	1	1	1	0.004 5 d^{-1}
试验 2	1	2	2	2	0.035 0 d^{-1}
试验 3	1	3	3	3	0.013 9 d^{-1}
试验 4	2	1	2	3	0.008 6 d^{-1}
试验 5	2	2	3	1	0.019 5 d^{-1}
试验 6	2	3	1	2	0.059 3 d^{-1}
试验 7	3	1	3	2	0.021 9 d^{-1}
试验 8	3	2	1	3	0.017 3 d^{-1}
试验 9	3	3	2	1	0.040 0 d^{-1}
均值 1	0.018	0.012	0.027	0.021	/
均值 2	0.029	0.024	0.028	0.039	/
均值 3	0.026	0.038	0.018	0.013	/
极差	0.011	0.026	0.010	0.026	/

2009 年 9 月在 31 号站位进行的一组活性磷酸盐转化速率正交试验(表 5.16),从不同因素水平的平均值可以看出,对转化速率影响强弱顺序为 A3 > A2 > A1,B2 > B1 > B3,C1 >

$C3 > C2$，$D1 > D3 > D2$，在 A3B2C1D1 条件下，活性磷酸盐转化速率最大。从极差值可以看出，A 因素的极差值最大，说明活性磷酸盐初始浓度是该组中影响活性磷酸盐在海水中转化速率系数快慢的最重要的因素，并且大于其余极差一倍多，说明活性磷酸盐初始浓度对活性磷酸盐转化速率系数的影响非常明显。按照极差的大小可知，各因素影响转化速率的从强到弱顺序依次为：活性磷酸盐初始浓度、盐度、悬浮物浓度、pH，其中盐度、悬浮物浓度、pH 对活性磷酸盐转化速率影响程度相对较小。

表 5.16　31 号站位活性磷酸盐正交试验结果及分析（2009 年 9 月）

因素	初始浓度	盐度	pH	悬浮物浓度	试验结果
试验 1	1	1	1	1	0.043 4 d^{-1}
试验 2	1	2	2	2	0.017 4 d^{-1}
试验 3	1	3	3	3	0.004 5 d^{-1}
试验 4	2	1	2	3	0.022 1 d^{-1}
试验 5	2	2	3	1	0.052 2 d^{-1}
试验 6	2	3	1	2	0.006 6 d^{-1}
试验 7	3	1	3	2	0.083 0 d^{-1}
试验 8	3	2	1	3	0.119 6 d^{-1}
试验 9	3	3	2	1	0.094 0 d^{-1}
均值 1	0.022	0.050	0.057	0.063	/
均值 2	0.027	0.063	0.045	0.036	/
均值 3	0.099	0.035	0.047	0.049	/
极差	0.077	0.028	0.012	0.027	/

　　从不同因素水平的平均值可以看出，对转化速率影响强弱顺序为 $A1 > A2 > A3$，$B2 > B3 > B1$，$C1 > C2 > C3$，$D1 > D2 > D3$，在 A1B2C1D1 条件下，活性磷酸盐转化速率最大。从极差值可以看出，A 因素的极差值最大，说明活性磷酸盐初始浓度是该组中影响活性磷酸盐在海水中转化速率系数快慢的最重要的因素，极差比其余因素高出一倍多，说明该组中活性磷酸盐初始浓度对活性磷酸盐转化速率系数影响非常明显。按照极差的大小可知，各因素影响转化速率的从强到弱顺序依次为：活性磷酸盐初始浓度、pH、盐度、悬浮物浓度（表 5.17）。

表 5.17　21 号站位活性磷酸盐正交试验结果及分析（2009 年 9 月）

因素	初始浓度	盐度	pH	悬浮物浓度	试验结果
试验 1	1	1	1	1	0.157 3 d^{-1}
试验 2	1	2	2	2	0.154 6 d^{-1}
试验 3	1	3	3	3	0.143 6 d^{-1}
试验 4	2	1	2	3	0.131 1 d^{-1}
试验 5	2	2	3	1	0.146 7 d^{-1}
试验 6	2	3	1	2	0.150 2 d^{-1}

因素	初始浓度	盐度	pH	悬浮物浓度	试验结果
试验7	3	1	3	2	0.116 6 d^{-1}
试验8	3	2	1	3	0.132 7 d^{-1}
试验9	3	3	2	1	0.131 3 d^{-1}
均值1	0.152	0.135	0.147	0.145	/
均值2	0.143	0.145	0.139	0.140	/
均值3	0.127	0.142	0.136	0.136	/
极差	0.025	0.010	0.011	0.009	/

3）无机氮转化速率系数研究

杭州湾海域无机氮转化速率系数试验2009年6月和9月在31号和21号站位采样分别进行,其中两个站位悬浮物浓度与COD试验一致。2009年6月和9月无机氮浓度变化趋势不明显,递进时间段并未呈现类似于COD或活性磷酸盐下降趋势,特别是个别站位无机氮浓度会突然上升,分析原因,首先氮的转化形式多样,无机氮浓度变化受到不同形式氮含量的影响,比较难于验证其变化趋势;其次本次试验中无机氮试验测定使用SEAL公司QuAAtro-3仪器进行,新型仪器在操作和数据稳定性上也存在一定误差(表5.18和表5.19)。

表5.18　2009年6月无机氮转化试验浓度变化　　　　　　　　单位:mg/L

站位	序列	时间										
		0 d	1/12 d	1/4 d	1/2 d	1 d	1.5 d	2 d	2.5 d	3 d	3.5 d	4 d
2009年6月31号站位	1	0.634 0	0.572 0	0.724 0	0.751 5	0.594 0	0.566 0	0.828 0	0.632 0	0.680 0	0.573 0	0.591 5
	2	0.672 0	0.585 5	0.845 5	0.682 5	0.622 0	0.641 0	0.801 5	0.670 5	0.769 0	0.628 5	0.655 0
	3	0.624 0	0.576 0	0.715 5	0.718 5	0.573 5	0.579 0	0.749 5	0.577 0	0.633 0	0.542 5	0.568 0
	4	0.769 0	0.691 5	1.014 0	0.831 0	0.799 5	0.897 5	0.980 0	0.831 5	0.997 0	0.778 5	0.796 5
	5	0.828 0	0.680 0	1.032 0	0.868 5	0.855 0	0.801 5	1.013 0	0.940 5	0.852 0	0.809 0	0.817 0
	6	0.812 5	1.022 0	0.956 0	0.916 0	0.815 0	0.856 0	1.010 5	0.856 0	0.935 0	0.798 0	0.867 0
	7	1.070 5	0.947 0	1.469 5	1.163 0	1.131 0	1.045 0	1.395 5	1.084 0	1.089 5	1.101 0	1.104 0
	8	0.729 0	0.659 5	0.915 0	0.947 0	0.757 5	0.672 5	0.937 0	0.726 0	0.918 0	0.749 0	0.720 0
	9	0.374 5	0.417 0	0.395 5	0.418 0	0.358 5	0.317 0	0.462 0	0.340 5	0.386 0	0.298 5	0.318 5
2009年6月21号站位	1	0.236 0	0.186 0	0.239 5	0.221 0	0.210 5	0.187 0	0.272 0	0.217 0	0.226 0	0.207 5	0.214 0
	2	0.326 0	0.296 0	0.425 5	0.423 0	0.311 5	0.420 0	0.439 5	0.410 0	0.393 5	0.302 0	0.309 5
	3	0.557 0	0.505 0	0.624 0	0.654 0	0.564 0	0.502 0	0.685 0	0.634 0	0.617 5	0.512 0	0.496 0
	4	0.540 0	0.508 5	0.747 0	0.553 0	0.534 0	0.617 5	0.589 0	0.604 5	0.570 0	0.530 5	0.552 0
	5	0.252 0	0.217 5	0.297 0	0.284 0	0.253 5	0.252 0	0.271 5	0.342 5	0.248 5	0.212 5	0.259 5
	6	0.376 5	0.364 0	0.422 0	0.376 5	0.343 5	0.299 0	0.879 5	0.405 0	0.391 0	0.325 5	0.366 5
	7	0.410 5	0.410 5	0.555 5	0.373 5	0.405 0	0.389 5	0.460 5	0.387 5	0.396 0	0.343 0	0.370 5
	8	0.651 0	0.692 5	0.708 5	0.601 5	0.599 5	0.698 5	0.609 0	0.620 5	0.764 5	0.578 5	0.623 5
	9	0.354 0	0.305 0	0.391 0	0.312 0	0.303 5	0.377 5	0.524 0	0.345 0	0.360 5	0.307 0	0.315 5

表 5.19　2009 年 9 月无机氮转化试验浓度变化 　　　　　　　　　　　　　　单位:mg/L

站位	序列	时间									
		0 d	0.5 d	1 d	1.5 d	2 d	2.5 d	3 d	3.5 d	4 d	4.5 d
2009 年 9 月 31 号站位	1	0.441 0	0.431 0	0.425 0	0.459 0	0.447 5	0.443 0	0.479 5	0.498 0	0.458 0	0.444 5
	2	0.570 0	0.528 0	0.534 0	0.628 0	0.626 5	0.613 5	0.640 5	0.608 0	0.654 5	0.617 0
	3	0.983 5	0.935 5	0.901 5	1.135 0	1.105 5	1.100 5	1.136 0	1.110 5	1.130 0	1.121 0
	4	1.122 0	1.073 0	1.102 5	1.225 5	1.174 0	1.183 0	1.181 5	1.797 0	1.211 5	1.209 0
	5	0.425 5	0.417 5	0.396 0	0.489 5	0.454 0	0.464 0	0.496 0	0.520 5	0.470 5	0.461 5
	6	0.574 5	0.566 5	0.573 0	0.728 5	0.688 5	0.693 5	0.705 5	0.681 0	0.718 5	0.712 5
	7	0.771 0	0.737 0	0.938 0	0.955 0	0.587 0	0.904 0	0.909 0	0.969 0	0.885 0	0.958 0
	8	1.173 0	1.146 0	1.392 0	1.515 0	1.364 0	1.428 0	1.415 0	1.406 0	1.416 0	1.483 0
	9	0.555 0	0.552 0	0.621 0	0.711 0	0.629 0	0.680 0	0.733 0	0.650 0	0.654 0	0.681 0
2009 年 9 月 21 号站位	1	0.345 0	0.342 5	0.380 5	0.388 0	0.354 0	0.402 5	0.377 5	0.423 0	0.363 0	0.365 5
	2	0.587 0	0.550 5	0.540 0	0.659 5	0.629 0	0.659 5	0.657 0	0.734 0	0.636 5	0.650 5
	3	1.005 5	0.978 0	0.925 5	1.150 0	1.143 0	1.155 5	1.144 0	1.298 0	1.180 5	1.191 5
	4	1.091 5	1.116 0	1.064 5	1.185 0	1.193 5	1.249 0	1.206 5	1.335 5	1.231 5	1.259 5
	5	0.410 5	0.392 5	0.384 5	0.477 0	0.436 0	0.449 0	0.455 5	0.509 0	0.456 5	0.455 0
	6	0.648 5	0.601 0	0.558 5	0.746 5	0.695 0	0.726 5	0.703 0	0.714 0	0.710 0	0.705 5
	7	0.746 0	0.691 0	0.868 0	0.930 0	0.855 0	0.864 0	1.104 0	0.925 0	0.858 0	0.951 0
	8	1.178 0	1.062 0	1.350 0	1.449 0	1.412 0	1.397 0	1.448 0	1.536 0	1.382 0	1.401 0
	9	0.549 0	0.516 0	0.598 0	0.637 0	0.598 0	0.638 0	0.645 0	0.644 0	0.608 0	0.632 0

5.2.2　海上围隔实验

5.2.2.1　试验原理及方法

本试验采用实验室模拟海上围隔试验来测定污染物的降解速率。营养盐在自然水体中易于被微生物降解,围隔试验装置可模拟现场海水的生态结构与演变速率,进而间接测定海水中营养盐浓度随时间的变化率,即为其降解速率。

查阅文献可知,营养盐(无机氮和活性磷酸盐)的降解过程基本符合一级反应动力学模式,降解速率方程为:

$$\frac{\mathrm{d}C}{\mathrm{d}t} = -k_C C \qquad (5.9)$$

$$即:C = C_0 \cdot e^{-k_C t} \qquad (5.10)$$

$$\ln C = \ln C - k_C t \qquad (5.11)$$

式中,C_0 为初始浓度, mg/L;C 为 t 时刻浓度, mg/L;t 为反应时间,d;k_C 为降解速率常数,d^{-1}。

将其线性化,转化为线性方程为(5.11),利用最小二乘法作线性回归即可求得 k_C 的值。

92

微生物对环境条件的变化是较为敏感的,温度、水中溶解氧和 pH 等的不同都可能导致相同基质中一个种类微生物的生长优于其他种类微生物的生长,即优势种不同。环境条件的改变对微生物降解有机物的速率具有显著的影响,因此,试验要严格控制温度、水中溶解氧和 pH 等条件,使得模拟环境与实际海洋环境尽可能的吻合。

5.2.2.2 海水采集

为了测定营养盐的降解速率,分别于 2010 年 9 月和 2011 年 5 月在杭州湾北岸海域选择 2 个站点(站点 21 和站点 31)进行海水样品采集,每个站点取水样 6×25 L,避光保存,带回试验室进行船基式围隔试验室模拟研究。

5.2.2.3 试验装置

船基式围隔试验装置采用由钢骨架支撑的透明聚乙烯材料塑料袋,直径为 0.6 m,深度为 0.8 m,为顶部开放式船基围隔,外部为钢质支架与帆布袋构成的循环水槽。试验在封闭的可控试验室内进行,期间利用水泵将采集的海水(滤掉浮游动物)抽入帆布袋内作为循环水,以保持整个帆布袋内循环水温度的基本一致(试验温度可由空调调制)。试验开始时,将采集的海水加入到一个大型容器内,再分别加入到每个围隔袋内,以确保各围隔袋的初始状态基本一致。试验共设 6 个围隔袋,分为两组,每组设置 3 个围隔袋,一个为空白对照,直接使用海水,另外两个为同时添加活性磷酸盐及硝酸盐的围隔,编号分别为 M1、M2、M3、M4、M5 和 M6。其中,M1 和 M4 为空白对照,M2 和 M3 为站点 21 同时添加活性磷酸盐及硝酸盐的试验;M5 和 M6 为站点 31 同时添加活性磷酸盐及硝酸盐的试验。为保持试验初始条件的基本一致,试验开始时向 6 个围隔袋中同时加入相同体积的试验海水。围隔安装完毕后,加入硝酸钾和磷酸二氢钾水溶液(表 5.20)。

表 5.20 围隔中营养盐加标量

围隔编号	2010 年 9 月试验加标量/g		2011 年 5 月试验加标量/g	
	NO₃ – N	PO₄ – P	NO₃ – N	PO₄ – P
M1	0	0	0	0
M2	0.6	0.03	0.6	0.03
M3	6.0	0.3	0.6	0.03
M4	0	0	0	0
M5	0.6	0.03	0.6	0.03
M6	6.0	0.3	0.6	0.03

5.2.2.4 水样采集

试验开始时,从各围隔袋中采集的水样用 GF/F 膜(0.45 μm 玻璃纤维滤膜,使用前 450℃灼烧 5 h,过滤后贮存于 250 mL 聚乙烯瓶中,并添加 0.5%的氯仿冰箱保存。2010 年 9 月试验每隔 12 h 采样一次,共采集 8 次;2011 年 5 月试验每隔 2 h 采样一次,共采集 8 次,采样时间依次为 0 h、2 h、4 h、6 h、8 h、10 h、12 h、24 h,水样依次标记为 M – 1、M – 2、M – 3、

M－4、M－5、M－6、M－7和M－8。为防止试验过程中悬浮物质沉淀,可不断进行搅拌,保持水中微小颗粒的悬浮状态,并起到大气富氧的作用。

5.2.2.5 水样分析与测定

1)无机氮降速率分析

由于2010年9月采集水样在试验时无机氮加标浓度过高,未能测得较好结果,因此本文只分析2011年5月试验数据。试验分别测定各采集水样中硝态氮、亚硝态氮以及氨氮的浓度,然后计算无机氮的浓度(无机氮浓度可用硝态氮、亚硝态氮以及氨氮的浓度之和来表示)及其浓度的对数值(表5.21、表5.22)。

表5.21 无机氮浓度测定结果

水样编号	M1	M2	M3	M4	M5	M6
M－1	1.323	1.325	1.259	6.934	1.931	5.260
M－2	1.181	1.172	1.180	4.171	1.881	4.462
M－3	1.077	1.084	1.079	4.070	1.549	4.358
M－4	1.027	1.026	1.068	3.679	1.454	3.478
M－5	1.008	1.005	1.063	3.678	1.413	3.368
M－6	0.856	0.957	0.948	3.581	1.268	3.083
M－7	0.858	0.860	0.898	3.472	1.264	3.073
M－8	0.755	0.753	0.746	3.178	1.046	2.771

表5.22 无机氮浓度对数值

水样编号	M1	M2	M3	M4	M5	M6
M－1	0.280	0.282	0.230	1.936	0.658	1.660
M－2	0.166	0.159	0.165	1.428	0.632	1.496
M－3	0.074	0.081	0.076	1.404	0.438	1.472
M－4	0.027	0.026	0.066	1.303	0.374	1.246
M－5	0.008	0.005	0.061	1.303 *	0.346	1.214
M－6	－0.045	－0.044	－0.053	1.275	0.237	1.126
M－7	－0.153	－0.150	－0.108	1.245	0.236	1.123
M－8	－0.281	－0.281	－0.293	1.156	0.045	1.019

注: * 为试验坏数据点,应剔除。

通过对M1~M6各围隔袋连续测定无机氮含量的试验结果可以看出:各个围隔袋中,虽然无机氮含量不同,但24 h内的降解速率很是接近,试验室模拟围隔试验测得无机氮降解速率在0.461~0.553 d^{-1}范围内,均值为0.525 d^{-1}(表5.23,图5.19~图5.24)。

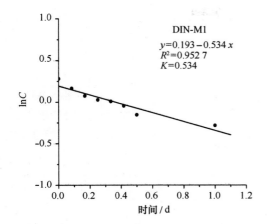

图 5.19　M1 号围隔袋中无机氮降解速率曲线

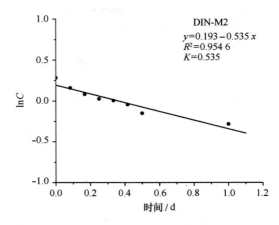

图 5.20　M2 号围隔袋中无机氮降解速率曲线

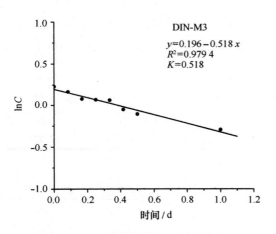

图 5.21　M3 号围隔袋中无机氮降解速率曲线

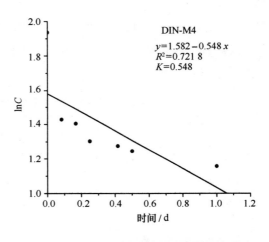

图 5.22　M4 号围隔袋中无机氮降解速率曲线

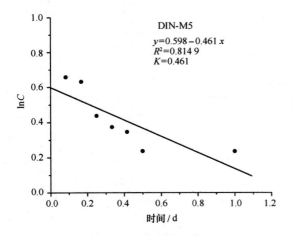

图 5.23　M5 号围隔袋中无机氮降解速率曲线

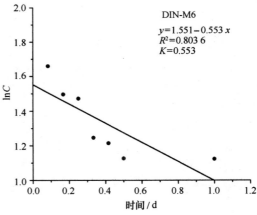

图 5.24　M6 号围隔袋中无机氮降解速率曲线

表 5.23 2011 年 5 月无机氮降解速率试验结果

围隔编号	线性方程	R^2	K	K 均值	备注
M1	$y=0.193-0.534x$	0.952 7	0.534	0.525	
M2	$y=0.193-0.535x$	0.954 6	0.535		
M3	$y=0.196-0.518x$	0.979 4	0.518		各个围隔
M4	$y=1.582-0.548x$	0.721 8	0.548		袋试验数
M5	$y=0.598-0.461x$	0.814 9	0.461		据很接近
M6	$y=1.551-0.553x$	0.803 6	0.553		

2）活性磷酸盐降速率分析

2010 年 9 月试验中，分别从 6 个围隔袋中第一次隔 12 h 采集水样一次，以后每隔 24 h 取样一次，共采集 8 次，采样时间分别为 0 d、0.5 d、1.0 d、2.0 d、3.0 d、4.0 d、5.0 d 和 6.0 d 等。试验测定各采集水样中活性磷酸盐的浓度，然后计算活性磷酸盐的降解速率。2011 年 5 月试验活性磷酸盐测定水样未能在 48 h 内检测，数据出现异常。本试验采用 2010 年 9 月试验数据进行分析（表 5.24）。

表 5.24 2010 年 9 月活性磷酸盐围隔试验浓度

水样编号	M1	M2	M3	M4	M5	M6
M－1	0.038	0.190	0.332	0.041	0.205	0.314
M－2	0.030	0.170	0.316	0.041	0.186	0.308
M－3	0.024	0.165	0.314	0.039	0.184	0.305
M－4	0.024	0.165	0.289	0.027	0.178	0.303
M－5	0.022	0.165	0.289	0.027	0.176	0.297
M－6	0.022	0.159	0.278	0.022	0.162	0.270
M－7	0.022	0.159	0.249	0.019	0.159	0.270
M－8	0.019	0.154	0.232	0.019	0.146	0.262

转化为对数值（表 5.25）。

表 5.25 2010 年 9 月活性磷酸盐围隔试验浓度对数值

水样编号	M1	M2	M3	M4	M5	M6
M－1	－3.27	－1.66	－1.1	－3.19	－1.58	－1.16
M－2	－3.5	－1.77	－1.15	－3.19	－1.68	－1.18
M－3	－3.73	－1.8	－1.16	－3.24	－1.69	－1.19
M－4	－3.73	－1.8	－1.24	－3.61	－1.73	－1.19
M－5	－3.82	－1.8	－1.24	－3.61	－1.74	－1.21
M－6	－3.82	－1.84	－1.28	－3.82	－1.82	－1.31
M－7	－3.82	－1.84	－1.39	－3.96	－1.84	－1.31
M－8	－3.96	－1.87	－1.46	－3.96	－1.92	－1.34

通过对 M1～M6 各围隔袋连续测定活性磷酸盐含量的试验结果图 5.25～图 5.30 可以看出:各个围隔袋中,原始海水试验测得活性磷酸盐的降解速率范围在 $0.085～0.147\ d^{-1}$,

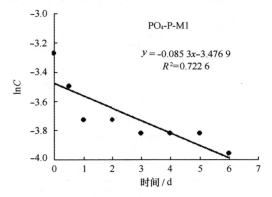

图 5.25　M1 号围隔袋中活性磷酸盐
降解速率曲线

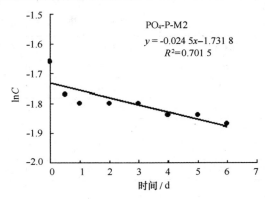

图 5.26　M2 号围隔袋中活性磷酸盐
降解速率曲线

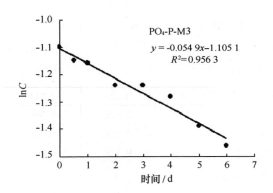

图 5.27　M3 号围隔袋中活性磷酸盐
降解速率曲线

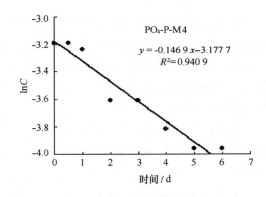

图 5.28　M4 号围隔袋中活性磷酸盐
降解速率曲线

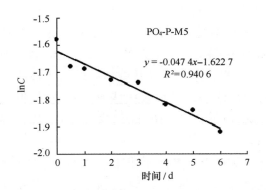

图 5.29　M5 号围隔袋中活性磷酸盐
降解速率曲线

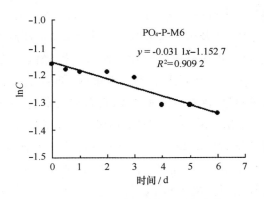

图 5.30　M6 号围隔袋中活性磷酸盐
降解速率曲线

均值为 0.116 d^{-1};加标水样测得活性磷酸盐的降解速率范围在 0.025 ~ 0.085 d^{-1},均值为 0.039 d^{-1},与刘浩等(2006)试验室测定值 0.01 d^{-1} 和 0.1 d^{-1} 范围很接近(表 5.26)。

表 5.26　2010 年 9 月活性磷酸盐降解速率试验结果

围隔编号	线性方程	R^2	K	K 均值	备注
M1	$y = -3.477 - 0.085x$	0.722 6	0.085	空白均值为 0.116;加标均值为 0.039	空白均值与加标均值差异较大
M2	$y = -1.732 - 0.025x$	0.701 5	0.025		
M3	$y = -1.105 - 0.055x$	0.956 3	0.055		
M4	$y = -3.718 - 0.147x$	0.940 9	0.147		
M5	$y = -1.623 - 0.047x$	0.940 6	0.047		
M6	$y = -1.153 - 0.031x$	0.909 2	0.031		

5.3　庵东湿地生态服务功能及污染物降解效应

根据《湿地公约》的定义及全国湿地资源调查与监测技术规程中湿地分类标准,杭州湾湿地以浅海水域和潮间带淤泥海滩为主,其他还包括岩石性海岸、潮间带盐水沼泽。湿地总面积约 5.86×10^4 hm^2,其中浅海水域 3.18×10^4 hm^2,潮间带淤泥海滩 2.05×10^4 hm^2,潮间盐水沼泽 6 244 hm^2,湿地土壤类型以潮滩盐土为主,湿地植物群落面积大,类型多样、以海三棱藨草群落和芦苇群落为主。

随着社会经济发展,杭州湾湿地面积日益减少。原因主要有两个方面,一是基本建设对天然湿地的侵占,城镇化建设、开发区、道路交通建设、标准海塘建设、旅游开发等都占用了大量土地。如随着杭州湾跨海大桥建设,大桥两端的慈溪、海盐均规划在桥头附近建立数十平方公里的开发区。根据浙江省现代物流发展纲要、宁波市物流发展规划,慈溪一侧被规划为杭州湾南岸立足浙江、面向上海的区域运送物流中心,市域配送物流中心和区域仓储中转物流中心,无疑将侵占大面积的滩涂湿地资源,而慈溪沿岸滩涂是整个杭州湾湿地最重要的核心区。以防旱、防涝、防汛为重点兴建排河道、排涝闸,修筑海塘堤坝,建设滩涂水库,普及电力排灌等导致大量湿地资源被分割或遭受破坏,湿地功能退化乃至完全丧失,进而不可避免会导致生物多样性降低。二是滩涂围垦。由于人多地少,杭州湾沿岸地区历来是浙江省围垦的重点地区,随着工农业生产的高速发展以及城镇化建设步伐的加快,围垦滩涂扩大土地面积的需求日益迫切,大量滩涂被开垦成农田或水产养殖场,据统计,新中国成立后至 1997 年仅慈溪市新围垦滩涂面积达 1.27×10^4 hm^2,根据浙江省围垦局规划 2006—2025 年全省将围垦滩涂 3.39×10^4 hm^2。

湿地生产力很高,在维护生态平衡、调节气候、保护生物多样性、提供人类食品、生活和工农业用水及休闲旅游等生态、经济、社会文化的可持续发展具有重要意义,与此同时湿地的服务功能也起到功不可没的作用。

湿地是自然生态系统中自净能力最强的生态系统。湿地主要植被包括主要植被:芦苇、鹿草及盐蒿等,其净化水质功能价值需要引起重视并通过湿地保护等加以利用。湿地地区地势低平,有助于减缓水流的速度,当含有污染物质(生活污水、农药和工业废水等排放物)的流水经过湿地时,流速会大幅度减慢,有利于污染物质的沉淀和排除。此外,一些湿地植物像芦苇、凤眼莲、香蒲、水葱等湿地植物能有效地吸收各类污染物。在湿地中生长的植物、微生物和细菌等通过湿地生物地球化学过程的转换,包括物理过滤、生物吸收和化学合成与分解等,将生活污水和工业废水中的污染物和有毒物质吸收、分解或转化,吸收、固定、转化土壤和水中营养物质含量,降解污染物质,削减环境污染,使流经湿地的水体得到净化。在现实生活中,不少类型的湿地可以用做小型生活污水处理地,通过这一过程提高水环境质量,有益于人类的生产和生活,维护人类生态安全。美国佛罗里达州的实验表明,在进入河流之前,将污水先流经大柏树湿地,结果发现流经湿地后,大约有98%的氮与97%的磷被去除掉了。

湿地在污染物的去除方面有以下几个方面:

(1)有机物的去除

湿地对有机物有较强的净化能力,污水中的不溶有机物通过湿地的沉淀、过滤作用,可以很快被截留下来而被微生物利用;污水中的可溶性有机物则可通过植物根系生物膜的吸附、吸收及生物代谢过程而被分解去除。国内有关学者对人工湿地净化城市污水的研究表明,在进水浓度较低的情况下,人工湿地对 BOD_5 的去除率可达85% ~95% ,对 COD 的去除率可达80% ,处理出水 BOD_5 的浓度在 10 mg/L 左右,SS 小于 20 mg/L。随着处理过程的不断进行,湿地床中微生物相应地繁殖生长,通过对湿地床填料的定期更换及对湿地植物的收割而将新生的有机体从系统中去除。

(2)氮的去除

湿地进水中的氮主要以有机氮和氨氮的形式存在,氨氮被湿地植物和微生物同化吸收,转化为有机体的一部分,可以通过定期收割植物使氮得以部分去除,有机氮经氨化作用矿化为氨氮,然后在有机碳源的条件下,经反硝化作用被还原成氮气,释放到大气中去,达到最终脱氮的目的。存在根系周围的氧化区(好氧区),缺氧区和还原区(厌氧区),以及不同微生物种群和生物氧化还原作用,为氮的去除提供了良好的条件。微生物的硝化和反硝化作用在氮的去除中起着重要作用。

(3)磷的去除

湿地对磷的去除是通过微生物的去除、植物的吸收和填料床的物理化学等几方面的协调作用共同完成的。污水中的无机磷一方面在植物的吸收和同化作用下,被合成为 ATP、DNA 和 RNA 等有机成分,通过对植物对收割而将磷从系统中去除;另一方面,通过微生物对磷的正常同化吸收。此外,湿地床中填料对磷的吸收及填料与磷酸根离子的化学反应,对磷的去除亦有一定的作用。含有铁质和钙质的地下水渗入床体内也有利于磷的去除,磷的去除是通过植物吸收、微生物去除及物理化学作用而完成。

(4)悬浮物的去除

进水的悬浮物的去除都在湿地进口处5 ~10 m 内完成,这主要是基质层填料、植物的根系和茎、腐殖层的过滤和阻截作用,所以悬浮物的去除率高低决定于污水与植物及填料的接触程度。平整的基质层底面及适宜的水力坡度能有效提高悬浮物的去除效率。

（5）减缓全球变暖

导致全球气温变暖的主要原因是二氧化碳等温室气体排放过多。湿地由于具有水分过于饱和的厌氧生态特性,积累了大量的无机碳和有机碳。由于处于厌氧环境下,湿地中的微生物活性相对较弱,植物残体分解释放二氧化碳的过程十分缓慢,因此形成了富含有机质的湿地土壤和堆积形成的泥炭层,起到了固定碳的作用。如果湿地遭到破坏,湿地的固碳功能将减弱,同时湿地中的碳也会氧化分解,湿地将由"碳汇"变成"碳源",这将进一步加剧全球变暖的进程。世界上的湿地固定了陆地生物圈35%的碳素,总量为770×10^8 t,是温带森林的5倍,单位面积的红树林沼泽湿地固定的碳是热带雨林的10倍。北方针叶林带未被干扰的泥炭沼泽湿地堆积巨厚的泥炭层,泥炭中有机质一般都在60%以上,最高达到95%,有机质的主要成分是碳,因此湿地中贮存了大量碳。湿地保持在原生状态,碳被固定,不会产生二氧化碳影响大气环境。湿地被破坏,湿地储存的碳以二氧化碳的形式释放到大气中,二氧化碳吸收热量能力很强,增加大气温度,造成气候变暖,所以保护好湿地,防止其退化与丧失,就可以避免湿地中积累的泥炭中的碳转变为二氧化碳并释放到大气层中,这样地球气温维持在一定幅度内变化,不至于过高,可保障人类生态安全（孟宪民,崔宝山,1999）。

从湿地的污染物去除功能看,天然湿地的减少必然降低环境容量,李占玲等通过对上虞市世纪丘滩涂的研究表明滩涂围垦前湿地生态环境功能收益达4 630万元/a,占整个滩涂效益的95%,而围垦后则降至2 940万元/a,占总收益的31%,围垦前后生态环境服务功能显著下降,而湿地作为生物栖息地的生态效益则由61%将至3%,生物多样性受到严重破坏。由此可见,湿地的保护对维持环境容量非常重要。

现在科学家们还可以设计与建设各种类型的人工湿地专门处理污水,这项生态处理技术能有效地处理多种多样的废水,如生活污水、工业废水、垃圾渗滤液、地面径流雨水、合流制下水道暴雨溢流水等,能高效地去除有机污染物,氮、磷等营养物,重金属、盐类和病原微生物等多种污染物,具有出水水质好、氮、磷处理效率高、运行维护管理方便、投资及运行费用低等特点,近年来获得迅速的发展和推广应用。根据资料统计,欧洲建有6 000多座处理城市污水的人工湿地。北美有1 000多座处理城市污水和多种工业废水的湿地系统。我国已经至少有100多处人工湿地污水处理系统。人工湿地技术已经成为21世纪污水处理的新技术与新工艺。

5.4 小结

通过平原河网污染物降解转化、海域主要污染物降解转化和庵东湿地生态服务功能及污染物降解效应等基础研究,了解和掌握各污染物在陆域、海域环境中的降解与转化特征,也为杭州湾海洋环境容量及其污染总量控制研究等奠定基础。

（1）平原河网污染物降解转化特征

通过杭州湾南、北两岸及湾顶的三个代表性水闸实验，即当水体受到扰动（水闸开闸放水）时，底泥中的污染物将出现不同程度的释放，而水闸内侧水体中的污染物浓度也将出现一定的增量。研究结果表明，水体中的污染物浓度的增量系数分别为 COD 约为 0.68、总磷约为 0.19、活性磷酸盐约为 1.59、总氮约为 0.42、硝酸盐约为 2.74、亚硝酸盐约为 0.50、氨氮约为 0.56、无机氮约为 1.41。本研究也将为以河网平原为特征、通过水闸排放入海的污染物入海源强估算与验证等提供参考。

（2）海域主要污染物降解转化特征

水体中营养盐的输入主要通过陆源污染物的输入、海水的垂直混合和大气沉降三种途径，其在水体中的输运与转移不仅与污染物来源、水动力学条件、物理化学作用有关，还与海水中的细菌、浮游动植物等有着密切关系。因此，营养盐在海水中的物质变化过程十分复杂。本文研究从实验室试验和海上围隔试验两个方面对营养盐降解过程进行了模拟，从结果看出：

①实验室试验中 COD 降解速率系数试验结果显示，杭州湾海域 COD 降解速率系数范围在参数 $0.016 \sim 0.249$ d^{-1} 之间，均值为 0.124 d^{-1}。通过主因素分析结果显示对 COD 降解速率影响最大的因素为悬浮物浓度，其次为污染物初始浓度，盐度和 pH 影响程度相对较小。

②实验室试验中活性磷酸盐转化速率系数试验结果显示，杭州湾海域活性磷酸盐转化速率系数范围在参数 $0.005 \sim 0.243$ d^{-1} 之间，均值为 0.062 d^{-1}。通过主因素分析结果显示，2009 年 6 月对活性磷酸盐转化速率系数影响最大的因素为悬浮物浓度和盐度，2009 年 9 月对活性磷酸盐转化速率系数影响最大的因素为污染物初始浓度。海上围隔试验测得活性磷酸盐的降解速率在 $0.025 \sim 0.147$ d^{-1} 范围内，原始海水试验均值为 0.116 d^{-1}，加标海水试验均值为 0.039 d^{-1}。两次试验的结果比较接近，并且这一结果与富国等实验室测定值 0.1 d^{-1} 范围也较为接近。

③海上围隔试验中测得无机氮的生物降解速率在 $0.461 \sim 0.553$ d^{-1} 范围内，均值为 0.525 d^{-1}。由于该研究海域污染物排海量较大，导致营养盐的初始浓度很高，可能会造成营养盐降解速率比一般海域的测定值偏高，另外，该海域较为开阔，水动力较大，水体交换能力较强，这也是造成营养盐降解速率偏高的原因。因此，考虑到杭州湾北岸海域污染物初始浓度较高以及水体交换能力较强，参照本次实验模拟结果，可取杭州湾北岸海域无机氮降解速率为 0.5 d^{-1}，活性磷酸盐的降解速率为 0.02 d^{-1}。

参考文献

陈利顶，傅伯杰. 2000. 农田生态系统管理与非点源污染控制[J]. 环境科学，21(2):98-100.

陈松，林汝健，廖文卓. 1993. 污水－海水混合过程中磷转移的动力学[J]. 海洋与湖沼，24(1):59-64.

黄秀清，王金辉，蒋晓山，等. 2008. 象山港海洋环境容量及污染物总量控制研究[M]. 北京:海洋出版社.

黄秀清，王金辉，蒋晓山，等. 2011. 乐清湾海洋环境容量及污染物总量控制研究[M]. 北京:海洋出版社.

李占玲,陈飞星,李占杰,等.2004.滩涂湿地围垦前后服务功能的效益分析——以上虞市世纪丘滩涂为例[J].海洋科学,28(8):76-80.

林卫青,卢士强,矫吉珍.2009.长江口及毗邻海域水质和生态动力学模型与应用研究.水动力学研究与进展A辑,23(5):522-531.

刘长娥,杨永兴,杨杨.2008.九段沙上沙湿地植物钾元素的分布、积累与动态[J].湿地科学,6(2):185-191.

刘浩,尹宝树.2006.辽东湾氮、磷和COD环境容量的数值计算[J].海洋通报,25(2):46-54.

孟宪民,崔宝山.1999.松嫩流域特大洪灾的醒示:湿地功能的再认识[J].自然资源学报,19(4):14-21.

孟宪民.1999.湿地与全球环境变化[J].地理科学,19(5):385-391.

王泽良,陶建华,季民,等.2004.渤海湾中化学需氧量(COD)扩散、降解过程研究.海洋通报,23(1):27-31.

晏维金,尹澄清,孙濮,等.1999.磷氮在水田湿地中的迁移转化及径流流失过程[J].应用生态学报,10(3):312-316.

杨永兴,何太蓉,王世岩,等.2002.三江平原典型湿地生态系统生物量及其季节动态研究[J].中国草地,4(1):1-7.

杨永兴,何太蓉,王世岩.2001.三江平原典型湿地生态系统P、K分布特征及其季节动态研究[J].应用生态学报,12(4):522-526.

杨永兴.1990.三江平原沼泽发育与晚更新世末期以来古地理环境演变的研究[J].海洋与湖沼,21(1):27-38.

浙江省海洋与渔业局,宁波市海洋环境监测中心.2010.2009年杭州湾生态监控区专项监测报告[R].

甄兰,廖文华,刘建玲.2002.磷在土壤环境中的迁移及其在水环境中的农业非点源污染研究[J].河北农业大学学报,25(增刊):55-59.

Wei H.,Sun J.,Molla,et al.2004.Plankton dynamics in the Bohai Sea-observations and modeling[J].Journal of Marine System,44:233-251.

第 6 章　水文泥沙特征

杭州湾大型海流观测始自 1958 年全国综合海洋调查。杭州湾的潮运动能量来自外海潮波,由于其喇叭形地形的集能作用,湾内的潮差和潮流流速由湾口向湾顶沿程递增,属强潮海湾。受长江来水的影响,泥沙沿岸南下,对杭州湾有很大影响。本章节对 2009 年 2—3 月(农历大、小潮)和 2009 年 6—7 月(农历大、小潮)4 个潮次的水文(潮流)泥沙观测资料,以及 2009 年 2—3 月和 2009 年 6—7 月余姚、乍浦两站各一个月的潮位观测资料进行分析,为杭州湾水文泥沙特性研究提供基础资料,并为潮流模型的建立和验证提供依据。

6.1　调查内容及站位布设

6.1.1　调查站位

2009 年 2 月和 6 月对杭州湾进行了 4 个潮次的水文泥沙观测。流速、流向、含沙量观测站 4 个(RL0901、RL0903、RL0904、RL0905),RL0901 位于芦潮港以南,毗邻杭州湾北岸;RL0903 位于钱塘江口澉浦东南方向,深入湾内;RL0904 位于杭州湾中部,大、小白山西南方向;RL0905 位于七姊八妹列岛以北,靠近杭州湾南岸。潮位观测站 2 个,分别是余姚站(T1)和乍浦站(T2)(图 6.1)。

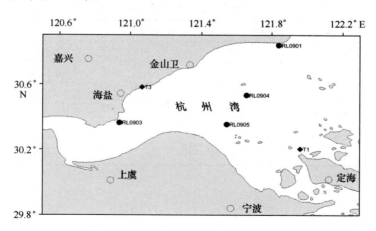

图 6.1　杭州湾海域水文泥沙调查站位

6.1.2 调查时间和频率

流速、流向、含沙量观测 2009 年 2—3 月(农历大、小潮)和 2009 年 6—7 月(农历大、小潮)4 个潮次各进行一次,潮位观测于 2009 年 2—3 月对余姚站(T1)进行了为期一个月的观测,2009 年 6—7 月对乍浦站(T2)进行了为期一个月的观测。

6.1.3 调查项目及分析方法

(1)调查项目

水文泥沙调查项目包括潮流流速、流向、含沙量、潮位过程等。

(2)调查、分析方法

调查和分析方法具体按照《海洋调查规范》(GB 12763—2007)和《海洋监测规范》(GB 17378—2007)。

6.2 潮汐

6.2.1 潮汐性质

杭州湾潮汐性质大致可分为三类:甬江口附近属于不正规半日潮海区;大戢山附近海域属于正规半日潮海区;而湾内大部分海区属于浅海半日潮类型(陈则实,1992)。

源于东太平洋的潮波在传入东海后,除了在传播过程中消耗掉部分能量外,大部分向黄海继续传播,小部分则向长江口和杭州湾推进。外海潮波推进到杭州湾,受喇叭口平面形态的收缩以及水深变浅、底摩擦作用,潮波逐渐由前进波转为驻波性质,日潮不等现象明显。随着测点由湾口 T1 余姚站点向湾内 T3 乍浦站点移动,其平均潮差逐渐增大(表 6.1)。

6.2.2 潮汐统计特征

表 6.1 主要潮汐特征值 单位:cm

站点	项目	2009 年 2—3 月	站点	项目	2009 年 6—7 月
T1 余姚 (30°12′04″N, 121°57′42″E)	月最高高潮	819	T3 乍浦 (30°34′47″N, 121°03′57″E)	月最高高潮	897
	月最低低潮	68		月最低低潮	188
	月平均高潮	730		月平均高潮	780
	月平均低潮	116		月平均低潮	251
	月最大潮差	739		月最大潮差	701
	月平均潮差	330		月平均潮差	529

6.3 潮流

6.3.1 潮流性质

杭州湾水域的潮流基本属于正规半日浅海潮。通过潮流资料可以计算出其振幅比值,作为潮流特性分析的相关依据。4 个测点的 $(W_{O_1} + W_{I_1})/W_{M_2}$ 值都小于 0.5，说明这水域的潮流基本属半日潮流；4 个测点的 (W_{M_4}/W_{M_2}) 值，除了 RL0901 的表层和 RL0905 的表层、0.6H 层外，其他均大于 0.04，说明浅海分潮对 RL0901、RL0903 和 RL0904 站点的潮流影响较大，浅水效应明显，而对 RL0905 站点的潮流影响较小（表 6.2）。

表 6.2　潮流特征值

站位	层次	$(W_{O_1} + W_{K_1})/W_{M_2}$	W_{M_4}/W_{M_2}
RL0901	表层	0.094 8	0.035 9
	0.6 层	0.033 8	0.097 5
	底层	0.119 7	0.113 8
RL0903	表层	0.111 4	0.054 7
	0.6 层	0.122 0	0.077 5
	底层	0.361 5	0.102 6
RL0904	表层	0.065 1	0.053 3
	0.6 层	0.037 7	0.049 1
	底层	0.063 0	0.082 8
RL0905	表层	0.074 7	0.033 3
	0.6 层	0.080 0	0.021 9
	底层	0.076 2	0.055 0

杭州湾 M_2 分潮的椭圆旋转率，其绝对值均小于 0.20，说明杭州湾的潮流以往复流为主，仅带有微弱的旋转（表 6.3）。

表 6.3　M_2 分潮流椭圆旋转率 K 值

站位	层次	K 值
RL0901	表层	− 0.01
	0.6H	− 0.05
	底层	− 0.02
RL0903	表层	− 0.03
	0.6H	0
	底层	− 0.01
RL0904	表层	0.06
	0.6H	0.03
	底层	0.02
RL0905	表层	0.04
	0.6H	− 0.04
	底层	− 0.13

杭州湾涨潮流历时基本小于落潮流历时,大潮期间尤为明显,小潮期间相差较小。该现象主要是由于进入河口后,潮波曲线形状呈现不对称所致;同时加上径流注入河口,有了一个净向向海流动,也会导致涨潮历时小于落潮历时。涨、落潮历时差自湾顶向湾口呈递增的趋势;同时杭州湾北岸涨、落潮历时差大于南岸(表6.4、表6.5)。

表 6.4　大潮期涨、落潮流历时

时间	潮期	RL0901	RL0903	RL0904	RL0905
2009 - 02	涨潮	5 h 48 min	5 h 30 min	5 h 48 min	6 h 07 min
	落潮	6 h 30 min	6 h 30 min	6 h 35 min	6 h 20 min
	差值	− 42 min	− 60 min	− 47 min	− 13 min
2009 - 06	涨潮	5 h 44 min	5 h 25 min	5 h 31 min	6 h 10 min
	落潮	6 h 44 min	6 h 29 min	6 h 50 min	6 h 29 min
	差值	− 60 min	− 64 min	− 79 min	− 19 min

表 6.5　小潮期涨、落潮流历时

时间	潮期	RL0901	RL0903	RL0904	RL0905
2009 - 02	涨潮	6 h 11 min	6 h 10 min	6 h 07 min	6 h 17 min
	落潮	6 h 15 min	6 h 15 min	6 h 15 min	6 h 08 min
	差值	− 4 min	− 5 min	− 8 min	9 min
2009 - 06	涨潮	6 h 05 min	5 h 21 min	5 h 59 min	5 h 55 min
	落潮	6 h 20 min	6 h 40 min	6 h 01 min	6 h 05 min
	差值	10 min	− 79 min	− 2 min	− 10 min

6.3.2　潮流统计特征

对于各个测站,分别统计出大、小潮期间涨落潮的最大流速(表6.6～表6.8),并绘出各测站2009年2月(大、小潮)和2009年6月(大、小潮)的潮流矢量(图6.2～图6.13)。

2009年2月4个站点的最大实测流速为312 cm/s(RL0903,0.2H,落潮),从流速的空间分布来看,大、小潮期间,涨、落潮流速均属内湾RL0903站最大,其次为RL0905站,其余两站基本流速相当,呈现自湾口向湾顶流速递增的趋势。在时间分布上,大潮期除个别测站层中有落潮流速大于涨潮流速外的现象外,基本表现为落潮流速小于涨潮流速。小潮期除了RL0905站,其余3站均表现为落潮流速小于涨潮流速。大潮期各测站分层实测最大流速均大于小潮期实测最大流速。在垂线分布上,除大潮期RL0903站落潮流速和小潮期RL0901站落潮流速在中层取到最大值外,各站分层实测最大流速均随着水深的增加呈现明显递减的趋势。从实测涨、落潮流的流向来看,大、小潮期间各测站分层涨、落潮流向相差均小于30°,基本呈现往复流形态。

2009年6月4个站点的最大实测流速为308 cm/s(RL0903,表层,落潮)。从流速的空间分布来看,大、小潮期间,涨、落潮流速均属内湾 RL0903 站最大,其次为 RL0905 站,其余 2 站基本流速相当。在时间分布上,大潮期,除 RL0903 和 RL0904 站中有落潮流速大于涨潮流速外的现象外,基本表现为落潮流速小于涨潮流速。小潮期,同样除了 RL0903 和 RL0904 站,其余 2 站均表现为落潮流速小于涨潮流速。同时,大潮期各测站分层实测最大流速均大于小潮期实测最大流速。在垂线分布上,除小潮期 RL0903 站涨潮潮流速和小潮期 RL0901 站落潮潮流流速在中层取到最大值外,各站分层实测最大流速均随着水深的增加呈现明显递减的趋势。从实测涨、落潮流的流向来看,大、小潮期间各测站分层涨、落潮流向相差均小于 30°。单从每个站点的垂向分布来看,RL0905 表层和底层流速差值最大。

另外,对比 2 月和 6 月的两次观测数据,除了 RL0903 站大潮和小潮涨潮期,可以发现夏季的流速普遍大于冬季流速。

表 6.6　大潮期最大流速统计

站位	层次	涨潮				落潮			
		流速/(cm/s)		流向/(°)		流速/(cm/s)		流向/(°)	
		2009－02	2009－06	2009－02	2009－06	2009－02	2009－06	2009－02	2009－06
RL0901	表层	214	235	236	279	198	233	94	97
	0.2H	214	222	243	277	202	219	89	97
	0.4H	216	195	210	276	190	198	92	93
	0.6H	212	180	222	280	178	172	88	94
	0.8H	196	161	244	278	144	149	87	96
	底层	182	147	232	269	118	127	88	100
RL0903	表层	310	291	219	230	308	308	42	57
	0.2H	298	287	217	220	312	295	44	54
	0.4H	304	280	211	222	298	286	40	51
	0.6H	288	278	213	219	284	272	39	52
	0.8H	268	264	215	215	278	240	37	49
	底层	242	255	226	217	254	194	37	46
RL0904	表层	196	213	288	270	194	219	128	112
	0.2H	192	207	295	272	190	214	124	109
	0.4H	166	191	298	278	172	216	115	108
	0.6H	146	168	296	275	146	182	110	124
	0.8H	136	142	283	279	126	144	95	117
	底层	134	108	291	252	116	100	113	116
RL0905	表层	233	268	313	302	208	236	110	116
	0.2H	220	240	315	304	208	230	122	116
	0.4H	198	231	305	296	183	194	118	117
	0.6H	176	220	297	300	145	178	119	106
	0.8H	147	176	304	306	130	140	121	114
	底层	134	147	313	296	107	122	122	123

表 6.7　小潮期最大流速统计

站位	层次	涨潮				落潮			
		流速/(cm/s)		流向/(°)		流速/(cm/s)		流向/(°)	
		2009-02	2009-06	2009-02	2009-06	2009-02	2009-06	2009-02	2009-06
RL0901	表层	174	210	228	268	150	158	56	94
	0.2H	174	180	198	270	156	151	72	93
	0.4H	170	143	208	273	164	131	75	94
	0.6H	158	134	214	275	144	116	60	92
	0.8H	148	125	217	278	110	104	59	91
	底层	126	99	219	279	82	88	58	97
RL0903	表层	242	224	225	222	210	259	29	66
	0.2H	260	229	215	221	216	252	48	64
	0.4H	242	216	218	221	210	245	39	58
	0.6H	208	198	210	221	186	228	36	54
	0.8H	166	185	210	222	146	195	33	51
	底层	140	173	210	219	136	177	30	46
RL0904	表层	164	148	296	253	152	156	123	115
	0.2H	164	148	297	262	150	165	123	106
	0.4H	154	147	294	272	148	149	114	100
	0.6H	138	148	291	260	138	138	114	112
	0.8H	108	139	291	265	100	124	117	107
	底层	78	108	301	264	86	86	114	121
RL0905	表层	173	192	310	309	176	167	121	123
	0.2H	169	186	308	305	179	158	117	128
	0.4H	168	175	300	304	171	155	123	116
	0.6H	165	154	300	301	163	150	119	123
	0.8H	154	147	307	313	115	142	121	129
	底层	98	110	303	310	81	118	113	134

表 6.8　流速极值统计　　　　　　　　　　　　　　　　　单位:cm/s

站号	潮别	2月		6月	
		最大	层次	最大	层次
RL0901	大潮	216	0.4H	235	表层
	小潮	174	表层	210	表层
RL0903	大潮	312	0.2H	308	表层
	小潮	260	0.2H	259	表层

108

站号	潮别	2 月		6 月	
		最大	层次	最大	层次
RL0904	大潮	196	表层	219	表层
	小潮	164	表层	165	0.2H
RL0905	大潮	233	表层	268	表层
	小潮	179	0.2H	192	表层

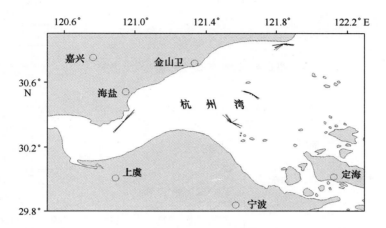

图 6.2　2009 年 2 月大潮期表层流矢

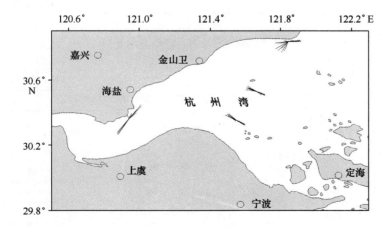

图 6.3　2009 年 2 月大潮期 0.6H 流矢

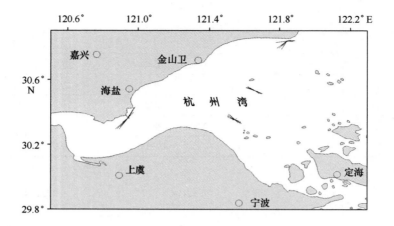

图 6.4 2009 年 2 月大潮期底层流矢

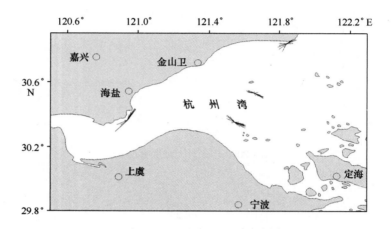

图 6.5 2009 年 2 月小潮期表层流矢

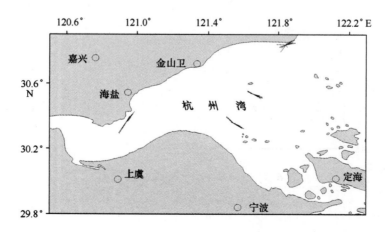

图 6.6 2009 年 2 月小潮期 0.6H 流矢

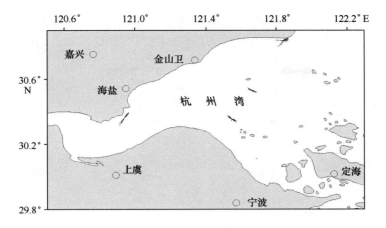

图 6.7　2009 年 2 月小潮期底层流矢

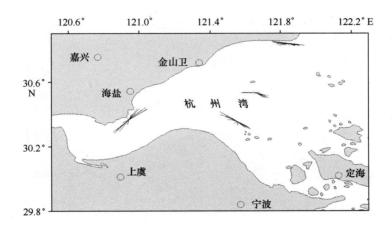

图 6.8　2009 年 6 月大潮期表层流矢

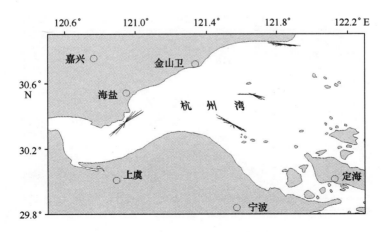

图 6.9　2009 年 6 月大潮期 0.6H 流矢

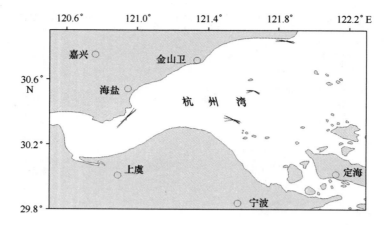

图 6.10　2009 年 6 月大潮期底层流矢

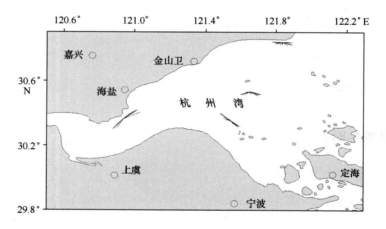

图 6.11　2009 年 6 月小潮期表层流矢

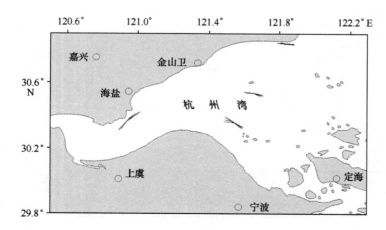

图 6.12　2009 年 6 月小潮期 0.6H 流矢

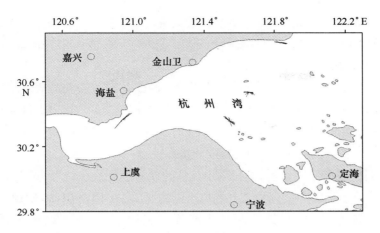

图 6.13　2009 年 6 月小潮期底层流矢

6.4　余流

余流一般指实测海流扣除周期性潮流后的剩余部分,包括风海流、径流、地转流、密度梯度流等。经计算分别得出 2009 年 2 月(大、小潮)2009 年 6 月(大、小潮)各测站分层的余流流速和流向(表 6.9)。

表 6.9　各站余流特征值

站位	潮期	表层				0.6H				底层			
		2009 – 02		2009 – 06		2009 – 02		2009 – 06		2009 – 02		2009 – 06	
		流速 /(cm/s)	流向 /(°)	流速 /(cm/s)	流向 /(°)	流速 /(cm/s)	流向 /(°)	流速 /(cm/s)	流向 /(°)	流速 /(cm/s)	流向 /(°)	流速 /(cm/s)	流向 /(°)
RL0901	大潮	39.6	163	12.3	183	29.7	151	2.3	280	23.6	187	3	145
	小潮	6.2	172	18.4	224	8.8	127	6.6	16	8.7	136	6.4	45
RL0903	大潮	55.2	42	19.8	58	40.3	40	20.7	49	29.8	25	13.5	47
	小潮	24.3	335	37.7	69	11.6	51	30.8	68	5.9	77	37.7	69
RL0904	大潮	31.5	178	22.9	156	7.2	118	20.3	165	2.9	51	19.3	170
	小潮	0.7	332	30.9	176	1.4	196	14	205	6.2	236	19.6	198
RL0905	大潮	缺	缺	8.8	222	缺	缺	14.7	245	缺	缺	12.6	262
	小潮	14.6	33	13.3	176	12.1	322	12.2	179	9	317	4.1	19

从大体上而言,在湾内余流主要呈东北偏东方向,大致与北岸走向平行,显示了钱塘江径流的入海途径。但靠近北岸,测站显示余流向西,在湾口附近余流多呈东南或西南向,显示了长江径流注入该区域后流动和扩散的方向。而在湾口南侧,余流以由外海入湾的海流为主,属补偿流性质。

2009 年 2 月的观测结果表明,杭州湾余流流速大多表层大于底层;不管是在湾口还是湾内,各层大潮余流流速均大于小潮余流流速。总体上讲,最大余流流速发生在 RL0903 站,有从湾顶向湾口减小的趋势。

具体分析余流流向分布则比较复杂。湾内 RL0903 站余流流向从表层至底层逆时针转向湾外方向。湾口 3 个站点中,RL0901 站余流始终指向口门的方向;RL0904 站大潮时余流从表至底逆时针旋转,但均指向湾外方向,小潮时余流从表至底呈顺时针旋转,均指向湾内方向;RL0905 站余流从表层到底层为逆时针旋转。

2009 年 6 月的观测结果表明,杭州湾余流流速基本表层大于底层;只有 RL0905 站在大潮期表层余流流速小于底层。而和 2 月测值不同的是,只有 RL0901 和 RL0903 站各层大潮余流流速大于小潮余流流速,其余两站则相反。总体上讲,最大余流流速同样发生在 RL0903 站,有从湾顶向湾口减小的趋势。

余流流向分布同样比较复杂。湾内 RL0903 站余流流向基本不变,指向湾外方向。湾口 3 个站点中,RL0901 站小潮时余流从表至底呈逆时针旋转,大潮时余流基本指向湾内;RL0904 站余流基本指向湾外方向;RL0905 站小潮期余流从表至底呈顺时针旋转,而大潮期余流基本指向湾内。

6.5 泥沙

杭州湾的泥沙的主要来源应该包括钱塘江流域来沙、长江来沙、内陆架来沙和湾内老地层侵蚀等。其中钱塘江流域来沙(包括曹娥江)多沉积于近河口段及其上游;长江来沙多数沉积于长江口水下三角洲,该沉积构造伸入杭州湾,叠复在湾口浅滩上;内陆架来沙较难估量,但多数为路源碎屑,由河流输入沉积后又重新悬浮进入河口湾。

依据实测资料可以发现,杭州湾内悬沙浓度变化十分剧烈(表 6.10)。2 月及 6 月两次观测中得到的实测单点最大悬沙浓度为 7.347 kg/m^3(RL0905 站,2 月,大潮),而最小悬沙浓度为 0.102 kg/m^3(RL0901 站,6 月,小潮)。平均悬沙浓度介于 0.153 ~ 7.007 kg/m^3 之间,跨度很大。

从空间上分析,位于杭州湾南岸的 RL0905 站的悬沙浓度最大,远超过其余 3 站的平均悬沙浓度;湾内 RL0903 站和北岸 RL0901 站浓度基本相等;湾中 RL0904 站浓度最小;基本分布呈现北岸东高西低,南岸西高东低的趋势。悬沙浓度等值线基本与岸线平行,近岸海域悬沙浓度高,向外逐渐变低,因此湾中浓度最小。

大潮期悬沙浓度较小潮期高,这种差距在底层变得尤为明显。以位于杭州湾北岸的 RL0905 站为例,6 月小潮涨潮期间表层和底层的平均悬沙浓度分别为 1.311 kg/m^3 和 2.833 kg/m^3,大潮期间相应数据为 1.522 kg/m^3 和 5.090 kg/m^3。

悬沙浓度的季节性变化也十分剧烈。根据实测数据,所有站点的冬季悬沙浓度均大于夏季。而在垂向上,悬沙浓度自表层向底层变大,这种差距在大潮期间尤为显著。

表 6.10　实测泥沙浓度特征值　　　　　　　　单位:kg/m³

站位	潮次		特征值	表层		0.6H		底层	
				2 月	6 月	2 月	6 月	2 月	6 月
RL0901	大潮	涨	最大	2.285	0.952	3.907	1.893	5.139	2.295
			平均	1.620	0.438	2.959	1.101	4.034	1.493
			最小	0.843	0.213	1.984	0.497	2.998	0.569
		落	最大	1.932	1.070	3.692	1.774	4.999	2.184
			平均	1.629	0.432	2.953	0.985	3.819	1.338
			最小	1.265	0.209	2.158	0.507	2.994	0.705
	小潮	涨	最大	1.793	0.551	3.335	0.844	3.998	1.117
			平均	1.576	0.282	2.562	0.614	3.417	0.770
			最小	1.099	0.128	1.929	0.392	2.872	0.442
		落	最大	1.781	0.426	2.999	0.728	3.767	1.065
			平均	1.423	0.210	2.459	0.479	3.215	0.719
			最小	0.997	0.102	1.761	0.309	2.217	0.441
RL0903	大潮	涨	最大	2.083	0.172	4.053	1.201	5.158	1.546
			平均	1.344	0.143	2.185	0.847	2.915	1.407
			最小	1.089	0.120	1.287	0.596	1.521	1.163
		落	最大	2.561	0.197	4.833	1.168	5.716	1.833
			平均	1.452	0.140	2.649	0.943	3.662	1.599
			最小	0.957	0.105	1.020	0.597	1.743	1.124
	小潮	涨	最大	1.213	0.200	1.516	1.113	3.384	1.201
			平均	1.012	0.154	1.340	0.812	1.603	1.128
			最小	0.720	0.119	1.038	0.530	1.864	0.858
		落	最大	1.188	0.204	2.411	1.118	2.990	1.451
			平均	1.049	0.152	1.404	0.797	1.837	1.118
			最小	0.756	0.122	1.098	0.600	2.111	0.832
RL0904	大潮	涨	最大	3.384	0.305	4.390	0.590	4.391	0.735
			平均	2.625	0.262	3.487	0.454	4.246	0.616
			最小	2.220	0.232	2.499	0.383	3.423	0.491
		落	最大	2.990	0.296	3.592	0.508	5.048	0.701
			平均	2.488	0.266	3.302	0.464	3.953	0.603
			最小	2.111	0.222	2.851	0.399	3.376	0.525
	小潮	涨	最大	0.843	0.193	2.518	0.437	3.176	0.674
			平均	0.658	0.153	1.370	0.298	2.139	0.473
			最小	0.571	0.113	0.718	0.193	0.853	0.271
		落	最大	1.000	0.167	1.853	0.387	2.868	0.478
			平均	0.717	0.129	1.057	0.254	1.480	0.377
			最小	0.565	0.103	0.746	0.216	0.668	0.260

站位	潮次		特征值	表层		0.6H		底层	
				2月	6月	2月	6月	2月	6月
RL0905	大潮	涨	最大	3.832	1.800	6.513	4.188	7.347	6.211
			平均	3.359	1.522	5.965	3.105	7.007	5.090
			最小	2.885	1.347	4.354	2.132	6.654	3.148
		落	最大	3.610	1.602	6.410	4.565	7.036	5.777
			平均	3.234	1.415	5.441	2.804	6.681	4.471
			最小	2.797	1.259	5.566	1.951	6.156	1.272
	小潮	涨	最大	2.598	1.587	5.474	2.767	6.097	3.260
			平均	1.946	1.311	3.711	2.042	4.975	2.833
			最小	1.311	1.251	2.259	1.721	3.441	2.175
		落	最大	2.597	1.503	5.455	2.569	6.194	3.593
			平均	1.866	1.338	3.474	2.080	4.769	2.949
			最小	1.359	1.148	2.414	1.685	3.619	2.502

6.6 波浪

杭州湾的波浪资料取自乍浦、滩浒、镇海3站(陈则实,1992)。滩浒站能较好地反映海湾东北部波浪特征,据统计结果,年平均波高0.4 m,年平均周期2.0 s,年常浪向 NNE,强浪向 ENE,最大波高达4.0 m。平均波高的季节变化较小,秋季略高,为0.5 m,其他各季均为0.4 m。浪向季节变化明显,春、夏季的常浪向为 SSE,秋、冬季的常浪向分别为 NNE 和 NNW,全年1.5 m 以上波高占1.5%。多年各向最大波高的大值出现在 NNW – ENE 方向,且大部分出现在夏季。

乍浦站能反映海湾西部北岸的波浪情况。统计结果表明,年平均波高0.2 m,年平均周期1.4 s,夏季平均波高略高,这与该站地处北岸、夏季盛行偏南风有关,全年常浪向 SE、强浪向 E,最高波高4.0 m 左右,春、夏季的常浪向为 SE,秋季为 N,冬季为 NW,全年1.5 m 以上波高仅占0.6%。多年最大波高不小于2.5 m 出现的方位分别在 E – SE 和 SSW – SW,且分别出现在夏季和秋季,而 W – N 向的浪较小。

镇海站能反映湾口南岸附近水域的波浪特征。据统计,年平均波高0.5 m,年平均周期3.8 s,平均波高的季节变化明显,春、夏季在0.3～0.4 m,秋、冬季达0.7 m。年常浪向和冬季的常浪向同为 N,年强浪向为 NNW,最大波高6.1 m,大于1.5 m 的波高占6.8%。年最大波高的大值出现在 NW – NNE 方向,且明显大于其他方向,出现在夏、秋两季。

杭州湾内波浪以风浪为主。湾口南岸受到外海偏北向浪影响,涌浪比例大;而湾东部波浪大于西部,年平均波高和周期湾东部比西部大一倍左右。除湾口外,湾内平均波高的季节性变化均不明显。

台风和寒潮大风是杭州湾出现大波高的主要天气系统。据统计,平均每年有 1.6 次台风影响杭州湾,测站的历史最大波高均由其所致。

6.7　小结

杭州湾海区基本属于半日潮海区,浅海分潮对其影响较大,涨、落潮具有不对称性,一般涨潮历时小于落潮历时,平均时差约为 30 min;潮差自湾口向湾顶逐渐增大,潮波自余姚站传播到乍浦站,月平均潮差增大 199 cm。

该海域的潮流属于半日浅海潮流,在湾内呈现明显的往复流性质,纵向流速分布自湾口向湾顶递增,涨潮流流速大于落潮流流速,涨潮流速平均 187 cm/s,落潮流速平均 176 cm/s。表层流速大于底层流速,夏季流速大于冬季流速。余流流速大多表层大于底层,表层流速平均 22.4 cm/s,底层流速平均 13.5 cm/s,有从湾顶向湾口减小的趋势。

杭州湾内泥沙来源十分广泛,包括钱塘江流域来沙、长江来沙、内陆架来沙等。悬沙浓度等值线基本与岸线平行,因此呈湾中悬沙浓度最小,向外依次增大。同时悬沙浓度变化十分剧烈,垂向上自表层向底层变大,平均悬沙浓度介于 0.153 ～ 7.007 kg/m³ 之间,跨度很大。大潮期悬沙浓度较小潮期高。冬季悬沙浓度均大于夏季。

参考文献

[1]　陈则实,等.1992.中国海湾志(第五分册)[M].北京:海洋出版社,1 – 2.

第 7 章 海洋生态环境特征

对杭州湾海域水质的大面积调查始于 20 世纪 80 年代(曹沛奎等,1985)。由于点源排污、面源水土流失和大气输送等多方面因素的影响,该海域部分污染物质的含量增加较快。排污已影响了沿岸局部海域海水正常的自净能力,一些近岸海域的水质污染已经给海洋资源造成不良的影响和损害。本章节对 2008 年 4 月、8 月和 2009 年 8 月 3 个航次的调查资料进行杭州湾海洋环境现状分析,主要为杭州湾海洋环境容量研究提供基础资料,并为容量水质因子的选取、容量水质模型的建立和验证等提供依据。

7.1 调查内容

7.1.1 调查站位

2008 年 4 月、8 月和 2009 年 8 月对杭州湾进行了 3 个航次的生态环境现状调查。水质测站 30 个,浮游植物、浮游动物和底栖生物调查测站 20 个,潮间带生物调查 6 条断面,鱼卵及仔稚鱼调查站 15 个。海洋生物质量在镇海、乍浦、十塘、庵东、上虞等地选择贝类调查,各调查点选择种类及其大小尽量相同(图 7.1)。其中 6 条潮间带位置分别是 T1 位于平湖市乍浦镇九龙山,T2 位于海宁市澉浦镇尖山村,T3 位于上虞市,T4 位于慈溪市庵东镇,T5 位于慈溪市观城镇,T6 位于宁波市北仑区。

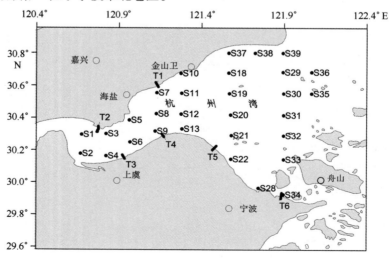

图 7.1 杭州湾海域调查站位

注:• 大面调查站位;▎潮间带调查站位

7.1.2 调查时间

浮游植物、浮游动物、底栖生物、潮间带生物、鱼卵和仔鱼、水环境指标(活性硅酸盐除外、重金属)调查于2008年4月、8月和2009年8月各进行1次;水环境中活性硅酸盐指标、沉积环境和海洋生物质量调查于2008年8月和2009年8月各进行1次;水环境中重金属于2010年8月调查。

7.1.3 调查项目

①水质:透明度、水温、盐度、悬浮物、化学耗氧量、活性磷酸盐、硝酸盐、亚硝酸盐、氨氮和活性硅酸盐、叶绿素 a、重金属(汞、砷、铜、铅、镉、铬、锌)。

②生物质量(主要海洋经济贝类):汞、铅、镉、砷、滴滴涕、多氯联苯、石油烃和六六六。

③海洋生物:浮游生物、底栖生物、潮间带生物和鱼卵仔鱼等密度、生物量和种类组成。

7.2 水环境状况

7.2.1 海水水质

杭州湾是一个河口水与外海水相互交汇与相互推移比较频繁的水域。它主要由湾口北侧流入的长江淡水,从西流出的钱塘江和浙江沿岸诸河川的河水以及湾口南侧东海流入的海水,这样三个部分组成(朱启琴,1982)。这样三部分产生了混合,切变形成紊流,羽状锋,浑浊带等多种复杂的水文现象。加上长江、钱塘江径流和东海外海水势力存在着明显的季节变化,使整个水域环境相对较为复杂(徐兆礼等,2003)。

7.2.1.1 分布特征

水质现状分析采用2008年4月、8月和2009年8月3个航次对杭州湾海域进行的调查资料,调查和分析内容包括水温、水色、盐度、COD等十几个项目(表7.1),同时重金属引用2010年的调查资料(表7.2)。本小节将结合水质调查结果,对杭州湾各项水质指标的浓度和分布特征进行分析,以了解杭州湾海域的水质现状。

表7.1 水质调查结果统计

调查项目	层次	2008 年 4 月			2008 年 8 月			2009 年 8 月		
		最小值	最大值	平均值	最小值	最大值	平均值	最小值	最大值	平均值
水温/℃	表	13.2	15.1	14.4	28.0	29.0	28.4	26.22	29.04	27.53
	底	13.3	15.0	14.2	28.0	29.4	28.5	26.22	28.25	27.60
水色	表	/	/	/	17	21	20	/	/	/
透明度/m	表	0.1	0.6	0.2	0.1	1.0	0.3	/	/	/
盐度	表	10.42	23.73	16.99	4.87	23.86	13.26	3.88	24.05	11.66
	底	11.92	24.46	18.97	10.14	24.60	15.61	9.75	26.00	15.45

调查项目	层次	2008 年 4 月			2008 年 8 月			2009 年 8 月		
		最小值	最大值	平均值	最小值	最大值	平均值	最小值	最大值	平均值
COD	表	0.76	1.63	1.24	0.73	2.42	1.89	0.53	2.26	1.45
/(mg/L)	底	0.81	1.60	1.15	0.90	2.73	1.93	0.43	1.78	1.12
悬浮物	表	27.0	632.0	254.6	23.1	585.0	236.4	8.0	1 017.0	191.8
/(mg/L)	底	266.0	2 958.0	1 363.0	98.0	823.0	381.7	111.0	1 709.0	776.5
活性磷酸盐	表	0.017 1	0.040 2	0.029 5	0.010 2	0.060 7	0.031 1	0.037 0	0.094 9	0.059 6
/(mg/L)	底	0.017 4	0.039 3	0.028 5	0.005 8	0.054 5	0.026 7	0.046 9	0.067 9	0.056 6
硝酸盐－氮	表	0.797	1.848	1.431	0.966	2.308	1.392	0.911	2.022	1.273
/(mg/L)	底	0.779	1.793	1.330	1.035	2.337	1.396	0.606	1.677	1.130
亚硝酸盐－氮	表	0.004	0.008	0.005	0.003	0.013	0.009	0.001	0.038	0.008
/(mg/L)	底	0.003	0.010	0.005	0.004	0.011	0.008	0.001	0.029	0.005
氨氮	表	0.013	0.038	0.020	0.002	0.066	0.031	0.002	0.106	0.041
/(mg/L)	底	0.014	0.038	0.022	0.009	0.067	0.031	0.002	0.063	0.031
无机氮	表	0.814	1.894	1.456	1.006	2.328	1.431	0.914	2.166	1.322
/(mg/L)	底	0.796	1.841	1.358	1.053	2.364	1.435	0.609	1.769	1.165
活性硅酸盐	表	/	/	/	1.25	2.92	1.82	1.13	193.10	36.29
/(mg/L)	底	/	/	/	1.25	3.15	1.92	1.31	2.08	1.72

表 7.2　水质重金属调查统计表　　　　　　　　单位：μg/L

调查项目	层次	2010 年 8 月		
		最小值	最大值	平均值
汞	表	0.006	0.036	0.021
	底	0.013	0.036	0.025
砷	表	0.90	2.50	1.55
	底	0.96	2.38	1.66
铜	表	2.60	5.51	4.15
	底	3.12	6.00	4.30
铅	表	0.95	2.19	1.52
	底	0.92	2.28	1.48
镉	表	0.038	0.200	0.106
	底	0.053	0.176	0.118
铬	表	0.06	0.33	0.17
	底	0.11	0.27	0.18
锌	表	22.70	30.66	26.46
	底	22.95	30.97	25.88

1）水温

2008年4月杭州湾水温表层在13.2～15.1℃之间,平均值为14.4℃,底层在13.3～15.0℃之间,平均值为14.2℃;2008年8月水温表层在28.0～29.0℃之间,平均值为28.4℃,底层在28.0～29.4℃之间,平均值为28.5℃;2009年8月表层水温在26.22～29.04℃之间,平均值为27.53℃,底层在26.22～28.25℃之间,平均值为27.60℃。冬季水温低,夏季水温高,但3次调查数据在空间分布上没有太大的差异(图7.2)。

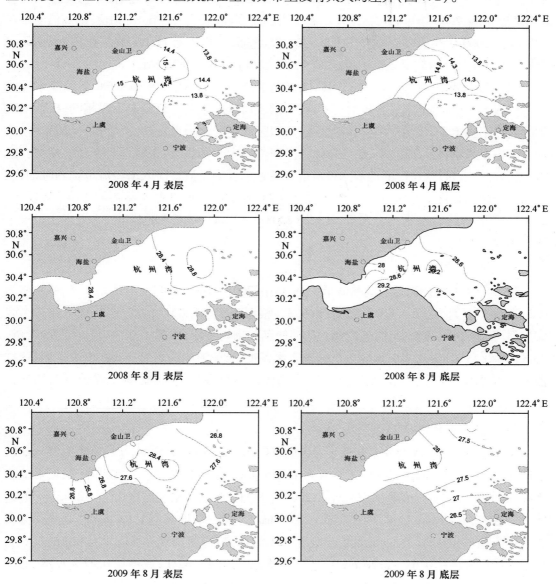

图7.2 杭州湾水温分布(单位:℃)

2）盐度

盐度是河口环境的一个重要的生态因子，它对河口的很多物理、化学、生物以及生物地球化学过程有直接或间接影响（高学鲁等，2008）。

2008 年 4 月杭州湾表层盐度范围在 10.42～23.73 之间，平均值为 16.99，底层在 11.92～24.46 之间，平均值为 18.97，最低值出现在 S6 站位，最高值出现在 S36 站位；2008 年 8 月表层盐度在 4.87～23.86 之间，平均值为 13.26，底层在 10.14～24.60 之间，平均值为 15.61，8 月盐度略低，2008 年年底层盐度均略高于表层盐度，最低值出现在 S1 站位，最高值出现在 S22 站位；2009 年 8 月表层盐度在 3.88～24.05 之间，平均值为 11.66，底层在 9.75～26.00 之间，平均值为 15.45，最低值出现在 S1 站位，最高值出现在 S22 站位。

河口水主要受大陆径流影响，河口区潮间带淡水平衡不稳定，不同年份各月降水径流量差异很大，同时海洋环流各年情况不同，所以表面盐度年变化每年都不尽相同，极值出现的时间点不稳定，不像温度那样规律性强，河口区盐度变化相当复杂（高学鲁等，2008）。从盐度分布上来看（图 7.3），表、底层总体上呈现湾口大于湾底顶，但也不是十分有规律。这个与钱塘江、曹娥江、甬江的冲淡水径流很有关系。夏季正值长江入海径流量剧烈时期，加上浙江沿岸水和钱塘江等河流冲淡水混合之后，形成巨大的低盐水舌流向东北（蒋玫等，2006），因此，从平面分布图上来看，杭州湾 2008 年和 2009 年夏季的盐度在东北角上呈现了比较明显的低盐区。

3）透明度

2008 年 4 月杭州湾透明度略低于 8 月，其中，2008 年 4 月透明度为 0.1～0.6，平均值为 0.2；2009 年 8 月为 0.1～1.0，平均值为 0.3。根据蒋玫等（2004）的研究，杭州湾是一个强潮型海湾，潮差大，潮流急，强烈的潮汐运动使沉积物再悬浮，增加了水体中悬浮泥沙含量，海区透明度低，几乎均在 1 m 以内。根据本次调查，杭州湾的透明度确实在 1 m 之内，这样混浊的海水使海面光强散射，阻挡了阳光向较深水层投射，势必影响了浮游植物的光合作用。

4）化学需氧量（COD）

2008 年 4 月杭州湾化学需氧量表层含量在 0.76～1.63 mg/L 之间，平均值为 1.24 mg/L，底层在 0.81～1.60 mg/L 之间，平均值为 1.15 mg/L，表、底层含量基本相差不大，最低值出现在 S31 站位，最高值出现在 S34 站位；2008 年 8 月化学需氧量表层在 0.73～2.42 mg/L 之间，平均值为 1.89 mg/L，底层在 0.90～2.73 mg/L 之间，平均值为 1.93 mg/L，其平面分布相对较为均匀，湾口处略低，最低值出现在 S31 站位，最高值出现在 S34 站位；2009 年 8 月化学需氧量表层在 0.53～2.26 mg/L 之间，平均值为 1.45 mg/L，底层在 0.43～1.78 mg/L 之间，平均值为 1.12 mg/L，最低值出现在 S32 站位，最高值出现在 S4 站位。由监测数据可知，8 月的化学需氧量略高于 4 月，说明化学需氧量随温度升高呈递增趋势。

化学需氧量分布呈现在湾顶段为最高，从湾顶段向湾口区其含量逐渐降低（图 7.4），表层略大于底层的趋势。引起这种趋势最大的原因是钱塘江、甬江、曹娥江径流和沿岸排污

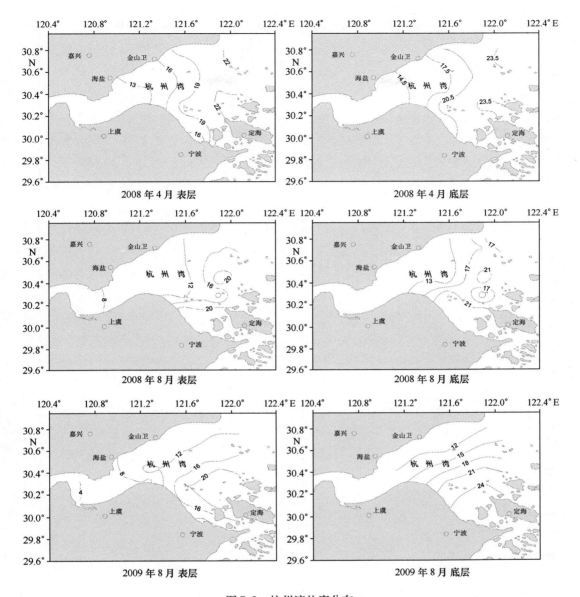

图7.3　杭州湾盐度分布

的输入(全为民等,2004)。

5)悬浮物

2008年4月杭州湾水体表层悬浮物含量在27.0～632.0 mg/L之间,平均值为254.6 mg/L,底层含量在266.0～2 958.0 mg/L之间,平均值为1 363.0 mg/L,2008年8月杭州湾水体表层悬浮物含量在23.1～585.0 mg/L之间,平均值为236.4 mg/L,底层含量在98.0～823.0 mg/L之间,平均值为381.7 mg/L,2009年8月杭州湾水体表层悬浮物含量在8.0～1 017.0mg/L之间,平均值为191.8 mg/L,底层含量在111.0～1 709.0 mg/L之间,平均值为776.5 mg/L。总体来看,杭州湾的悬浮物含量比较高,这是因为杭州湾是一个强潮

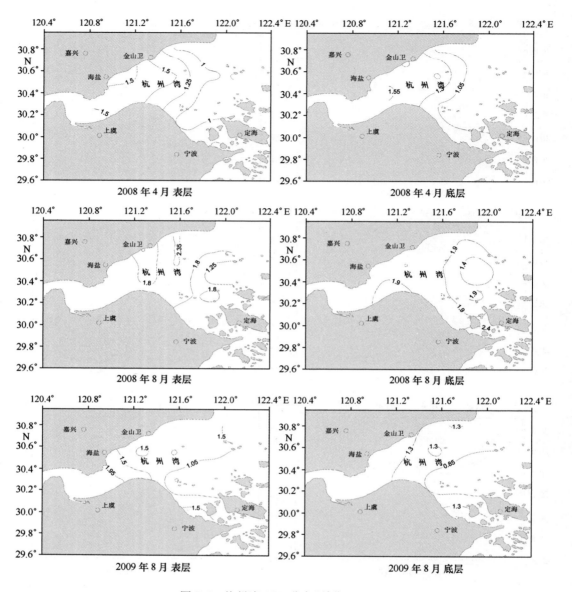

图7.4 杭州湾COD分布(单位:mg/L)

型海湾,潮差大,潮流急,强烈的潮汐运动使沉积物再悬浮,增加了水体中悬浮泥沙含量。

在平面分布上(图7.5),杭州湾海域的悬浮物分布湾内总体大于湾口,底层高于表层,局部近岸海域悬浮物偏高。杭州湾悬浮物的平面分布与长江的来水来沙和动力条件的变化有着密切的关系(曹沛奎等,1985)。悬浮物会随潮汐发生显著变化(王繁等,2009),因此需要结合潮汐来分析其平面分布,这里就不展开分析。

根据茹荣忠(2002)的研究,杭州湾水体中悬沙的中值粒径值自东(湾口)向西(湾顶)迅速增大,金山断面、乍浦断面及澉浦断面的悬沙中值粒径平均值分别为8.00 μm、8.71 μm和13.08 μm。从我们此次的悬浮物平面分布图来看,悬沙的大体分布确实是如此。

124

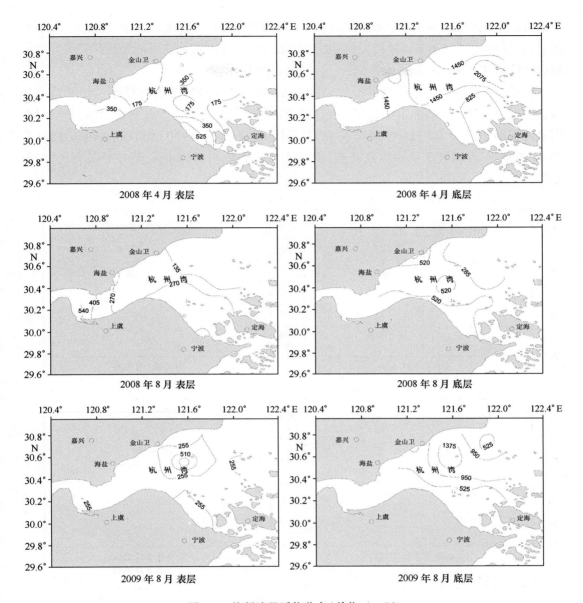

图 7.5　杭州湾悬浮物分布（单位：mg/L）

6）无机氮

　　氮是海水中富有植物生长的必要元素之一，也是海洋调查的重要项目。2008 年 4 月杭州湾无机氮含量表层在 0.814～1.894 mg/L 之间，平均为 1.456 mg/L，底层在 0.796～1.841 mg/L 之间，平均为 1.358 mg/L，表底层含量差别不大。2008 年 8 月无机氮含量表层在 1.006～2.328 mg/L 之间，平均为 1.431 mg/L，底层在 1.053～2.364 mg/L 之间，平均为 1.435 mg/L。2009 年 8 月无机氮含量表层在 0.914～2.166 mg/L 之间，平均为 1.322 mg/L，底层在 0.609～1.769 mg/L 之间，平均为 1.165 mg/L。无机氮的含量比较高，并且，8 月的监测数据要明显高于 4 月。在杭州湾无机氮的组成中,亚硝酸盐和氨氮的含量相对较低,硝酸盐含量较高,大约90%以上的无机氮是以硝酸盐的形态存在。这可能是长江三态无机氮输送和输出通量中硝酸盐占绝大部分(全为民等,2004)。

钱塘江径流含有丰富的营养盐类,其中硝酸盐和活性磷酸盐的含量比长江冲淡水还高,它是杭州湾口氮、磷的主要来源。长江冲淡水是一股具有富营养盐的混合水,流向具有明显的周期性,冬半年(11 月—翌年 4 月)贴岸南下,夏半年(5—10 月)折向济州岛方向(全为民,2004)。无机氮在南岸得到补充,因此无机氮的分布总体上呈现南岸高于北岸(图7.6)。

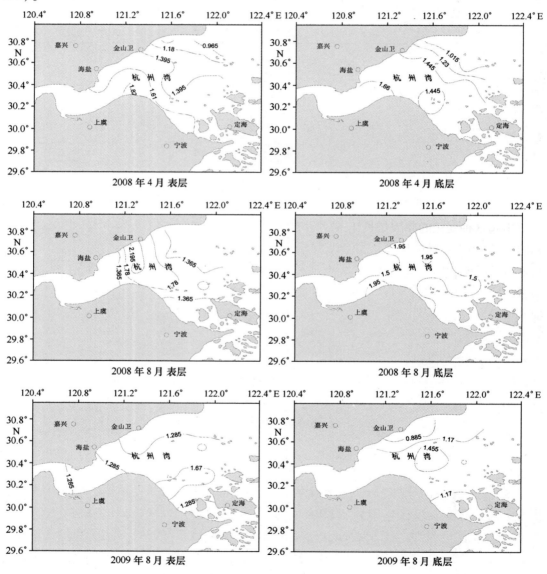

图 7.6　杭州湾无机氮分布(单位:mg/L)

7）活性磷酸盐

2008年4月杭州湾活性磷酸盐含量表层在0.017 1～0.040 2 mg/L之间,平均为0.029 5 mg/L,底层在0.017 4～0.039 3 mg/L之间,平均为0.028 5 mg/L,表、底层含量差别不大,最低值出现在S22站位,最高值出现在S34站位;2008年8月活性磷酸盐含量表层在0.010 2～0.060 7 mg/L之间,平均为0.031 1 mg/L,底层在0.005 8～0.054 5 mg/L之间,平均为0.026 7 mg/L,底层含量略低于表层含量,最低值出现在S34站位,最高值出现在S13站位;2009年8月活性磷酸盐含量表层在0.037 0～0.094 9 mg/L之间,平均为0.059 6 mg/L,底层在0.046 9～0.067 9 mg/L之间,平均为0.056 6 mg/L,底层含量略低于表层含量。

其平面分布(图7.7)为湾内、湾中含量高于湾口。影响活性磷酸盐分布的因素很多,而形成这种分布的主要因素是受沿岸陆源性输入的影响。当然这还受浮游植物生长繁殖及有机物氧化分解的影响(全为民等,2004),但杭州湾生物活性不是很大,这个影响就变得次要了。一般情况下,如胶州湾等海湾的无机营养盐季节变化的基本规律为:冬季较高,夏季较低,而杭州湾却不表现出这样的规律。原因可能为:胶州湾营养盐变化主要受浮游植物生长繁殖影响,而杭州湾水域主要受物理过程(长江冲淡水和外海高盐水入侵)的影响,无机营养盐具有良好的保守性(顾宏堪,1991;石晓勇等,2003)。

从以上的化学需氧量、无机氮和活性磷酸盐的分布图不难看出,其分布特点从高到低依次是湾内、湾中、湾口。

引起这种变化的原因是长江、钱塘江等江河的径流每年携带了大量的营养盐类进入杭州湾海域,由于特殊的地理位置,杭州湾海域成为较先接纳陆源污染物质的海域,因此,该海域水体污染物质的含量较高,氮、磷及化学需氧量含量严重超过海水水质标准,这种高氮含量的输入引起湾内营养盐结构的变化,形成了湾顶水体中氮、磷及化学需氧量含量高、湾口水体含量低的分布趋势。另外外海水的入侵及沿岸流的南下(王保栋,1998),使不同的水团在湾中部和口门段海域交汇,海域水体中的污染物质在湾中部及口门段的稀释、扩散以及生物、化学的降解过程加快,水体中的氮、磷含量通过海洋自身的净化作用而明显降低,因此,一定程度上改善了湾口段的水质(张健等,2002)。

8）重金属

重金属汞:2010年8月表层汞含量在0.006～0.036 μg/L之间,平均为0.021 μg/L,底层在0.013～0.036 μg/L之间,平均为0.025 μg/L。从平面分布上看(图7.8),汞含量总体上分布较均匀,且含量较低,表层分布为湾内略小于湾外,底层是北岸略高于南岸。

重金属砷:2010年8月表层砷含量在0.90～2.50 μg/L之间,平均为1.55 μg/L,底层在0.96～2.38 μg/L之间,平均为1.66 μg/L,表、底层的含量变化不大。从平面分布上看(图7.9),砷含量分布趋势不明显。

重金属铜:2010年8月表层铜含量在2.60～5.51 μg/L之间,平均为4.15 μg/L,底层在3.12～6.00 μg/L之间,平均为4.30 μg/L。从平面分布上看(图7.10),铜含量分布变化规律很明显,基本上呈现北岸略高于南岸。北岸密集分布的金山石化、奉新、星火等年排放

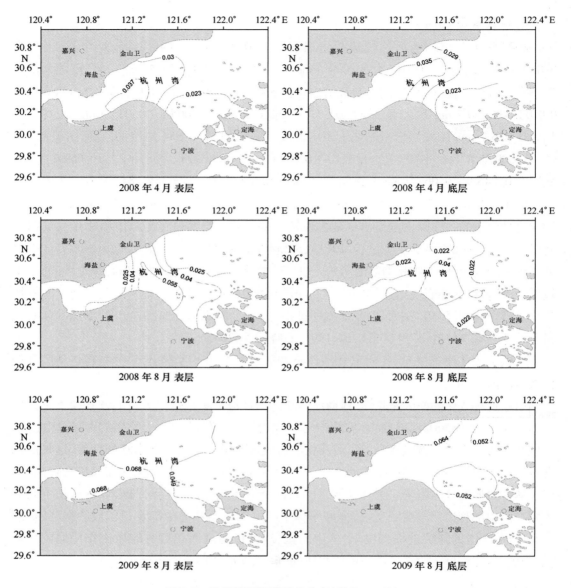

图7.7 杭州湾活性磷酸盐分布(单位:mg/L)

量达 10 000×10⁴ t 以上排污口所排放的工业废水,使湾内溶解态铜的含量明显升高(孙维萍等,2009)。

重金属铅:2010 年 8 月表层铅含量在 0.95~2.19 μg/L 之间,平均为 1.52 μg/L,底层在 0.92~2.28 μg/L 之间,平均为 1.48 μg/L。从平面分布上看(图7.11),表层铅含量南岸略高于北岸,在上虞沿岸形成高值区,底层是湾内略低于湾口,在湾口舟山群岛西北部形成高值区。海水中的溶解态铅主要来源于工业废水的排放和大气沉降等人为污染源(孙维萍等,2009)。杭州湾海域溶解态铅以陆源输入为主,主要受沿岸入海排污及长江、钱塘江、甬江等径流的影响。

128

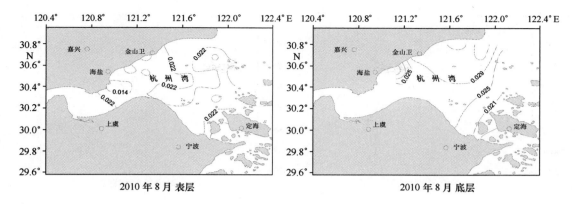

图 7.8 杭州湾重金属汞分布(单位:μg/L)

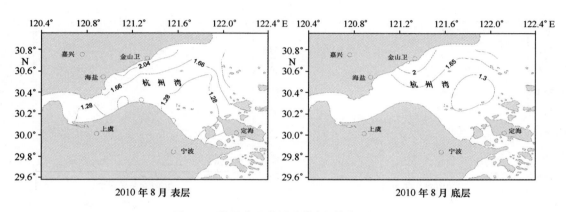

图 7.9 杭州湾重金属砷分布(单位:μg/L)

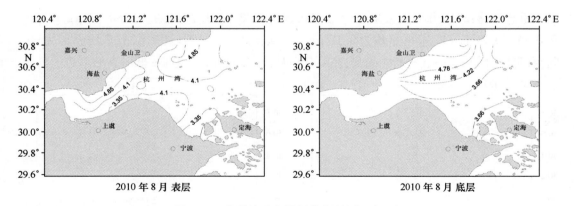

图 7.10 杭州湾重金属铜分布(单位:μg/L)

重金属镉:2010 年 8 月表层镉含量在 0.038~0.200 μg/L 之间,平均为 0.106 μg/L,底层在 0.053~0.176 μg/L 之间,平均为 0.118 μg/L。从平面分布上看(图 7.12),表层镉呈现北岸略低于南岸,底层呈现湾口高于湾内,尤其在舟山西北部,出现了高值区。尤其值得一提的是镉和铅表、底层分布颇为一致。

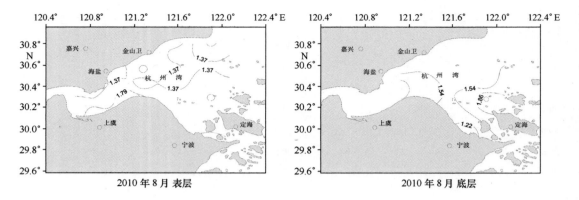

图7.11　杭州湾重金属铅分布(单位:μg/L)

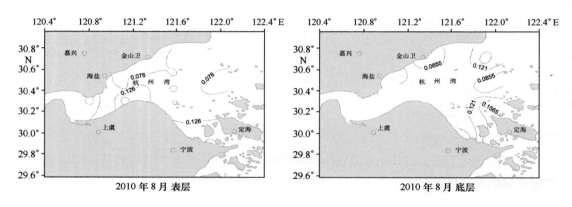

图7.12　杭州湾重金属镉分布(单位:μg/L)

重金属铬:2010 年 8 月表层铬含量在 0.06 ~ 0.33 μg/L 之间,平均为 0.17 μg/L,底层在 0.11 ~ 0.27 μg/L 之间,平均为 0.18 μg/L。从平面分布上看(图7.13),表层分布从湾内向湾口呈现低—高—低—高的趋势,底层分布从湾内向湾口呈现高—低—高的趋势。

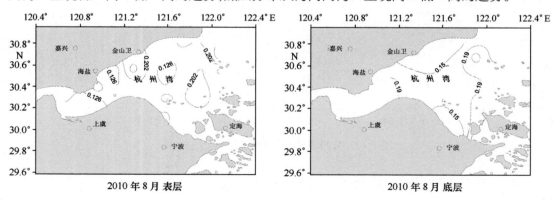

图7.13　杭州湾重金属铬分布(单位:μg/L)

重金属锌:2010 年 8 月表层锌含量在 22.70~30.66 μg/L 之间,平均为 26.46 μg/L,底层在 22.95~30.97 μg/L 之间,平均为 25.88 μg/L。从平面分布上看(图 7.14),锌的表、底层分布都为湾口东南部略低高于其他位置。

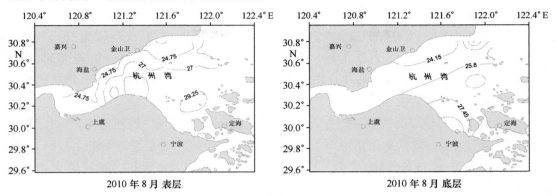

图 7.14　杭州湾重金属锌分布(单位:μg/L)

7.2.1.2　质量状况

监测指标分为有机污染指标、营养盐和重金属三大类进行分析评价。通过分析最终确定杭州湾主要的污染物为营养盐(氮、磷)、有机物(化学需氧量)和重金属(铜、铅和锌)。综合考虑杭州湾水质富营养化程度、化学需氧量的污染及其逐年增高的趋势,将氮、磷和化学需氧量纳入容量管理因子。

1)有机污染指标(COD)

化学需氧量在 2008 年 4 月航次调查中符合一类海水水质标准,2008 年 8 月和 2009 年 8 月超一类但符合二类海水水质标准。

对杭州湾海域丰水期的化学需氧量 2004—2009 年的监测数据分析:化学需氧量丰水期除 2005 年略有降低外,化学需氧量呈逐年升高的趋势,但总体相对较低,2004 年、2007 年和 2005 年全都达到一类海水水质标准,2006 年及 2009 年仅个别站位超出一类海水水质标准,而 2008 年超一类海水水质标准的站位增加且为近 6 年之最,2009 年有所下降,但仍有个别站位超一类海水水质标准。总体可言,6 年来化学需氧量略有上升。

因此,考虑杭州湾水质化学需氧量的污染程度及其逐年增高的趋势,将化学需氧量纳入容量管理因子。

2)营养盐(氮、磷)

(1)单因子评价

活性磷酸盐 3 个航次的调查中基本符合四类或者超四类海水水质标准,而无机氮 3 个航次的调查均超四类海水水质标准。

(2)富营养化状态评价

评价采用富营养化状态指数(E):$E = COD \times DIN \times DIP \times 10^6 / 4\,500$(当 $E \geqslant 1$ 即认为处

于富营养化状态)。

根据富营养化状态指数计算公式得出富营养化状态指数(E),2008 年 4 月,表层海水 E 值为 4.3~25.4,平均值为 12.9,底层 E 值为 4.3~21.8,平均值为 11.5;2008 年 8 月,表层海水 E 值为 5.4~52.0,平均值为 19.5,底层 E 值为 2.8~47.0,平均值为 17.7;2009 年 8 月表层海水 E 值为 8.4~63.4,平均值为 25.6,底层 E 值为 5.7~31.1,平均值为 16.0。通过比较发现在时间分布上为 8 月要高于 4 月,表层要高于底层。由富营养化状态指数来看,杭州湾海域已经处于严重的富营养化状态。2004—2009 年,富营养化指数有逐年增高的趋势(浙江省海洋与渔业局,2010)。

该海域富营养化状态指数平面分布基本呈现为湾内和湾中高、湾外低的变化趋势,为典型的富营养河口。富营养化是海洋中出现的生态异常现象,是引发赤潮的主要因素,其对海洋生态平衡、水产资源等危害很大,是杭州湾海域严重的生态问题。另一方面,由于杭州湾的生物活性较低,由低次级生态系统所提供的 DIN 和 DIP 等无机营养盐十分有限(章守宇等,2001),因此进一步说明造成杭州湾近岸海域富营养状态指数高的原因主要是由湾西侧的钱塘江径流和沿岸排污所致。

(3)氮磷比(N/P)评价

评价采用郭卫东等提出了潜在性富营养化的概念,并在此基础上提出了一种新的富营养化分级标准及相应的评价模式,具有较高的应用和参考价值。其营养级的划分原则如表 7.3 所示(郭卫东等,1998)。

表 7.3　营养级的划分标准

级别	营养级	DIN/(mg/L)	DIP/(mg/L)	N/P
I	贫营养	<0.2	0.03	8~30
II	中度营养	0.2~0.3	0.03~0.05	8~30
III	富营养	>0.3	0.045	8~30
IV$_p$	磷限制中度营养	0.2~0.3	/	>30
V$_p$	磷中等限制潜在性营养	>0.3	/	30~60
VI$_p$	磷限制潜在性营养	>0.3	/	>60
IV$_N$	氮限制中度营养	/	0.03~0.045	>8
V$_N$	氮中等限制潜在性营养	/	0.045	4~8
VI$_N$	氮限制潜在性营养	/	0.045	<4

在正常的海水中,水中氮磷比应为 16:1 以内,当海水中营养盐体系发生变化,再加上外界的一些原因,如气温升高等,就会影响海洋环境的生态平衡。

通过计算可知,2008 年 4 月表层水体氮磷比值为 32.6~95.5,平均值为 52.2;底层水体为 29.7~83.6,平均值为 49.6;2008 年 8 月表层水体氮磷比值为 20.4~128.8,平均值为 56.2,底层水体为 24.4~181.6,平均值为 70.5;2009 年 8 月表层水体氮磷比值为 12.8~42.1,平均值为 23.5,底层水体为 9.7~28.9,平均值为 21.1。通过比较水体中氮磷比,2008 年 4 月和 2008 年 6 月氮磷比都远超过浮游植物最适生长比 16:1,且 8 月氮磷比要高于 4

月,说明该海域氮磷含量极度不平衡,2009 年 8 月氮磷比超过 16∶1,总体小于 2008 年的氮磷比。根据营养级的划分标准,2008 年和 2009 年杭州湾海域无机氮含量相对过剩,处于磷中等限制及磷限制潜在性营养化状态。这表明杭州湾海域水质具有中营养盐比例不平衡致使浮游植物生长受制于某一相对不足营养盐的特性。

因此,考虑杭州湾水质富营养化程度、富营养化逐年增高的趋势以及磷中等限制及磷限制潜在性营养化状态,将氮、磷纳入容量管理因子。

3)重金属(铜、铅和锌)

根据单因子评价,2010 年 8 月重金属中的铜、铅和锌均超一类但符合二类海水水质标准。

重金属在环境中不会被降解,只会发生形态和价态变化,因而可在环境中长期存在。环境中重金属的存在形态会影响生物对重金属的吸收积累,不同形态的重金属,其毒性或生物有效性有很大差异,大部分生物都比较容易吸收积累离子态、络合态等溶解态的重金属,也有一部分可以通过食物链吸收颗粒态或其他形态的重金属(徐海生等,2006)。近年来环境污染问题在我国日益严重并受到关注,特别是重金属、石油烃和农药污染,在我国沿海地区尤为突出,海洋生物体内污染物的严重吸收和积累,很大影响了生物质量,因此需要继续对杭州湾海域重金属等指标进行监测,更好地了解海水水质现状和变化趋势。

7.2.2 生物体质量

海洋生物体内所富集的污染物的含量一定程度反映出所处环境的相应污染状况,其中双壳类软体动物等部分种类已成为海洋污染监测较理想的生物监测指示种(王益鸣等,2005)。因此 2008 年 8 月和 2009 年 8 月对杭州湾海域文蛤和缢蛏现状调查和分析,以了解生物质量现状。调查和分析内容包括石油烃、总汞、砷、镉、铅、六六六、滴滴涕、多氯联苯等项目(表 7.4)。2008 年杭州湾生物体的石油烃在 $9.2 \times 10^{-6} \sim 13.6 \times 10^{-6}$ 之间,总汞在 $0.008 \times 10^{-6} \sim 0.010 \times 10^{-6}$ 之间,砷在 $0.55 \times 10^{-6} \sim 0.88 \times 10^{-6}$ 之间,镉在 $0.068 \times 10^{-6} \sim 0.075 \times 10^{-6}$ 之间,铅在 $0.02 \times 10^{-6} \sim 0.04 \times 10^{-6}$ 之间,六六六、滴滴涕、多氯联苯均为未检出;2009 年杭州湾生物体的石油烃在 $2.0 \times 10^{-6} \sim 6.8 \times 10^{-6}$ 之间,总汞在 $0.009 \times 10^{-6} \sim 0.010 \times 10^{-6}$ 之间,砷在 $0.92 \times 10^{-6} \sim 0.94 \times 10^{-6}$ 之间,镉在 $0.063 \times 10^{-6} \sim 0.077 \times 10^{-6}$ 之间,铅在 $0.05 \times 10^{-6} \sim 0.06 \times 10^{-6}$ 之间,六六六在 $1.07 \times 10^{-6} \sim 2.96 \times 10^{-6}$ 之间,滴滴涕在 $0.44 \times 10^{-6} \sim 3.58 \times 10^{-6}$ 之间,多氯联苯在 $1.63 \times 10^{-6} \sim 11.28 \times 10^{-6}$ 之间。

表 7.4　杭州湾生物质量监测结果

监测时间	站位	名称	拉丁文名	石油烃 $/\times 10^{-6}$	总汞 $/\times 10^{-6}$	砷 $/\times 10^{-6}$	镉 $/\times 10^{-6}$	铅 $/\times 10^{-6}$	六六六 $/\times 10^{-9}$	滴滴涕 $/\times 10^{-9}$	多氯联苯 $/\times 10^{-9}$
2008 年 8 月	镇海	缢蛏	*Sinonovacula constricta*	12.7	0.010	0.88	0.080	0.04	ND	ND	ND
	乍浦	文蛤	*Meretrix meretrix surf clam*	11.6	0.009	0.69	0.069	0.03	ND	ND	ND
	十塘	缢蛏	*Sinonovacula constricta*	9.2	0.008	0.55	0.068	0.02	ND	ND	ND
	庵东	缢蛏	*Sinonovacula constricta*	12.9	0.009	0.70	0.070	0.05	ND	ND	ND
	上虞	缢蛏	*Sinonovacula constricta*	13.6	0.008	0.80	0.075	0.04	ND	ND	ND

监测 时间	站位	名称	拉丁文名	石油烃 /×10⁻⁶	总汞 /×10⁻⁶	砷 /×10⁻⁶	镉 /×10⁻⁶	铅 /×10⁻⁶	六六六 /×10⁻⁹	滴滴涕 /×10⁻⁹	多氯联苯 /×10⁻⁹
2009 年 8 月	上虞	缢蛏	*Sinonovacula constricta*	5.9	0.010	0.92	0.069	0.06	2.65	9.53	1.63
	临山	缢蛏	*Sinonovacula constricta*	6.4	0.010	0.90	0.077	0.06	2.96	3.58	3.96
	龙山	缢蛏	*Sinonovacula constricta*	2.0	0.010	0.94	0.070	0.06	2.04	0.44	11.28
	镇海	缢蛏	*Sinonovacula constricta*	6.8	0.009	0.93	0.063	0.05	1.07	1.57	2.46

备注:ND 表示未检出。

利用单因子法对杭州湾生物体进行评价可知,2008 年 8 月监测海域沿岸海洋生物体内的石油类、重金属总汞、镉、铅、砷、六六六、滴滴涕、多氯联苯等指标均符合《海洋生物质量》(GB 18421 -2001)一类标准,其中六六六、滴滴涕、多氯联苯均为未检出;2009 年 8 月根据监测结果,监测海域沿岸海洋生物体内的石油类、重金属总汞、镉、铅、砷、六六六、滴滴涕、多氯联苯等指标均符合一类标准。

软体动物生活在水的底层,吸收积累重金属的能力很强,它们体内的重金属含量与水环境中重金属浓度特别是沉积物中重金属浓度相关性较强,据此,我们可以应用它们作为水环境重金属污染的监测生物。目前应用在海洋方面的监测生物为牡蛎和贻贝(徐海生等,2006)。王晓丽等(2004)的研究成果表明,牡蛎体内的金属含量均能如实地反映水环境的污染状况和水域近期的污染过程,从而可以说牡蛎是比较理想的重金属汞、镉、铅污染的指示生物。

软体动物对重金属的富集与水中离子浓度有关,在平衡状态时生物体内重金属含量随外部水体浓度的增加而增加,并且富集量随暴露时间的延长而升高(陈海刚等,2008),所以杭州湾海域生物质量与所处的水质环境和生物体的成长阶段有关。2008 年和 2009 年监测的生物质量的重金属均符合一类标准,这可能与生物体的生长阶段有关,根据采样记录,所采集到的生物体相对较小。另外王静凤(2004)的研究表明重金属在海洋贝类生物体内的积累与环境的影响因素(如温度、盐度及溶解氧等的变化)。

从监测数据来看,2009 年 8 月的生物体中都有六六六、滴滴涕、多氯联苯的检出,这些被检出的指标基本都是持久性毒害污染物,这类污染物持久性和远距离迁移能力很强。有机氯农药(六六六、滴滴涕)是脂溶性的难降解人工化合物,由大气输送或河流、污水排放进入海洋,通过生活在海面表层的微生物的吸收和摄取,进入食物链,给海洋环境以及海洋生物造成长期的污染和危害(王益鸣,2005)。

7.3 海洋生物生态

受东海前进波和黄海旋转潮的影响,长江口高悬沙水体沿着杭州湾北岸进入南汇嘴至 -8 m 等深线间的杭州湾水域(刘新成,2006),造成杭州湾水体悬沙含量高、西部和北部分别受钱塘江和长江影响盐度较低、东南部盐度相对较高的水文特征(图 7.3;魏永杰,2012)。

受此影响,杭州湾海洋生物生态类型以半咸水性河口种类和近岸低盐种类为主(朱启琴,1988;刘子琳,1994;魏永杰等,2012)。

7.3.1 群落结构特征

1)叶绿素 a

杭州湾表层叶绿素 a 密度高于底层,平面分布上,4 月叶绿素 a 分布较为均匀,8 月杭州湾西部海域和南北两侧近岸海域含量较低,中部和湾口离岸较远海域含量较高。

2008 年 4 月杭州湾表层水体中叶绿素 a 含量在 0.1 ~ 1.9 μg/L 之间,平均值为 1.0 μg/L,底层在 0.2 ~ 1.1 μg/L 之间,平均值为 0.5 μg/L,表层含量高于底层,2008 年 8 月表层含量在 0.8 ~ 4.5 μg/L 之间,平均值为 1.9 μg/L,底层在 0.9 ~ 2.4 μg/L 之间,平均值为 1.2 μg/L,表层含量亦高于底层。2009 年 8 月叶绿素 a 浓度稍高于 2008 年 8 月,表层平均值为 2.7 μg/L,底层平均值为 1.6 μg/L。(图 7.15)

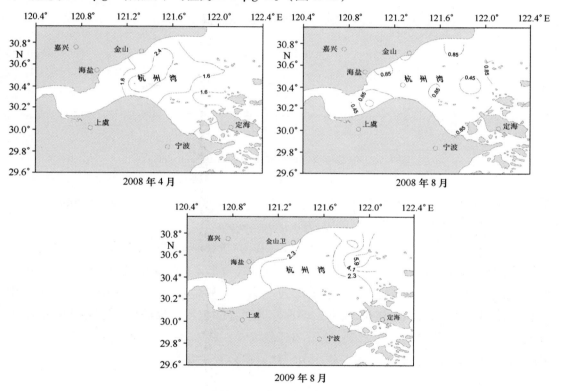

图 7.15 杭州湾叶绿素 a 分布(单位:μg/L)

2)浮游植物

杭州湾海域 2008 年 4 月、2008 年 8 月和 2009 年 8 月共采集到浮游植物 73 种。优势种包括中肋骨条藻、琼氏圆筛藻、中华盒形藻(*Biddulphia sinensis*)、虹彩圆筛藻(*Coscinodiscus oculus - iridis*)和洛氏菱形藻(*Nitzschia lorenziana*)。平均密度 4.53 ×10⁵ cells/m³,4 月高于 8 月(图 7.16)。

杭州湾浮游植物中,赤潮生物种类 26 种,其中,硅藻门赤潮种类 18 种,甲藻门赤潮种类

135

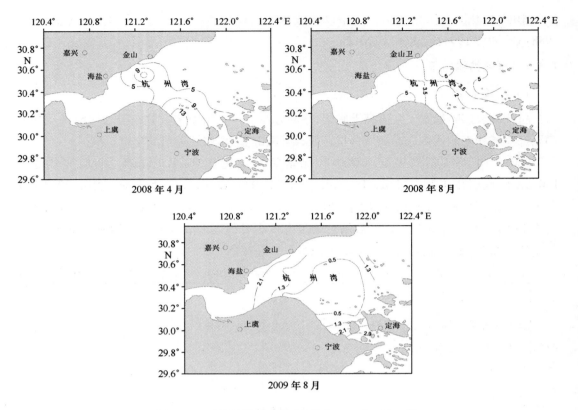

图 7.16　浮游植物密度分布(单位:×10⁵ cells/m³)

8 种。具麻痹性贝毒(PSP)的种类 1 种,为塔玛亚历山大藻(*Alexandrium tamarense*),具腹泻性贝毒(DSP)的种类 1 种,为具尾鳍藻(*Dinophysis caudata*)。

　　2008 年 4 月浮游植物优势种包括中肋骨条藻、中华盒形藻(*Biddulphia sinensis*)、琼氏圆筛藻、虹彩圆筛藻(*Coscinodiscus oculus – iridis*)和洛氏菱形藻(*Nitzschia lorenziana*)。2008 年 8 月浮游植物优势种包括中肋骨条藻、琼氏圆筛藻和异常角毛藻(*Chaetoceros abnormis*),中肋骨条藻优势度最大,高达 0.65 以上。2009 年 8 月浮游植物优势种包括琼氏圆筛藻、虹彩圆筛藻、中肋骨条藻和洛氏菱形藻,琼氏圆筛藻为第一优势种,优势度为 0.278(表 7.5)。优势种类中,中肋骨条藻、琼氏圆筛藻和中华盒形藻为赤潮种类。

表 7.5　优势种及其优势度

优势种	优势度		
	2008 年 4 月	2008 年 8 月	2009 年 8 月
中肋骨条藻	0.699	0.694	0.095
中华盒形藻	0.069		
琼氏圆筛藻	0.058	0.153	0.278
虹彩圆筛藻	0.030		0.138
洛氏菱形藻	0.022		0.057

中肋骨条藻:沿岸广温广布种,尤其在半咸水区域生长旺盛。2008年4月和2008年8月两航次的调查中均为第一优势种,于杭州湾中部密度最高,向湾顶和湾口密度降低[图7.17（a）,图7.18(a)]。

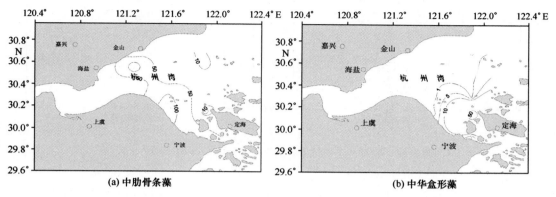

图7.17　2008年4月优势种密度分布(单位:×10⁴ cells/m³)

中华盒形藻:外海高盐种类。2008年4月航次第二优势种,杭州湾东南部,舟山群岛附近盐度较高的海域中华盒形藻密度较高,向西北方逐渐降低[图7.17(b)]。

琼氏圆筛藻:外海高盐种类。2008年8月航次第二优势种,2009年8月航次第一优势种。杭州湾湾口靠近外海部,其密度较高,从湾口向湾顶,琼氏圆筛藻密度迅速降低至10⁴ cells/m³,杭州湾大部分海域琼氏圆筛藻密度在10⁴ cells/m³以下[图7.18(b),图7.19(a)]。

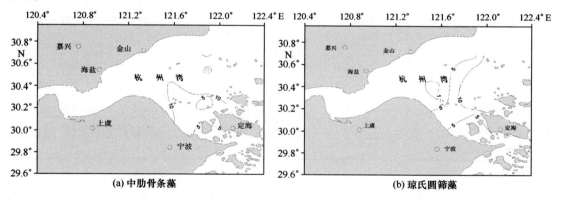

图7.18　2008年8月优势种密度分布(单位:×10⁴ cells/m³)

虹彩圆筛藻:河口低盐种类。2009年8月航次第二优势种,其高密度区域分布在杭州湾中部慈溪至乍浦中间海域和甬江口附近海域,其他区域虹彩圆筛藻密度较低,大多在10⁴ cells/m³以下[图7.19(b)]。

3）浮游动物

2008—2009年3个航次调查杭州湾浮游动物62种。优势种为克氏纺锤水蚤(*Acartia*

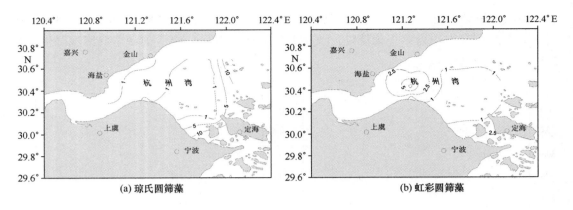

图7.19　2009年8月优势种密度分布（单位：×10⁴ cells/m³）

(a) 琼氏圆筛藻　　　　　　(b) 虹彩圆筛藻

chausi)、太平洋纺锤水蚤(*Acartia pacifica*)、真刺唇角水蚤(*Labidocera euchaeta*)、针刺拟哲水蚤(*Paracalanus aculeatus*)等。平均密度495.9 ind./m³，平均生物量58.44 mg/m³。

4月浮游动物21种，主要优势种为克氏纺锤水蚤、真刺唇角水蚤、华哲水蚤(*Sinocalanus sinensis*)、针刺拟哲水蚤、虫肢歪水蚤(*Tortanus vermiculus*)等(表7.6)。浮游动物平均密度386.9 ind./m³，平均生物量23.98 mg/m³(图7.20)。

表7.6　浮游动物优势种及其优势度

优势种	优势度		
	2008年4月	2008年8月	2009年8月
克氏纺锤水蚤	0.261	/	0.036
真刺唇角水蚤	0.166	0.03	0.034
虫肢歪水蚤	0.128	0.063	/
华哲水蚤	0.128	/	/
针刺拟哲水蚤	0.05	0.089	0.203
小拟哲水蚤	0.039	/	/
太平洋纺锤水蚤	/	0.501	0.438
贝氏拟线水母	/	0.026	/

8月浮游动物61种，主要优势种为太平洋纺锤水蚤、针刺拟哲水蚤、真刺哲角水蚤、虫肢歪水蚤、克氏纺锤水蚤等(表7.6)。浮游动物平均密度604.9 ind./m³，平均生物量92.90 mg/m³(图7.21，图7.22)。

4）底栖生物

长江泥沙在随径流向外扩散过程中，约有一半沉积在口门区和水下三角洲，南汇边滩及崇明东滩成为重要的沉积带，部分泥沙随冲淡水绕过南汇嘴，由东北向西南进入杭州湾，成为杭州湾的主要沉积物来源(刘阿成，2002)。

杭州湾表层沉积物类型以粉砂质为主(图7.23)。沉积物的粒度分布特征为：从湾内向湾

138

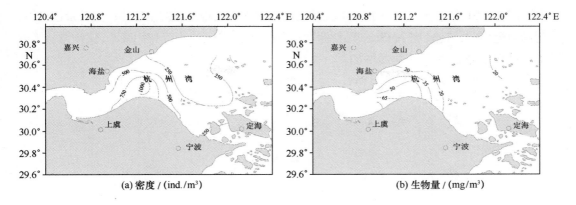

图 7.20　2008 年 4 月浮游动物密度和生物量分布

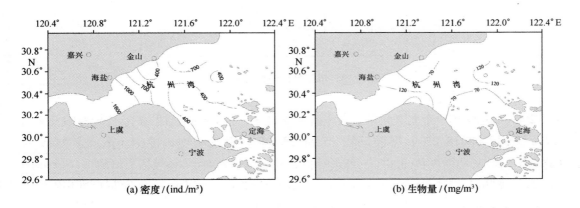

图 7.21　2008 年 8 月浮游动物密度和生物量分布

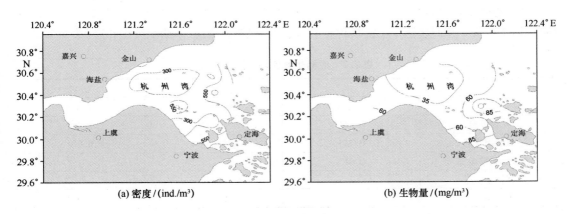

图 7.22　2009 年 8 月浮游动物密度和生物量分布

外由砂－粉砂－粉砂质黏土－黏土质粉砂变化,即湾口粗、其他水域相对较细,湾口以粉砂质黏土和黏土质粉砂为主,1～0.5 mm 粒径的沉积物的现频率最小,0.016～0.001 mm 的粒径的沉积物最多。沉积物的粒度分布受制于泥沙输入的形式和水动力对泥沙颗粒再分配的能力

（章守宇等，2001）。杭州湾沉积物中的细颗粒泥沙因落潮优势流而发生悬浮作用被带往湾口，同时越靠近口门，流速趋于降低，细颗粒泥沙落淤的几率增大，再悬浮作用减小，杭州湾从湾内到湾口砂含量降低，黏土等物质增加。

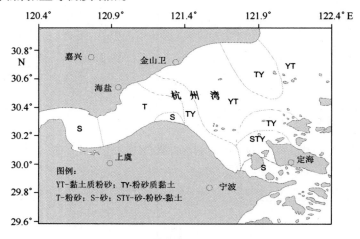

图7.23 沉积类型分布（2008 年）

2008—2009 年 3 个航次共采集到底栖生物 66 种，主要组成包括：多毛类 6 种（9.1%），软体动物 12 种（18.2%），节肢动物 22 种（33.3%），棘皮动物 3 种（4.6%），鱼类 19 种（28.8%），腔肠动物 2 种（3.0%），纽形动物 2 种（3.0%）。优势种包括不倒翁虫（*Sternaspis scutata*）、纵肋织纹螺（*Nassarius variciferus*）、圆筒原盒螺（*Eocylichna cylindrella*）、半褶织纹螺（*Nassarius semiplicatus*）和双鳃内卷齿蚕（*Aglaophamus dibranchis*）等。

4 月底栖生物平均密度 9.4 ind./m²，平均生物量 1.59 g/m²。4 月底栖生物优势种有不倒翁虫、纵肋织纹螺和双鳃内卷齿蚕等（表7.7）。8 月底栖生物平均密度 11.5 ind./m²，平均生物量 0.87 g/m²。8 月底栖生物优势种有不倒翁虫、圆筒原盒螺、半褶织纹螺和等（表7.7）。

表 7.7 底栖生物优势种及优势度

种类	优势度		
	2008 年 4 月	2008 年 8 月	2009 年 8 月
不倒翁虫	0.342	0.157	0.062
纵肋织纹螺	0.033		0.021
双鳃内卷齿蚕	0.013		
圆筒原盒螺		0.026	
半褶织纹螺		0.016	0.042

5）鱼类浮游生物

3 个航次共采集到鱼卵仔稚鱼种类 21 种，分属鲱形目、鲑形目、灯笼鱼目、鲻形目、马鲅目和鲈形目 6 目 18 属。优势种类为凤鲚（*Coilia mystus*）。4 月仔稚鱼平均密度 0.059 ind./m³，无鱼卵；8 月鱼卵平均密度 0.029 ind./m³，仔稚鱼平均密度为 1.075 ind./m³。

凤鲚是本海区仔稚鱼优势种,8 月凤鲚在鱼类浮游生物样品中出现频率为 88.6%。每年 5—6 月开始,凤鲚进入杭州湾海域大量繁殖,因此每年 8 月份的调查中,凤鲚鱼卵和仔稚鱼占据主要优势。2008 年和 2009 年 8 月,凤鲚仔稚鱼水平分布,湾中部和底部密度明显高于湾口部,尤其以杭州湾大桥南部至王盘山之间海域分布密度最高(图 7.24)。

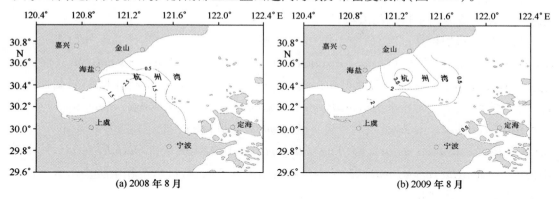

(a) 2008 年 8 月　　　　　　　　　　　(b) 2009 年 8 月

图 7.24　杭州湾凤鲚仔稚鱼密度分布(单位:ind. /m³)

6)潮间带生物

杭州湾潮间带以泥相和泥沙相滩涂为主,兼具大量人工围填类岸线和少量岩石相潮间带类型。2008—2009 年 3 个航次对 6 条潮间带生物的调查,杭州湾潮间带生物 79 种。其中,大型藻类 1 种,多毛类 12 种,软体动物 35 种,节肢动物 21 种,鱼类 7 种、纽形动物 2 种,腔肠动物 1 种。岩石相潮间带为滨螺带 – 牡蛎带 – 大型海藻带群落类型,大型生物平均密度 146.7 ind. /m²,平均生物量生物量 535.21 g/m²。泥相、泥沙相潮间带为多毛类 – 蟹类 – 贝类群落类型,大型生物平均密度 457 ind. /m²,平均生物量生物量 96.87 g/m²。人工围填类岸线潮间带仅见少量蟹类,大型生物平均密度 5.56 ind. /m²,平均生物量生物量 4.51 g/m²。

杭州湾周边经济活跃,各类建设项目层出不穷,潮间带生物生存环境也不断被压缩。杭州湾北岸码头、桥梁和化工等各种建设项目不停蚕食着潮间带生物的生存空间。在杭州湾南岸,位于杭州湾跨海大桥南端的慈溪,围填海工程不断向外推进,岸滩面积不断缩小,潮间带不断变窄。而在镇海和北仑沿海,工厂和码头林立,上虞岸边也是排污口密布,自然岸滩已经十分稀少。本文调查数据显示,人工岸线潮间带生物遭受严重破坏,生物多样性显著低于其他类型岸线。

7.3.2　生态类型

杭州湾是典型的河口型海湾,水生生态系统为典型的河口生态系统,生物种类以河口低盐型种类和沿岸近岸性种类为主,兼具外海型种类和淡水种。

淡水种:螺旋藻(*Spirulina princeps*)、格孔单突盘星藻(*Pediastrum simplex var. clathratum*)、十二单突盘星藻(*Pediastrum simplex var. duodenarium*)、孔缝栅列藻(*Scenedesmus perforatus*)。螺旋藻、格孔单突盘星藻、十二单突盘星藻和孔缝栅列藻主要分布在长江口附近、

钱塘江口和甬江口附近等处盐度较低的海域。

半咸水河口性种:广泛分布于杭州湾海域。杭州湾分布种类有:中肋骨条藻、异常角毛藻、太平洋纺锤水蚤、火腿许水蚤(*Schmackeria poplesia*)、华哲水蚤、凤鲚等。该类型种类中中肋骨条藻、太平洋纺锤水蚤和凤鲚等为该海域主要优势种类。半咸水指标种异常角毛藻也于丰水期广泛分布于杭州湾海域。

沿岸和近岸型种类:广泛分布于杭州湾。杭州湾分布种类有:卡氏角毛藻(*Chaetoceros castracanei*)、旋链角毛藻(*Chaetoceros curvisetus*)、双突角毛藻(*Chaetoceros didymus*)、洛氏角毛藻(*Chaetoceros lorenzianus*)和相似曲舟藻(*Pleurosigma affine*)、真刺唇角水蚤、针刺拟哲水蚤、虫肢歪水蚤、左突唇角水蚤(*Labidocera sinilobata*)、双生水母(*Diphyes chamissonis*)、针刺真浮萤(*Euconchoecia aculeata*)、鸟喙尖头蚤(*Fenlilia avirostris*)、细长涟虫(*Leueon* sp.)、中华假磷虾(*Pseudeuphausia sinica*)、鳀(*Engraulis japonicus*)、棘头梅童(*Collichthy lucidus*)、康氏小公鱼(*Anchoviella commersonii*)等,其中真刺唇角水蚤、针刺拟哲水蚤和虫肢歪水蚤为杭州湾丰水期的主要优势种类。

外海型种类:外海型种类适应较高盐度的水环境,在杭州湾主要分布于杭州湾中部以外舟山群岛附近海域。主要代表种类有百陶箭虫(*Sagitta bedoti*)、美丽箭虫(*Sagitta pulchra*)、精致真刺水蚤(*Euchaeta concinna*)、微刺哲水蚤(*Canthocalanus pauper*)、性轭小型水母(*Nanomia bijuga*)、七星底灯鱼(*Benthosema pteromum*),分布于受外海水影响较大、盐度较高的湾口处。

7.4 小结

7.4.1 海水水质

1)海水水质分布现状

化学需氧量、无机氮和活性磷酸盐的分布特点从高到低为湾内、湾中、湾口。引起这种变化的原因是长江、钱塘江等江河的径流每年携带了大量的营养盐类进入杭州湾海域,这种高氮含量的输入引起湾内营养盐结构的变化,形成了湾顶水体中氮、磷及化学需氧量含量高、湾口水体含量低的分布趋势。另外外海水的入侵及沿岸流的南下,使不同的水团在湾中部和口门段海域交汇,海域水体中的污染物质在湾中部及口门段的稀释、扩散以及生物、化学的降解过程加快,水体中的氮、磷含量通过海洋自身的净化作用而明显降低,因此,一定程度上改善了湾口段的水质;重金属的分布规律不是很明显,但是各个指标的总体变化不是很大。

2)海水水质超标情况

化学需氧量2008年4月符合一类海水水质标准,2008年8月和2009年8月符合二类海水水质标准;3个航次的无机氮均超出四类海水水质标准;活性磷酸盐2008年4月均符合四类海水水质标准,2008年8月和2009年8月均超四类海水水质标准;2010年8月重金

142

属汞、砷、镉、铬均符合一类海水水质标准,铜、铅和锌均符合二类海水水质标准。杭州湾主要污染物是营养盐(氮、磷)、有机物(化学需氧量)和重金属(铜、铅和锌)。

3)容量因子选择

考虑杭州湾水质富营养化程度和逐年增高的趋势,以及磷中等限制及磷限制潜在性营养化状态,将氮、磷纳入容量管理因子;考虑杭州湾水质化学需氧量的污染程度和逐年增高的趋势,将化学需氧量纳入容量管理因子。

7.4.2 生物体质量

根据2008年8月和2009年8月的监测结果,杭州湾沿岸海洋生物体内的石油类、重金属总汞、镉、铅、砷、六六六、滴滴涕、多氯联苯等指标均符合《海洋生物质量》(GB18421 - 2001)一类标准,其中2008年六六六、滴滴涕和多氯联苯均为未检出,2009年则有检出。

7.4.3 海洋生物生态

1)叶绿素 a

杭州湾叶绿素 a 表层高于底层。平面分布上,4 月叶绿素 a 分布较为均匀,8 月杭州湾西部海域和南北两侧近岸海域含量较低,中部和湾口离岸较远海域含量较高。

2)浮游植物

浮游植物73 种,包括赤潮生物种类26 种。优势种包括中肋骨条藻、琼氏圆筛藻、中华盒形藻、虹彩圆筛藻和洛氏菱形藻。平均密度 4.53×10^5 cells/m^3,4 月高于 8 月。

3)浮游动物

浮游动物62 种,优势种为克氏纺锤水蚤、太平洋纺锤水蚤、真刺唇角水蚤、针刺拟哲水蚤等。平均密度 495.9 ind./m^3,平均生物量 58.44 mg/m^3。

4)底栖的沉积环境

杭州湾底栖的沉积物环境底部以粉砂质为主,从湾内向湾外由砂 – 粉砂 – 粉砂质黏土 – 黏土质粉砂变化,湾口以粉砂质黏土和黏土质粉砂为主。2008 年 8 月和 2009 年 8 月的有机碳和硫化物均符合一类海洋沉积物质量。

5)底栖生物

3 个航次共采集到底栖生物 66 种,优势种包括不倒翁虫、纵肋织纹螺、圆筒原盒螺、半褶织纹螺和双鳃内卷齿蚕等。

6)鱼卵仔稚鱼

3 个航次共采集到鱼卵仔稚鱼种类 21 种。生态类型包括:半咸水型、沿岸型、近岸型和外海型 4 大类。4 月仔稚鱼平均密度 0.059 ind./m^3,无鱼卵;8 月鱼卵平均密度 0.029 ind./m^3,仔稚鱼平均密度为 1.075 ind./m^3。杭州湾大桥南部至王盘山之间两片海域鱼卵、仔稚鱼分布密度最高。凤鲚为优势种类。

7)潮间带生物

3 个航次共采集到潮间带生物 79 种。其中,大型藻类 1 种,多毛类 12 种,软体动物 35 种,节肢动物21种,鱼类7种、纽形动物2种,腔肠动物1种。岩石相潮间带为滨螺带—牡蛎带—大型海藻带群落类型,大型生物平均密度146.7 ind./m²,平均生物量生物量535.21 g/m²。泥相、泥砂相潮间带为多毛类－蟹类－贝类群落类型,大型生物平均密度457 ind./m²,平均生物量生物量96.87 g/m²。人工围填类岸线潮间带仅见少量蟹类,大型生物平均密度5.56 ind./m²,平均生物量生物量4.51 g/m²。

参考文献

曹沛奎,谷国传,董永发,等.1985. 杭州湾泥沙运移的基本特征[J]. 华东师范大学学报(自然科学版),(3),75－83.

陈海刚,林钦,蔡文贵,等.2008. 3种常见海洋贝类对重金属Hg、Pb和Cd的积累与释放特征比较[J]. 农业环境科学学报,27(3):1163－1167.

范明生,王海明,蔡如星,等.1996. 杭州湾潮间带生态学研究Ⅰ. 种类组成与分布[J]. 东海海洋,14(4):1－11.

高学鲁,宋金明,李学刚,等.2008. 长江口及杭州湾邻近海域夏季表层海水中的溶解无机碳[J]. 海洋科学,32(4):61－62.

谷河泉,陈庆强.2008. 中国近海持久性毒害污染物研究进展[J]. 生态学报,28(12):6243－6248.

顾宏堪.1991. 渤黄东海海洋化学[M]. 北京:科学出版社.

郭卫东,章小名,杨逸萍,等.1998. 中国近岸海域潜在性富营养化程度的评价[J]. 海洋通报,17(1):64－69.

韩海骞,牛有象,熊绍隆,等.2009. 金塘大桥桥墩附近的海床冲刷[J]. 海洋学研究,27(1):101－106.

黄荣敏,陈立,谢葆玲,等.2006. 建桥对河流洲边滩的影响[J]. 水利水运工程学报,(2):51－55.

蒋玫,沈新强.2004. 杭州湾及邻近水域叶绿素a与氮磷盐的关系[J]. 海洋渔业,26(1):36－39.

蒋玫,沈新强.2006. 长江口及邻近水域夏季鱼卵仔鱼数量分布特征[J]. 海洋科学,30(6):92－97.

刘阿成.2002. 杭州湾口北部的表层沉积物粒度分布和动力沉积作用研究[J]. 海洋通报,21(1):49－56.

刘新成,卢永金,潘丽红,等.2006. 长江口和杭州湾潮流数值模拟及水体交换的定量研究[J]. 水动力学研究与进展,21(2):171－180.

庞启秀,李孟国,麦苗.2008. 桥墩对周围海域水动力环境影响研究[J]. 中国港湾建设,155(3):32－35.

全为民,沈新强.2004. 长江口及邻近水域渔业环境质量的现状及变化趋势的研究[J]. 海洋科学,26(2):93－98.

任丽燕,吴次芳,邱文泽,等.2008. 环杭州湾城市规划及产业发展对湿地保护的影响[J]. 地理学报,63(10):1055－1063.

茹荣忠.2002. 杭州湾海域水体悬沙粒度统计分析[J]. 东海海洋,20(4),13－18.

石晓勇,王修林,韩秀荣,等.2003. 长江口邻近海域营养盐分布特征及其控制过程的初步研究[J]. 应用生态学报,14(7):1086－1092.

宋立松,王新,向卫华,等.2007. 杭州湾滩涂资源遥感动态监测分析[J]. 浙江水利科技,(1):11－17.

孙维萍,潘建明,吕海燕,等.2009. 2006年夏冬季长江口、杭州湾及邻近海域表层海水溶解态重金属的平面分布特征[J]. 海洋学研究,27(1):37－40.

王保栋.1998. 长江冲淡水的扩展及其营养盐的输运[J]. 黄渤海海洋,16(2):41－47.

王繁,周斌.2009. 杭州湾混浊水体表面光谱测量及光谱特征分析[J]. 光谱学与光谱分析,23(3):

730 – 733.

王静凤.2004.重金属在海产贝类体内的累积及其影响因素的研究[D].青岛:中国海洋大学.

王晓丽,孙耀,张少娜,等.2004.牡蛎对重金属生物富集动力学特性研究[J].生态学报,24(5):1086 – 1090.

王益鸣,王晓华,胡颢琰,等.2005.浙江沿岸海产品中有机氯农药的残留水平[J].东海海洋,23(1):54 – 64.

魏永杰,王晓波,张海波,等.2012.2004—2010年夏季杭州湾鱼类浮游生物种类组成与数量分布[J].台湾海峡,31(4):501 – 508.

徐海生,赵元凤,吕景才,等.2006.水环境中重金属的生物积累研究及应用[J].四川环境,25(3):101 – 103.

徐兆礼,沈新强,袁骐,等.2003.杭州湾洋山岛周围海域浮游动物分布特征[J].水产学报,27(增刊1):69 – 75.

杨志荣,刘勇,任丽燕,等.2008.基于遥感影像的杭州湾湿地开发保护分区研究[J].农机化研究,(11):26 – 30.

张健,施青松,邹翱宇,等.2002.杭州湾丰水期主要污染因子的分布变化及成因[J].东海海洋,20(4):35 – 40.

章守宇,邵君渡.2001.杭州湾富营养化及浮游植物多样性问题的探讨[J].水产学报,25(6):512 – 517.

浙江省海洋与渔业局,宁波市海洋环境监测中心.2011.2010年杭州湾生态监控区专项监测报告[R].

朱启琴.1982.杭州湾环境污染对浮游动物影响的初步研究[J].海洋渔业,(5):211 – 204.

朱启琴.1988.长江口、杭州湾浮游动物生态调查报告[J].水产学报,12(2):111 – 123.

第8章　潮流特征及水体交换能力研究

了解杭州湾水动力特征是对杭州湾进行科学研究的基础。本章将建立一个包含钱塘江河口、长江口及舟山群岛海域在内的数学模型，对杭州湾潮流场进行模拟研究，并分析其余流、纳潮量及水体交换能力等环境水力特征，为估算杭州湾环境容量提供技术基础。

8.1　潮流场数值模拟

8.1.1　数值模型简介

根据研究区域情况和对现有资料的分析，采用 Delft 3D 软件建立一个包括杭州湾、长江口的三维水动力模型。Delft 3D 是荷兰 Delft 水力研究所开发的软件，是目前国际上先进的水流、泥沙、水质模型之一，具有计算二维和三维水流、水质、生态、泥沙等诸多功能。模型计算稳定性强，在河口海岸区域的适应性好，模型网格绘制，水深等海洋参数插值等问题解决快捷，模型模块之间的联系性强，计算后处理各种图表的功能比较齐全。

8.1.1.1　模型控制方程

模型采用不可压缩流体、浅水、Boussinnesq 假定下的 Navier – Stokes 方程，方程中垂向动量方程中的垂向加速度相对水平方向上的分量是一小量，可忽略不计，因此，垂向上采用的是静水压力方程。考虑到计算区域温度变化梯度较小，可以近似地认为对流场的影响可忽略。

1）连续方程

$$\frac{\partial \zeta}{\partial t} + \frac{1}{\sqrt{G_{\zeta\zeta}}\sqrt{G_{\eta\eta}}}\frac{\partial\left[(d+\zeta)u\sqrt{G_{\eta\eta}}\right]}{\partial\xi} + \frac{1}{\sqrt{G_{\xi\xi}}\sqrt{G_{\eta\eta}}}\frac{\partial\left[(d+\zeta)v\sqrt{G_{\xi\xi}}\right]}{\partial\eta} = Q \qquad (8.1)$$

式中，Q 表示单位面积由于排水、引水、蒸发或降雨等引起的水量变化。

$$Q = H\int_{-1}^{0}(q_{in} - q_{out})\mathrm{d}\sigma + P - E \qquad (8.2)$$

式中，q_{in} 和 q_{out} 表示单位体积内源和汇；u、v 表示 ξ、η 方向上的速度分量；ζ 表示水位；d 表示水深。

2）水平方向动量方程

$$\frac{\partial u}{\partial t} + \frac{u}{\sqrt{G_{\xi\xi}}}\frac{\partial u}{\partial\xi} + \frac{v}{\sqrt{G_{\eta\eta}}}\frac{\partial u}{\partial\eta} + \frac{\omega}{d+\zeta}\frac{\partial u}{\partial\sigma} + \frac{uv}{\sqrt{G_{\xi\xi}}\sqrt{G_{\eta\eta}}}\frac{\partial\sqrt{G_{\xi\xi}}}{2\eta} - \frac{v^2}{\sqrt{G_{\xi\xi}}\sqrt{G_{\eta\eta}}}\frac{\partial\sqrt{G_{\eta\eta}}}{\partial\xi} - fv =$$

$$-\frac{1}{\rho_0\sqrt{G_{\xi\xi}}}P_\xi + F_\xi + \frac{1}{(d-\zeta)^2}\frac{\partial}{\partial\sigma}\left(V_v\frac{\partial u}{\partial\sigma}\right) + M_\xi \qquad (8.3)$$

$$\frac{\partial v}{\partial t} + \frac{v}{\sqrt{G_{\xi\xi}}} \frac{\partial v}{\partial \xi} \frac{v}{\sqrt{G_{\eta\eta}}} + \frac{\partial v}{\partial \eta} + \frac{\omega}{d+\zeta} \frac{\partial v}{\partial \sigma} + \frac{uv}{\sqrt{G_{\xi\xi}}\sqrt{G_{\eta\eta}}} \frac{\partial \sqrt{G_{\xi\xi}}}{\partial \eta} - \frac{u^2}{\sqrt{G_{\xi\xi}}\sqrt{G_{\eta\eta}}} \frac{\partial \sqrt{G_{\eta\eta}}}{\partial \eta} + fu =$$

$$-\frac{1}{\rho_0 \sqrt{G_{\xi\xi}}} P_\eta + F_\eta + \frac{1}{(d+\zeta)^2} \frac{\partial}{\partial \sigma}\left(V_v \frac{\partial v}{\partial \sigma}\right) + M_\eta \tag{8.4}$$

式中,u、v、ω 分别表示在正交曲线坐标系下 ξ、η、σ 三个方向上的速度分量,其中 ω 是定义在运动的 σ 平面的竖向速度,在 σ 坐标系中由以下的连续方程求得:

$$\frac{\partial \zeta}{\partial t} + \frac{1}{\sqrt{G_{\xi\xi}}\sqrt{G_{\eta\eta}}} \frac{\partial\left[(d+\zeta)u\sqrt{G_{\eta\eta}}\right]}{\partial \xi} + \frac{1}{\sqrt{G_{\xi\xi}}\sqrt{G_{\eta\eta}}} \frac{(d+\zeta)v\sqrt{G_{\xi\xi}}}{\partial \eta} + \frac{\partial \omega}{\partial \sigma} = H(q_{in} - q_{out})$$

$$\tag{8.5}$$

式中,ω 是同 σ 的变化相联系的,实际在笛卡尔坐标系下的垂向速度 w 并不包含于模型方程之中,其与 ω 的关系式表示如下:

$$w = \omega + \frac{1}{\sqrt{G_{\xi\xi}}\sqrt{G_{\eta\eta}}}\left[u\sqrt{G_{\eta\eta}}\left(\sigma\frac{\partial H}{\partial \xi} + \frac{\partial \zeta}{\partial \xi}\right) + v\sqrt{G_{\xi\xi}}\left(\sigma\frac{\partial H}{\partial \eta} + \frac{\partial \zeta}{\partial \eta}\right)\right] + \left(\sigma\frac{\partial H}{\partial t} + \frac{\partial \zeta}{\partial t}\right) \tag{8.6}$$

式中,F_ξ、F_η 为 ξ、η 方向的紊动动量通量;M_ξ、M_η 为 ξ、η 方向的动量源或汇,包括建筑物引起的外力、波浪切应力,排引水产生的外力;ρ_0 为水体密度;V_v 为竖向涡动系数;f 是科氏力参数,取决于地理纬度和地球自转的角速度 Ω,f 可用下式表示:

$$f = 2\Omega\sin\phi \tag{8.7}$$

式中,ϕ 为北纬纬度。

P_ξ 和 P_η 为 (ξ,η,σ) 坐标系中 ξ、η 方向的静水压力梯度。

$$\frac{1}{\rho_0 \sqrt{G_{\xi\xi}}} P_\xi = \frac{g}{\sqrt{G_{\xi\xi}}} \frac{\partial \zeta}{\partial \xi} + \frac{1}{\rho_0 \sqrt{G_{\xi\xi}}} \frac{\partial P_{atm}}{\partial \xi} \tag{8.8}$$

$$\frac{1}{\rho_0 \sqrt{G_{\eta\eta}}} P_\eta = \frac{g}{\sqrt{G_{\eta\eta}}} \frac{\partial \zeta}{\partial \eta} + \frac{1}{\rho_0 \sqrt{G_{\eta\eta}}} \frac{\partial P_{atm}}{\partial \eta} \tag{8.9}$$

P_{atm} 包括浮体建筑物引起的压力在内的自由面压力,本计算中不作考虑。

正交曲线变换:$\xi = \xi(x,y)$,$\eta = \eta(x,y)$,$\sigma = \dfrac{z-\zeta}{d+\zeta}$,在自由水面处 $\sigma = 0$,在水底处 $\sigma = -1$;

定义部分变量:$\sqrt{G_{\xi\xi}} = \sqrt{x_\xi^2 + y_\xi^2}$,$\sqrt{G_{\eta\eta}} = \sqrt{x_\eta^2 + y_\eta^2}$,$\sqrt{G_{\xi\xi}}$ 和 $\sqrt{G_{\eta\eta}}$ 表示从曲线坐标系到直角坐标系的转换系数。

8.1.1.2 定解条件

1)初始条件

$$\begin{cases} \zeta(\xi,\eta,t)\,|_{t=0} = 0 \\ u(\xi,\eta,t)\,|_{t=0} = v(\xi,\eta,t)\,|_{t=0} = 0 \end{cases} \tag{8.10}$$

2)边界条件

(1)开边界

考虑到模型的范围较大,模型允许将边界分段处理,每段给定端点上的边界过程,中间点采用线性插值的方法计算。

本模型的开边界分成五段,根据相关资料分析 $K_1 + O_1 + P_1 + Q_1 + M_2 + S_2 + K_2 + N_2 + M_4 + MS_4 + M_6$ 分潮调和常数,进而以预报的潮位过程给定各开边界条件。

（2）闭边界

考虑到研究区域范围较大,网格尺度亦较大,在闭边界处采用自由滑移边界条件,与闭边界垂直方向流速为零: $\dfrac{\partial \vec{v}}{\partial n} = 0$。

（3）运动边界

$$\begin{cases} \omega \big|_{\sigma = 0} = 0 \\ \omega \big|_{\sigma = -1} = 0 \end{cases} \tag{8.11}$$

（4）底边界

$$\frac{V_v}{H} \frac{\partial u}{\partial \sigma}\bigg|_{\sigma = -1} = \frac{\tau_{b\xi}}{\rho_0} \tag{8.12}$$

$$\frac{V_v}{H} \frac{\partial v}{\partial \sigma}\bigg|_{\sigma = -1} = \frac{\tau_{b\eta}}{\rho_0} \tag{8.13}$$

式中, $\tau_{b\xi}$、$\tau_{b\eta}$ 为底部切应力在 ξ、η 方向上的分量,底部应力的计算如下:

对垂线平均情况下的由紊流引起的底部切应力:

$$\tau_b = \frac{\rho_0 g}{C_{2D}^2} |\underline{U}|^2 \tag{8.14}$$

对于三维流动:

$$\tau_b = \frac{\rho_0 g}{C_{3D}^2} |\underline{u}_b|^2 \tag{8.15}$$

式中, $|\underline{U}|$ 为垂线平均流速的大小; $|\underline{u}_b|$ 表示近底第一层上水平速度的大小,竖向速度可忽略。C_{2D} 为谢才系数,用曼宁公式计算:

$$C_{2D} = \frac{\sqrt[6]{H}}{n} \tag{8.16}$$

式中, H 为总水深, $H = d + \xi$, n 为曼宁系数。

$$C_{3D} = C_{2D} + 2.5\sqrt{g} \ln\left(\frac{15\Delta z_b}{k_s}\right) \tag{8.17}$$

式中, g 为重力加速度; Δz_b 为底层厚度; k_s 为 Nikuradse 粗糙高度。

（5）自由表面边界条件

计算式为:

$$|\underline{\tau}_s) = \rho_a C_d (U_{10}) U_{10}^2 \tag{8.18}$$

式中, ρ_a 为大气密度; U_{10} 为自由表面以上 10 m 高处的风速; C_d 为风拖曳系数。风拖曳系数的大小取决于风速,随风速的增加而响应的海面粗糙度,可用以下经验关系来确定其大小:

$$C_d(U_{10}) = \begin{cases} C_d^A & U_{10} \leqslant U_{10}^A \\ C_d^A + (C_d^A - C_d^B)\dfrac{U_{10}^A - U_{10}}{U_{10}^B - U_{10}^A} & U_{10}^B \leqslant U_{10} \leqslant U_{10}^B \\ C_d^A & U_{10}^A \leqslant U_{10} \end{cases} \tag{8.19}$$

式中，C_b^A、C_d^B 为用户给定的在风速为 U_{10}^A、U_{10}^B 时的拖曳系数，U_{10}^A 和 U_{10}^B 为用户给定的风速。

8.1.1.3 计算方法和差分格式

模型采用的是基于有限差分的数值方法，利用正交曲线网格对空间进行离散，对原偏微分方程组的求解就转化为求解在正交曲线网格上的离散点上的变量值。模型中水位、流速、水深等变量在正交曲线网格上的分布与在一般采用有限差分的网格上的分布不同（图8.1）。

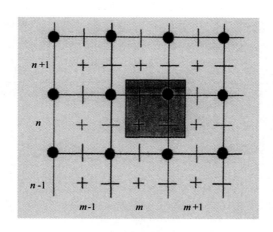

图 8.1　变量在网格上的分布

注：图中黑色实线代表网格线；+ 表示水位、浓度、盐度和温度；

—表示 X 方向的水平流速分量；┃表示 Y 方向的水平流速分量；

● 表示水深点；阴影区域代表此区域内所有的点具有相同的坐标

模型采用 ADI 算法（Alternating Direction Implicit Method），将一个时间步长进行剖分，分成两步，每一步为 1/2 个时间步长，前半个步长对 X 进行隐式处理，后半步则对 Y 方向进行隐式处理。ADI 算法的矢量形式如下：

前半步：

$$\frac{\overline{U}^{i+1/2} - \overline{U}^i}{\Delta t/2} + \frac{1}{2}A_x\overline{U}^{i+1/2} + \frac{1}{2}A_y\overline{U}^i = 0 \tag{8.20}$$

后半步：

$$\frac{\overline{U}^{i+1} - \overline{U}^{i+1/2}}{\Delta t/2} + \frac{1}{2}A_x\overline{U}^{i+1/2} + \frac{1}{2}A_y\overline{U}^{i+1} = 0 \tag{8.21}$$

$$A_x = \begin{bmatrix} u\dfrac{\partial}{\partial x} & -f & g\dfrac{\partial}{\partial x} \\[2mm] 0 & u\dfrac{\partial}{\partial x} & 0 \\[2mm] h\dfrac{\partial}{\partial x} & 0 & u\dfrac{\partial}{\partial x} \end{bmatrix} A_y = \begin{bmatrix} v\dfrac{\partial}{\partial y} & 0 & 0 \\[2mm] f & v\dfrac{\partial}{\partial y} & g\dfrac{\partial}{\partial y} \\[2mm] 0 & h\dfrac{\partial}{\partial y} & v\dfrac{\partial}{\partial y} \end{bmatrix} \tag{8.22}$$

模型稳定条件用库朗数表示为:

$$CFL = 2\Delta t\ \sqrt{gh}\ \sqrt{\dfrac{1}{\Delta x^2}+\dfrac{1}{\Delta y^2}} < 0 \tag{8.23}$$

8.1.2 模拟流程

8.1.2.1 研究区域的确定

根据研究的主要内容,本次数值模拟计算区域较大,包括长江口、杭州湾及其邻近海域,长江口上界至徐六泾,杭州湾上界取到钱塘江的仓前,三个外海开边界为东边界到123°12′E,北边界到32°16′N,南边界到29°16′N(图8.2)。

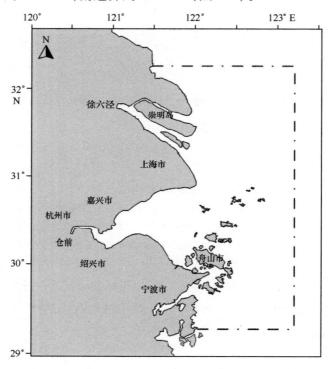

图8.2 计算区域示意图

8.1.2.2 模型网格和模型地形概化

根据界定的计算区域,采用三维水动力模型,对区域采用正交曲线网格进行离散。模型区域南北长约330 km,东西长约270 km,网格数358×458,杭州湾内网格最小约200 m,

150

在湾外海域,网格最大约1 500 m,在垂直方向上分为6层,采用不均匀分层,各层厚度分别为总水深的10%,20%,20%,20%,20%,10%,计算时间步长取60 s(图8.3和图8.4)。

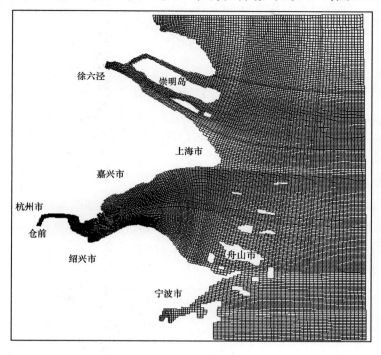

图8.3　计算全域网格

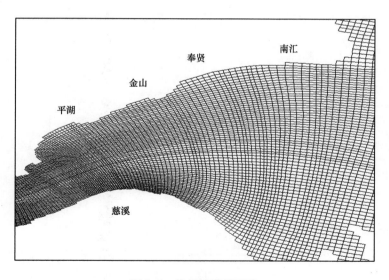

图8.4　杭州湾海域网格

模型地形资料大部分取自各种历史海图,通过矢量化的方法从历史海图得到计算区域水深数据的采样点,与实测水深数据结合插值获得网格点上的水深数据。插值大体上分成两种方法,在原始水深较多,密度较大的地方,采用平均的方法;而在原始数据相对网格尺度而言较少的区域则采用三角插值。

8.1.2.3 模型定解条件

模型的初始条件、闭边界条件、开边界条件的给定如8.1.1.2所述,在此不再重复说明。

8.1.2.4 计算方法

如前所述,模型主要采用的是 ADI 法,它是一种隐、显交替求解的有限差分格式。其要点是把时间步长分成两段,在前半个步长时段,沿 ζ 方向联立 ζ,u 变量隐式求解,再对 v 显式求解,后半个步长,则将求解顺序对调过来,这样随着 Δt 的增加,即可把各个时间的 ζ,u,v 依次求解出来。

8.1.2.5 模型验证

为了研究整个杭州湾的水环境容量,在湾内布设潮位和潮流的验证点,根据现有的潮汐资料,选择典型大潮和小潮作为潮流模型的验证潮型。验证计算采用有同步实测资料(2009 年 6 月 20 日—7 月 10 日)的乍浦潮位站作为潮位验证点,以同期实测潮流的 C1、C3、C4、C5 站作为潮流验证点(图8.5)。

图8.5 水动力模型验证点

1)潮位验证

潮位的验证采用2009 年 6 月 20 日—7 月 10 日乍浦潮位站的潮位实测资料,潮位过程的计算结果与实测结果的对比表明,计算的潮位过程与实测结果基本吻合,整个过程的相对误差可以控制在10%以内。从大、小潮的验证结果来看,计算结果可以基本反映杭州湾的潮波变化过程(图8.6)。

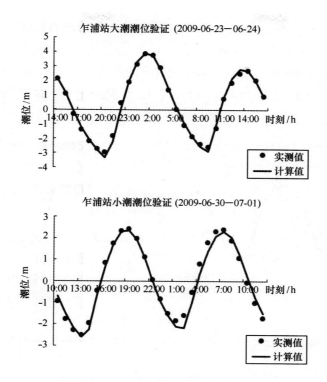

图 8.6 乍浦站潮位验证结果

2）潮流验证

水动力模型的潮流验证分别选取与潮位实测过程同期的大潮期（2009 年 6 月 23 日—6 月 24 日）和小潮期（2009 年 6 月 30 日—7 月 1 日）的实测数据，对杭州湾潮流进行分层验证（图 8.7 ~ 图 8.14）。

验证结果显示，各个验证点的计算流速、流向过程与实测的过程总体吻合良好，流速峰值和转流时刻两者也比较接近，误差基本可以控制在 15% 以内。因此，从整个水动力模型对于区域潮流的模拟情况来看，可以认为模拟的流场基本能反映这两个时期计算区域水动力的情况，其计算结果可以进一步作为杭州湾水交换以及水环境容量的研究基础。

8.1.3 模拟结果

从 2009 年 6—7 月的大、小潮期计算区域全域以及杭州湾附近局域的涨、落潮急流流矢的分布（图 8.15 ~ 图 8.22）来看，杭州湾流场具有如下特点。

（1）杭州湾潮流场受外海传入的潮波分布的影响，其强度大小与外海潮波的振幅、地形、底质及岛屿、岸线的分布及走向有关。在杭州湾内潮流基本上为往复流性质，潮流流向大体呈东西走向，即涨潮向西，落潮向东；区域逐渐向外时，潮流的往复流性质不再十分明显，潮流逐渐具有了旋转流的特点。

（2）涨潮时，东海潮波由大区域东南边界沿西北方向传播，分成五股进入杭州湾：第一股沿舟山本岛南侧的螺头水道，进入金塘水道和册子水道，而后向杭州湾传播；第二股从舟

153

山本岛以北,自黄大洋经灌门、龟山航门水道,由灰鳖洋向杭州湾传播;第三股从岱山岛与衢山岛之间的水道,经岱衢洋向杭州湾传播;第四股从衢山岛与嵊泗列岛之间的水道,经黄泽洋向杭州湾传播;第五股则从嵊泗列岛以北向杭州湾传播。入湾潮波流向基本与岸线平行,大约在王盘山至浒滩之间水域汇聚得到加强后,受杭州湾喇叭状地形约束,被迫转向西南向湾顶传播,潮流速度由东向西递增。

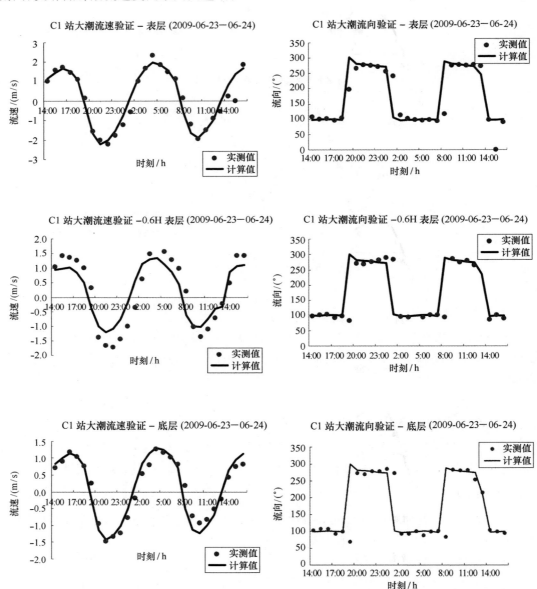

图 8.7　C1 站潮流测站大潮期(2009 年 6 月 23 日—6 月 24 日)流速、流向验证结果

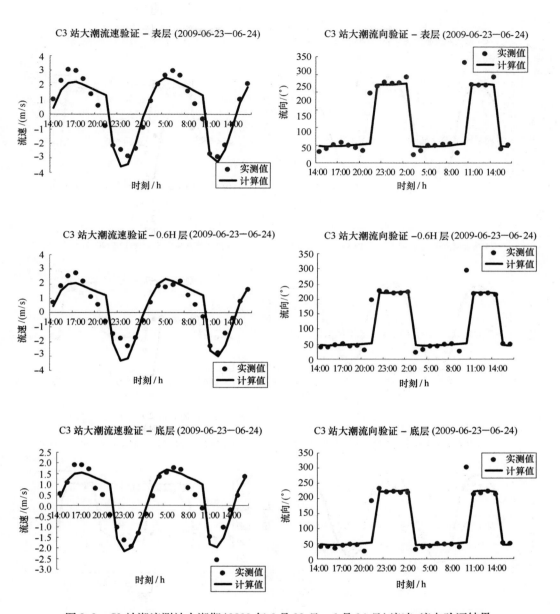

图 8.8　C3 站潮流测站大潮期(2009 年 6 月 23 日—6 月 24 日)流速、流向验证结果

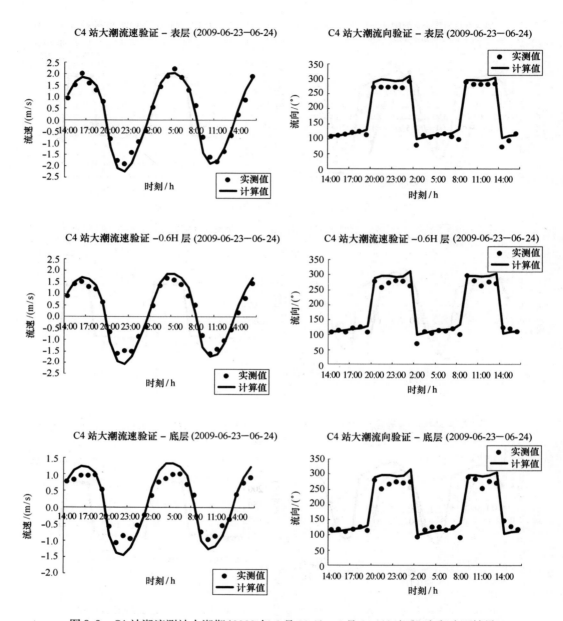

图 8.9　C4 站潮流测站大潮期(2009 年 6 月 23 日—6 月 24 日)流速、流向验证结果

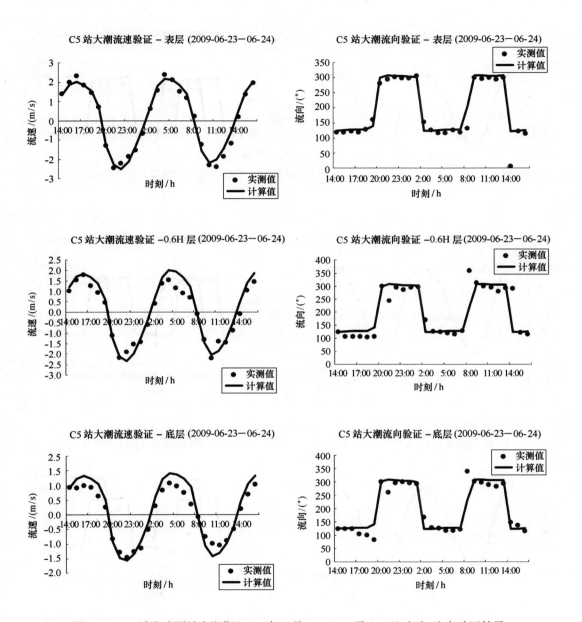

图 8.10 C5 站潮流测站大潮期(2009 年 6 月 23 日—6 月 24 日)流速、流向验证结果

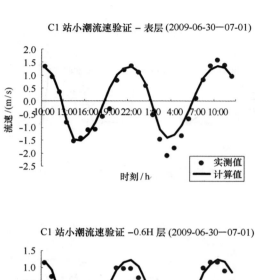

C1 站小潮流速验证 – 表层 (2009-06-30—07-01)

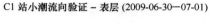
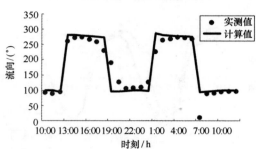

C1 站小潮流向验证 – 表层 (2009-06-30—07-01)

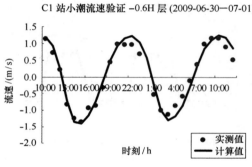

C1 站小潮流速验证 –0.6H 层 (2009-06-30—07-01)

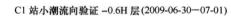
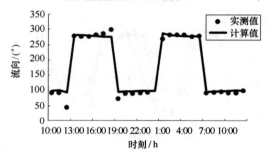

C1 站小潮流向验证 –0.6H 层 (2009-06-30—07-01)

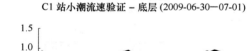

C1 站小潮流速验证 – 底层 (2009-06-30—07-01)

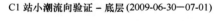
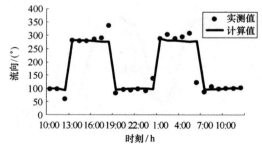
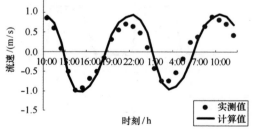

C1 站小潮流向验证 – 底层 (2009-06-30—07-01)

图 8.11　C1 站潮流测站小潮期(2009 年 6 月 30 日—7 月 1 日)流速、流向验证结果

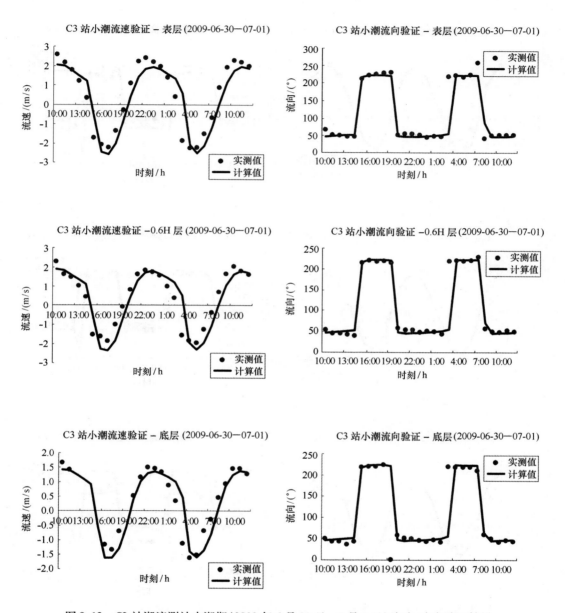

图 8.12　C3 站潮流测站小潮期(2009 年 6 月 30 日—7 月 1 日)流速、流向验证结果

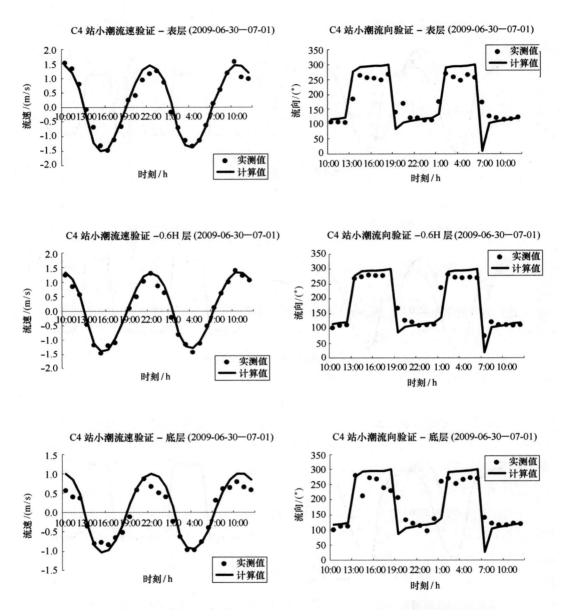

图 8.13 C4 站潮流测站小潮期(2009 年 6 月 30 日—7 月 1 日)流速、流向验证结果

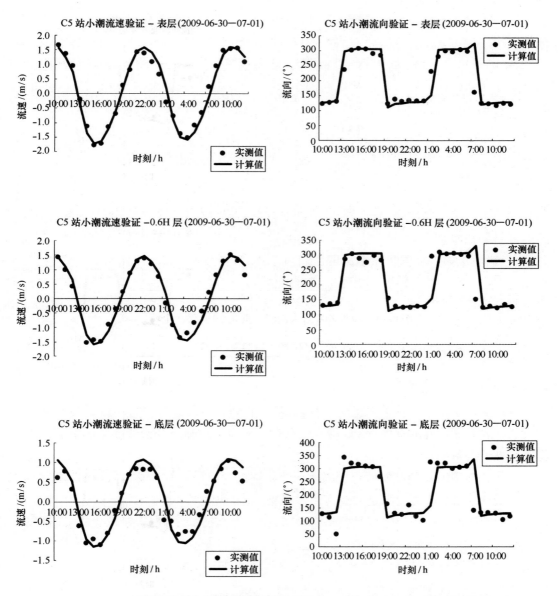

图 8.14　C5 站潮流测站小潮期(2009 年 6 月 30 日—7 月 1 日)流速、流向验证结果

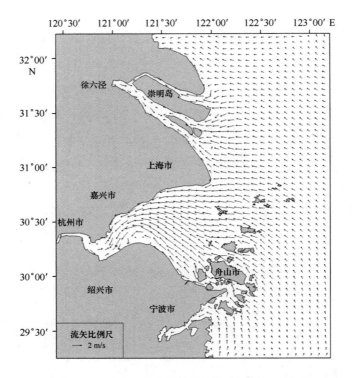

图 8.15　2009 年 6 月大潮涨急垂线平均流矢（全域）

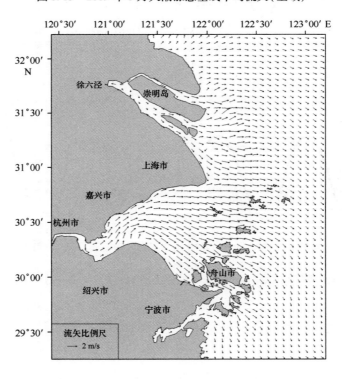

图 8.16　2009 年 6 月大潮落急垂线平均流矢（全域）

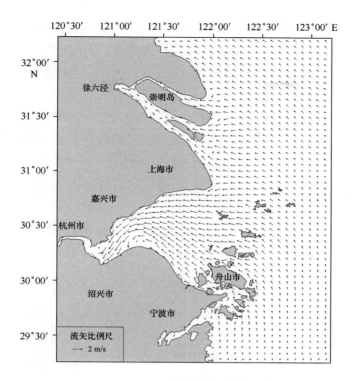

图 8.17　2009 年 6 月小潮涨急垂线平均流矢（全域）

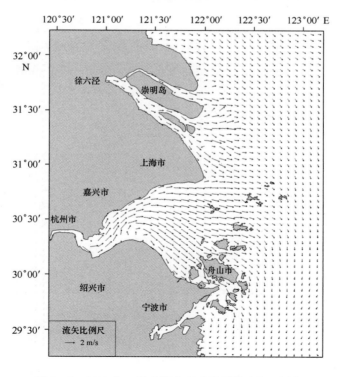

图 8.18　2009 年 7 月小潮落急垂线平均流矢（全域）

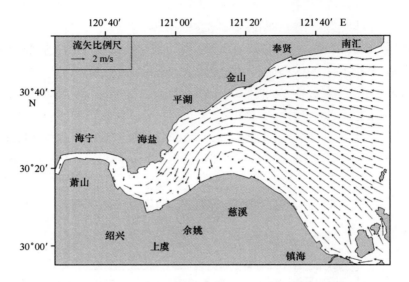

图 8.19　2009 年 6 月大潮涨急垂线平均流矢（局域）

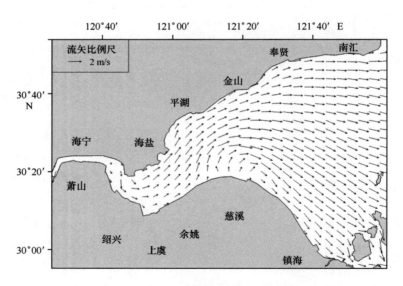

图 8.20　2009 年 6 月大潮落急垂线平均流矢（局域）

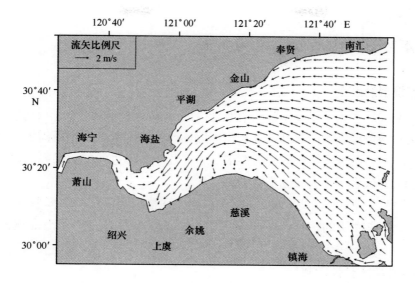

图 8.21　2009 年 6 月小潮涨急垂线平均流矢(局域)

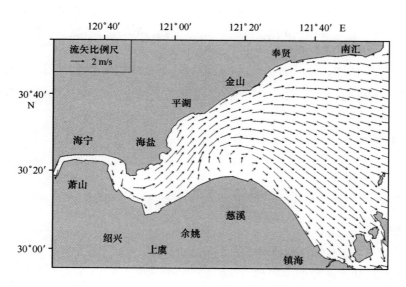

图 8.22　2009 年 7 月小潮落急垂线平均流矢(局域)

（3）落潮时,流向基本与涨潮流向相反,主流为东南向。来自上游由西向东的落潮流,在靠近西边界处以东北方向退潮为主,随着点的向西移动,落潮流方向由东北转为东再转为东南,大部分由舟山群岛之间的水道流出,小部分沿杭州湾北岸深槽向东北流向湾口,最后受到长江口落潮流裹挟流向东南。

8.2 水体交换能力数值计算与分析

8.2.1 数值模型的建立

1996 年,Luff 等引入了半交换时间的概念(Half – life – time),类似于放射性同位素的半衰期,定义为某海域保守物质浓度通过对流扩散稀释为初始浓度一半所需的时间。该定义基于这样一个事实,海域内某物质的最终浓度为零几乎是不可能的。稀释的快慢代表了水质变化的速率,即代表了该海域的交换能力。

本研究在此半交换时间概念的基础上,利用保守物质的输移扩散模型,计算杭州湾海域内每个格点保守物质的扩散输移以及稀释的快慢,从而研究杭州湾海域的水体交换能力。

8.2.1.1 模型对流扩散方程

在上述水动力模型的基础上建立区域保守物质浓度输运的水交换模型,其控制方程如下:

$$\frac{\partial C}{\partial t} = \frac{\partial}{\partial x}\left(D_x \frac{\partial C}{\partial x} + v_x C \right) + \frac{\partial}{\partial y}\left(D_y \frac{\partial C}{\partial y} + v_y C \right) \tag{8.24}$$

其中:C 为保守物质浓度, mg/L;t 为模拟时间,s;D_x、D_y 分别是 x、y 方向的扩散系数,$D_x = D_y = 5.93 u_* h = 5.93 \sqrt{g} |u| H/C$;$v_x$、$v_y$ 分别是通过以上水动力模型计算得到的 x、y 方向的流速分量。

8.2.1.2 定解条件

1)边界条件

闭边界条件:闭边界是流量为零的边界,且输移为零:$\frac{\partial C}{\partial n} = 0$

开边界条件:$C(x_0, y_0, t) = 0$ 流入

$\qquad\qquad\qquad C(x_0, y_0, t) = $ 计算值   流出

水流条件自动从水流模型中得到。

2)初始条件

根据纳潮量计算时对杭州湾范围划定的分析,在研究杭州湾水体交换时,杭州湾的范围西界同样向内推进至海宁—萧山湾口扩大处。根据外海水质好于杭州湾水质的事实,以湾顶海宁—萧山一线为分界,湾口芦潮港—甬江口一线为分界,在湾内选为 1 单位的浓度分布,湾外和边界均选为 0(图 8.23)。

3)其他条件

网格分布与水动力模型相同,时间步长为 60 s。

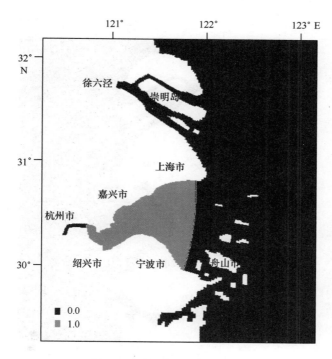

図 8.23　模型初始条件示意

8.2.2　计算结果与分析

8.2.2.1　保守物质分布

根据上述保守物质模型,采用计算时期大、中、小完整的连续潮汐过程作为计算潮型,计算得到了保守物质在计算水域中的扩散输移以及稀释过程(图 8.24 ~ 图 8.29)。3 个月里每半个月的保守物质分布情况。需要指出的是,每个格点上的保守物质的浓度值代表的不仅是其本身的浓度高低,同时也是此时当地水体交换程度的重要指标。

半个月后(图 8.24),湾内各区域的水交换程度差别较大。奉贤至慈溪一线向东一直至湾口,保守物质浓度大致沿岸线走向呈梯度降低,说明该区域水体越接近湾口交换程度越高,湾口处水体交换率超过 80%,至奉贤至慈溪一线水域基本未能得到交换。海盐至慈溪一线向上游一直至湾顶,保守物质浓度同样大致沿岸线走向呈梯度降低,说明该区域水体越接近湾顶交换程度越高,湾顶处水体交换率超过 90%,至海盐至慈溪一线水域基本未能得到交换。湾中奉贤至慈溪一线及海盐至慈溪一线之间的水域基本未能得到交换,保守物质浓度为初始的 1 个单位。

一个月后(图 8.25),湾中 15 d 前未得到交换的水域除奉贤至金山沿岸水域外,其余水域都得到一定程度的交换,浓度值降到 0.7 ~ 0.9 个单位,表明水体交换率达到 10% ~ 30%。海盐至慈溪一线上游水域浓度梯度明显降低,0.7 个单位浓度等值线推至 15 d 前 0.9 个单位等值线位置,0.5 个单位浓度等值线推至 15 d 前 0.7 个单位等值线位置,区域相应水体交换率由 10% ~ 30% 增加到 30% ~ 50%。湾口浓度等值线向湾内推移,等值线方向

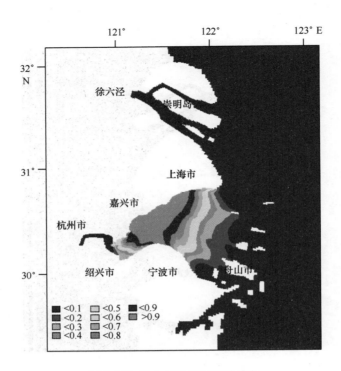

图 8.24　半个月后保守物质分布

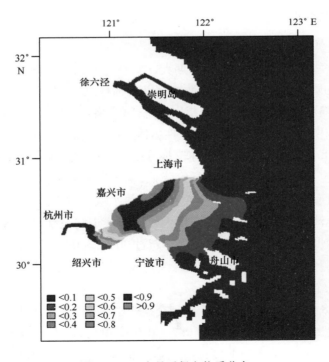

图 8.25　一个月后保守物质分布

168

由南北走向变化为大致东北至西南走向,水域水体交换程度增大。

一个半月后(图8.26),湾内水体的交换率全体达到20%。湾顶及湾口的浓度等值线继续向湾内推移,并且浓度梯度明显降低。从图上看,湾中水域浓度值下降明显,除平湖至南汇沿岸水域外,其余水域的水体交换率都超过30%。湾内浓度分布呈现北部大于南部的特点,即水体交换程度南部水域快于北部水域。

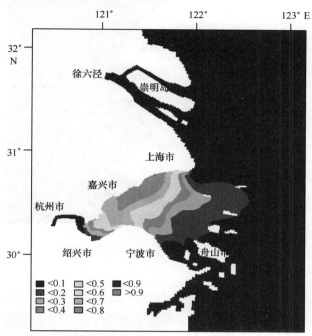

图8.26　一个半月后保守物质分布

两个月后(图8.27),湾内水体的交换率全体达到30%,两个半月后(图8.28),湾内水体的交换率全体达到40%。全湾浓度变化主要集中南汇至慈溪一线及海盐至慈溪一线之间的水域。从图上看,两个半月后,0.5个单位及0.6个单位浓度等值线分别移至一个月前0.7个单位及0.8个单位浓度等值线的位置,相应区域的水体交换率增加20%左右。

经过三个月的水体交换(图8.29),此时湾内水体的交换率全体达到50%,南汇至慈溪一线向东一直至湾口水域以及海盐至慈溪一线向上游一直至湾顶的水域水体交换程度最快,交换率超过70%,湾中其余水域水体交换率在50%~70%之间。

8.2.2.2　水体交换时间

通过以上保守物质浓度计算的结果,进一步统计湾内水体交换率达到50%的时间,称为水体半交换时间。

杭州湾水体半交换时间的分布在湾内各区域的差别较大,总体上呈现湾顶水域以及湾口水域半交换时间短,湾中水域半交换时间长以及湾内北部半交换时间大于南部半交换时间的特点(图8.30)。水体半交换时间的变化大致以奉贤至慈溪一线为界,该界向东一直到

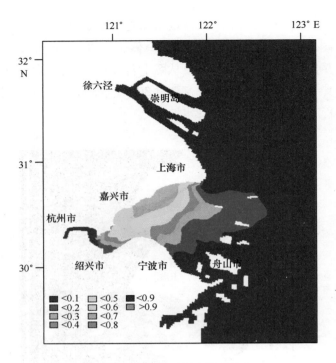

图 8.27　两个月后保守物质分布

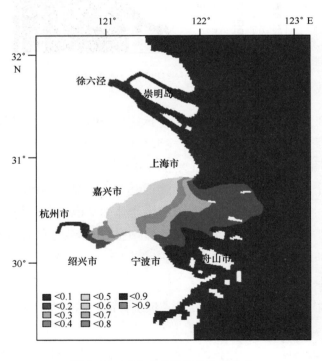

图 8.28　两个半月后保守物质分布

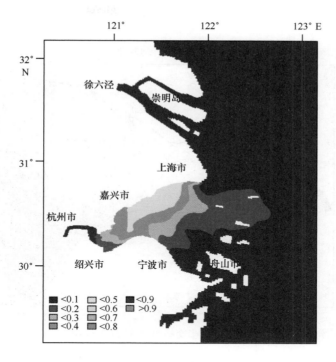

图 8.29　三个月后保守物质分布

湾口,水体交换率达到 50% 所需的时间大致沿岸线走向逐渐减少;该界向西一直到湾顶,水
体交换率达到 50% 所需的时间同样大致沿岸线走向逐渐减少。其中,海盐至慈溪一线上游
水域以及南汇至慈溪一线下游水域基本在 50 d 以内就可达到 50% 的水体交换率,湾内其他
水域的水体交换相对较慢,但全湾的水体半交换时间最长不超过 90 d。

8.3.1　余流场

正确地反映河口、海湾或近岸水域中污染物的输运规律及其浓度分布,取决于对区域
流体动力学过程的正确认识,而在河口、海湾等浅海水域,最强烈、占主导地位的水体运动
是伴随着天文潮的周期性潮流。当对流过空间任一选定点的流速资料进行低通滤波,或简
单地作一潮周期的时间平均,所得到的潮周期平均速度称为欧拉平均速度,或称之为欧拉
余流。研究余流场能更好地估量区域物质的长期输运,并为水域间海水的交换提供有用的
参考信息,因此有必要对杭州湾进行余流场分析。在杭州湾潮流场经验证后,进一步作欧
拉余流场的计算。根据欧拉流场的概念,可获得空间固定点上的依次时间计算序列,对这
一流速序列作潮周期平均后,就得到欧拉余流场(图 8.31 和图 8.32),杭州湾余流有如下
特征。

(1)湾内最大余流速度约为 50 cm/s,出现在地形复杂曲折的湾顶附近,湾内其他区域
的余流速大约在 10~30 cm/s。

(2)杭州湾湾内余流走向主要是东北偏东向,大体与北岸走向接近,显示了钱塘江径流
入海的途径;湾外宽阔海域,除南汇嘴附近出现向西南或西流动外,其他区域余流向以东南

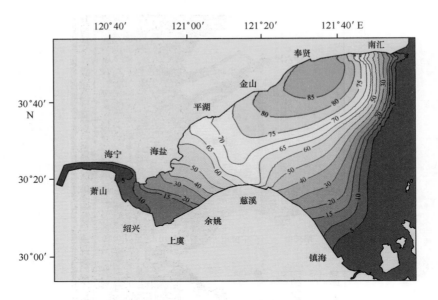

图 8.30　水体半交换时间分布(单位:d)

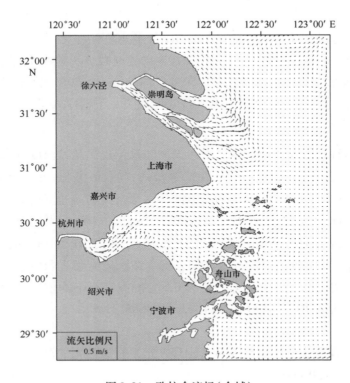

图 8.31　欧拉余流场(全域)

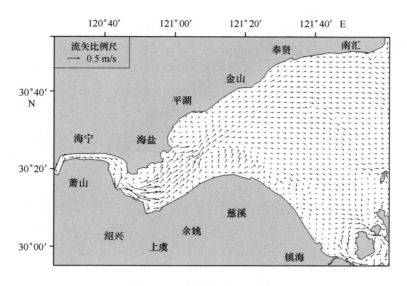

图 8.32　欧拉余流场(局域)

方向为主,南汇嘴附近余流显示了长江冲淡水入湾流动和扩散的方向。

(3)在岛屿较多的区域及靠近湾内岸线附近水域,受地形影响,流向较复杂,贴近北岸水域有几个强度不等的涡旋,在南岸浅滩附近有一个较强的逆时针回流,湾口南部贴近南岸有几个顺时针涡旋。

从本次余流场的分析结果来看,模拟余流的方向、量级大小与前人研究结果较一致,从这点上也说明本模型的余流场模拟,可以作为下一步计算区域物质长期输运及水体交换的参考依据。

8.3.2　纳潮量

纳潮量是一个海湾可以接纳的潮水的体积,它是海湾环境评价的重要指标,也是反映湾内外海水交换的一个重要参数。纳潮量的大小对海洋环境、海湾水体的交换以及航道水深的维持等都具有十分重要的意义。杭州湾是一个典型的喇叭形强潮河口湾。湾口自上海市南汇县芦潮港至宁波市镇海区甬江口,湾顶自海盐县澉浦长山至慈溪、余姚两地交界处的西三闸。在研究杭州湾纳潮量以及水交换能力时,忽略上游余姚、绍兴外海域显然是不合理的。无论是从湾内水流动力条件来考虑,还是从杭州湾生态、环境及社会经济方面考虑,都应该将其列入杭州湾范围之内,所以研究杭州湾的范围西界应向内推进,至海宁 - 萧山湾口扩大处。

本次计算将纳潮量定义为在任意一个潮周期从低潮时刻到高潮时刻累计进入到湾内的新增潮水量。则一个潮周期的纳潮量可表示为:

$$Q = \int_{T_{low}}^{T_{high}} \int_{A_1} U_1 D_1 dA_1 dt - \int_{T_{low}}^{T_{high}} \int_{A_2} U_2 D_2 dA_2 dt \tag{8.25}$$

式中,T_{low}、T_{high} 分别对应一个潮周期的低潮和高潮时刻;A_1、A_2 分别为湾口断面面积及湾顶断面面积;U_1、U_2 分别为垂直于湾口断面及湾顶断面的法向的垂向平均流速;$D_1 =$

173

$H_1 + \eta_1$，$D_2 = H_2 + \eta_2$，其中，H_1、η_1 分别为湾口平均水深和瞬时水位；H_2、η_2 分别为湾顶平均水深和瞬时水位。

在上述潮流模型计算的基础上，计算了杭州湾 2009 年 6 月 21 日—7 月 5 日纳潮量变化过程。计算表明，杭州湾纳潮量较大，经过一个全潮，杭州湾的纳潮量在 $147 \times 10^8 \sim$ 297×10^8 m³ 之间，平均纳潮量约为 220×10^8 m³（图 8.33）。

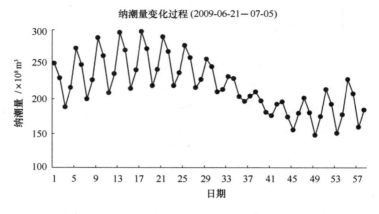

图 8.33　2009 年 6 月 21 日—7 月 5 日纳潮量变化过程

8.4　小结

本章采用 Delft 3D 软件建立了一个包括杭州湾、长江口的三维水动力模型。模型采用的是基于有限差分的数值方法，利用正交曲线网格对空间进行离散，并根据现有的潮汐资料，选择典型大潮和小潮对潮流模型进行了验证。同时对杭州湾水体交换能力及其余流场和纳潮量进行了计算分析。

（1）水动力模型对于区域潮汐和潮流过程的模拟结果较为理想，模拟的流场基本能反映计算区域水动力的情况，计算结果能够进一步作为杭州湾水交换以及水环境容量研究的基础。

（2）湾内最大余流速度约为 50 cm/s，出现在地形复杂曲折的湾顶附近，湾内其他区域的余流速大约为 10～30 cm/s；湾内余流走向主要是东北偏东向，大体与北岸走向接近，显示了钱塘江径流入海的途径；湾外宽阔海域，除南汇嘴附近出现向西南或西流动外，余流向以东南方向为主，南汇嘴附近余流显示了长江冲淡水入湾流动和扩散的方向；在岛屿较多的区域及靠近湾内岸线附近水域，受地形影响流向较复杂；贴近北岸水域有几个强度不等的涡旋，在南岸浅滩附近有一个较强的逆时针回流，湾口南部贴近南岸有几个顺时针涡旋。

（3）杭州湾纳潮量较大，经过一个全潮，杭州湾的纳潮量在 $147 \times 10^8 \sim 297 \times 10^8$ m³ 之间，平均纳潮量约为 220×10^8 m³。

（4）根据水体交换数值计算的结果，杭州湾水体半交换时间的分布在湾内各区域的差别较大，总体上呈现湾顶水域以及湾口水域半交换时间短，湾中水域半交换时间长以及湾内北部半交换时间大于南部半交换时间的特点。水体半交换时间的变化大致以奉贤至慈溪一线为界,水体半交换时间由该界大致沿岸线走向分别向湾口、湾顶方向逐渐减小。其中,海盐至慈溪一线上游水域以及南汇至慈溪一线下游水域基本在 50 d 以内就可达到 50% 的水体交换率,湾内其他水域的水体交换相对较慢,但全湾的水体半交换时间最长不超过 90 d。

第9章 污染物输移扩散模拟

根据杭州湾污染源调查和水质大面调查数据,主要污染物为氮、磷等营养盐类。化学需氧量(COD)也是一个重要的污染因子,是表征水体有机污染的综合污染物。因此确定化学需氧量(COD_{Cr})、总氮(TN)和总磷(TP)为杭州湾污染物环境容量计算因子,相应地取COD_{Mn}、无机氮(DIN)和活性磷酸盐(PO_4^-)为水质模拟的污染物指标。本章节结合杭州湾水质现状和入湾污染源现状,建立了污染物水质模型,开展了污染物输移扩散模拟研究工作,为下一步研究杭州湾环境容量奠定基础。

9.1 控制方程和定解条件

9.1.1 控制方程

控制方程表示为:

$$\frac{\partial(d+\zeta)C}{\partial t} + \frac{1}{\sqrt{G_{\xi\xi}G_{\eta\eta}}}\left\{\frac{\partial\left[\sqrt{G_{\eta\eta}}(d+\xi)uC\right]}{\partial\xi} + \frac{\partial\left[\sqrt{G_{\xi\xi}}(d+\zeta)vC\right]}{\partial\eta}\right\} + \frac{\partial\omega C}{\partial\sigma} =$$

$$\frac{d+\zeta}{\sqrt{G_{\xi\xi}G_{\eta\eta}}}\left\{\frac{\partial}{\partial\xi}\left[\frac{D_H\sqrt{G_{\eta\eta}}}{\sigma_{c0}\sqrt{G_{\xi\xi}}}\frac{\partial C}{\partial\xi}\right] + \frac{\partial}{\partial\eta}\left[\frac{D_H\sqrt{G_{\xi\xi}}}{\sigma_{c0}\sqrt{G_{\eta\eta}}}\frac{\partial}{\partial\eta}\right]\right\} + \frac{1}{d+\zeta}\frac{\partial}{\partial\sigma}\left(D_V\frac{\partial C}{\partial\sigma}\right) - \lambda_d(d+\zeta)C + S$$

$$(9.1)$$

式中,ζ 表示水位,m;d 表示水深,m;$\sqrt{G_{\xi\xi}} = \sqrt{x_\xi^2 + y_\xi^2}$ 和 $\sqrt{G_{\eta\eta}} = \sqrt{x_\eta^2 + y_\eta^2}$ 表示直角坐标系(x,y)与正交曲线坐标系(ξ,η)的转换系数;u、v、ω 分别表示 ξ、η、σ 三个方向上的速度分量,m/s;D_H、D_V 分别表示水平和垂向扩散系数,m^2/s;C 为保守物质浓度,mg/L。λ_d 为一阶降解系数;S 为源汇项。

9.1.2 定解条件

初始条件:$C(x,y,0) = C_0$

陆边界条件:$\frac{\partial C}{\partial n} = 0$

水边界条件:$C(x_0,y_0,t) = C_b$ 流入

$\qquad\qquad\qquad C(x_0,y_0,t) =$ 计算值   流出

其中:陆边界条件表示沿法线方向的浓度梯度为零。

9.2 计算参数和计算条件

9.2.1 模型网格

污染物计算采用与水动力相同的网格(图8.3、图8.4)。

9.2.2 计算参数

1)降解系数

本书中采用室内模拟实验法,对杭州湾主要污染物进行了降解转化模拟试验。实验结果显示,杭州湾海域 COD_{Mn} 降解速率系数范围在 $0.016 \sim 0.249$ d^{-1} 之间,均值为 0.124 d^{-1};活性磷酸盐转化速率系数范围在参数 $0.005 \sim 0.243$ d^{-1} 之间,均值为 0.062 d^{-1};无机氮比较难于验证其变化趋势,无结果。综合考虑降解系数试验结果及国内各学者研究成果,本次研究通过数模率定,活性磷酸盐的降解系数在 $0.01 \sim 0.02$ d^{-1} 之间取值,无机氮的降解系数在 $0.008 \sim 0.009$ d^{-1} 之间。

2)扩散系数

本次研究扩散系数取 $D_H = 150$ m^2/s。

9.2.3 计算条件

1)初始条件

初始条件对计算结果的影响一般在开始阶段,在计算稳定后,初始条件对计算结果的影响可忽略。本次研究水质模型采用冷启动方式,即 COD_{Mn}、无机氮、活性磷酸盐初始浓度均取 0 mg/L。

2)边界条件

水质模型的水边界条件的确定是基于杭州湾水质及外海水质调查资料,由模型率定。杭州湾水质调查资料采用本课题开展的杭州湾水环境质量调查资料,外海水质取自"东海区海洋环境趋势性研究"项目 2008 年 8 月调查资料。该调查站位 24 个,位于长江口——杭州湾外海域(图9.1)。结果显示,COD_{Mn} 浓度在 $0.17 \sim 0.98$ mg/L 之间,平均浓度为 0.573 mg/L;活性磷酸盐浓度在 $0.0018 \sim 0.0352$ mg/L 之间,平均浓度为 0.0134 mg/L;无机氮浓度在 $0.028 \sim 0.315$ mg/L 之间,平均浓度为 0.121 mg/L。

通过数模率定,取 COD 水质模型的水边界条件为 0.573 mg/L,活性磷酸盐为 0.0134 mg/L,无机氮为 0.121 mg/L。

9.3 污染物计算源强

9.3.1 污染源空间概化

由污染源调查结果知,陆域污染物主要通过径流及沿岸工厂、污水处理厂等进入杭州

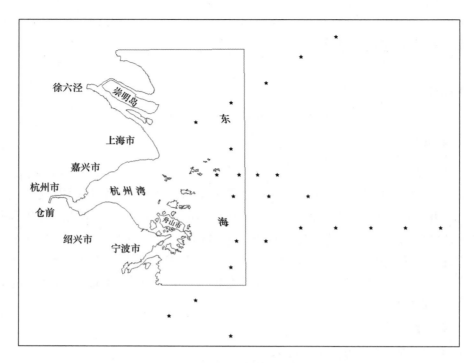

图9.1　东海区海洋环境趋势性研究调查站位分布

湾,而海域污染物主要是海水养殖产生的污染物。根据杭州湾自然条件、社会经济情况和污染物入海方式等的特点,同时考虑环境容量的空间分配需要,水质模型中将污染源按南北沿岸各县(市、区)的分布相应概化为连续点源(图9.2)。

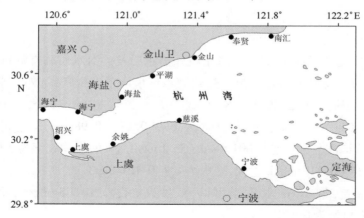

图9.2　水质模拟污染源空间概化示意

9.3.2　计算源强确定

　　水质模拟中,杭州湾各污染物的计算源强需要在入湾污染物调查的基础上确定。在污染物入海调查中,与课题容量计算有关的污染物包括 COD_{Cr}、总氮(TN)、总磷(TP)等指标。

178

在海水环境质量监测调查中,容量计算相关指标有 COD_{Mn}、总氮(TN)、总磷(TP)、无机氮(DIN)、活性磷酸盐(PO_4^-)等(表9.1)。海陆调查指标的不统一为污染物环境容量的计算带来了一定的困难。根据海水水质标准规定的各项指标,水质模型选择 COD_{Mn}、无机氮(DIN)和活性磷酸盐(PO_4^-)进行模拟验证,因此需要确定相应各项指标的计算源强。为确定上述各项指标的计算源强,需要了解污染源调查数据和海水水质指标数据之间的关系。

表9.1 污染源调查和水质监测指标对比

污染物	污染源调查指标	水质监测指标
化学需氧量(COD)	重铬酸盐法测试,以 COD_{Cr} 表示	高锰酸盐法测试,以 COD_{Mn} 表示
营养盐类(N)	总氮(TN)	总氮(TN)、无机氮(DIN)
营养盐类(P)	总磷(TP)	总磷(TP)、活性磷酸盐(PO_4^-)

1)COD_{Mn}

化学需氧量是表征水体有机污染的一个综合污染物,也是描述污染源的重要指标之一,在水环境评价、管理和规划中被普遍采用。COD_{Cr} 和 COD_{Mn} 是由不同测定方法求得的化学需氧量数值,在陆上以及污染源排放时化学需氧量以由重铬酸钾法测定的 COD_{Cr} 表达;在海水中化学需氧量以由碱性高锰酸钾法测定的 COD_{Mn} 表达。一般认为水体中 COD_{Cr} 的浓度是 COD_{Mn} 浓度的 2.5 倍。根据此换算浓度关系,可确定杭州湾沿岸各县(市、区)COD_{Mn} 计算源强(表9.2)。

表9.2 水质模型各县(市、区)COD_{Mn}计算源强 单位:t/a

县(市、区)	COD_{Mn}源强	县(市、区)	COD_{Mn}源强	县(市、区)	COD_{Mn}源强
镇海区	1 107.804	绍兴县	10 033.784	平湖市	3 644.044
慈溪市	5 786.944	萧山区	1 3709.536	金山区	8 742.488
余姚市	4 595.760	海宁县	4 793.660	奉贤区	5 517.132
上虞市	6 002.232	海盐县	3 125.800	南汇区	3 168.796

2)无机氮(DIN)

在排放的污染源中,无机氮占总氮比例受污染物的来源、气温、气压等多种因素的影响而随时随地变化,因此难以确定。在海水中,氮类营养盐的存在形式与物质过程十分复杂,氮的各种形式占总氮的比例一直没有令人信服的研究成果。

无机氮的计算源强采用模型率定的方法来确定。首先进行水质模型的调试,率定模型各项参数。调试过程主要采用水质监测中的总氮数据,对总氮的入海源强在海水中的扩散分布进行模拟验证,使验证结果满足课题考核指标。然后以水质监测中的无机氮数据为标准,以杭州湾内水体中无机氮浓度达到监测浓度为目标,采用经调试的水质模型率定无机氮污染源排放源强,所用源强即为无机氮计算污染源强(表9.3)。

179

将无机氮计算源强与总氮调查源强进行对比,得到陆上无机氮、总氮的排放比例为0.867,即陆上排放源强总氮是无机氮的1.15倍。此后对总氮进行容量或削减量计算时将采用该换算系数。

表9.3　水质模型各县(市、区)无机氮计算源强　　　　　　　　单位:t/a

县(市、区)	无机氮源强	县(市、区)	无机氮源强	县(市、区)	无机氮源强
镇海区	500.909	绍兴县	2 038.603	平湖市	1 865.264
慈溪市	2 055.189	萧山区	4 026.651	金山区	744.727
余姚市	1 568.706	海宁县	2 527.470	奉贤区	1 179.068
上虞市	2 753.549	海盐县	1 327.429	南汇区	1 600.517

3)活性磷酸盐(PO_4^-)

与总氮和无机氮之间的关系一样,在排放的污染源中,活性磷酸盐占总磷的比例受各种因素的影响而随时随地变化,也难以确定。在海水中,磷类营养盐的存在形式与物质过程也十分复杂。关于海水中磷类营养盐的各种形式占总氮的比例,虽然已有部分研究成果,如黄自强在长江口的研究认为水体中无机磷占TP约20%,但杭州湾与长江口的条件不一样,不能直接引用。

活性磷酸盐的计算源强同样采用模型率定的方法来确定。首先进行水质模型的调试,率定模型各项参数。调试过程主要采用水质监测中的总磷数据,对总磷的入海源强在海水中的扩散分布进行模拟验证,使验证结果满足课题考核指标。然后以水质监测中的活性磷酸盐数据为标准,以杭州湾内水体中活性磷酸盐浓度达到监测浓度为目标,采用经调试的水质模型率定活性磷酸盐污染源排放源强,所用源强即为活性磷酸盐计算污染源强(表9.4)。

将活性磷酸盐计算源强与总磷调查源强进行对比,得到陆上活性磷酸盐、总磷的排放比例为0.747,即陆上排放总磷的源强是活性磷酸盐的1.34倍。此后对总磷进行容量或削减量计算时将采用此换算系数。

表9.4　水质模型各县(市、区)活性磷酸盐计算源强　　　　　　　　单位:t/a

县(市、区)	活性磷酸盐源强	县(市、区)	活性磷酸盐源强	县(市、区)	活性磷酸盐源强
镇海区	65.265	绍兴县	202.325	平湖市	235.761
慈溪市	288.566	萧山区	509.178	金山区	44.133
余姚市	221.889	海宁县	428.614	奉贤区	155.383
上虞市	360.248	海盐县	189.036	南汇区	246.996

9.4　模型验证

水质模拟结果必须符合实际情况,因此需对水质模型进行验证。根据水质实测资料,本课题从三个角度进行验证;一是将实测的杭州湾水质总体分布与模拟的水质总体分布进行对比分析;二是将各验证点的实测值与计算值进行对比分析;三是将模拟的杭州湾全潮平均值与实测平均结果进行对比分析。

杭州湾污染物扩散模型是在潮流场模拟计算基础上进行的,根据潮流场的计算时间,污染物扩散模型从 2009 年 6 月 20 日开始计算,经过多次计算验证,半年左右能达到稳定。因为潮流场资料以 2009 年夏季为主,所以此次水质模型计算结果以 2009 年 8 月的实测资料进行验证。

9.4.1　COD$_{Mn}$

由实测结果可知,杭州湾内浓度分布主要等值线弧顶向湾顶伸展,表明采样时处于涨潮期,取不同潮时模型计算的总体分布也证明了涨潮期杭州湾内浓度分布与实测浓度分布较为接近(图9.3)。因此,对水质总体分布的验证,选取涨潮期接近高潮时刻的污染物浓度分布进行验证分析。

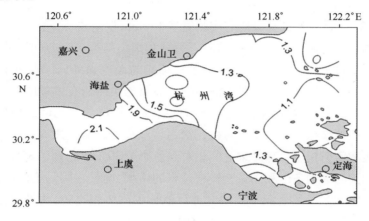

图 9.3　2009 年 8 月 COD$_{Mn}$实测浓度分布(单位:mg/L)

模拟得到的杭州湾高潮时刻 COD$_{Mn}$浓度分布(图9.4)。COD$_{Mn}$浓度分布在杭州湾总体呈现自湾口到湾内浓度增大的趋势。外湾浓度较低,大部分区域浓度小于 1.35 mg/L,受长江口影响的南汇附近海域和受甬江影响的宁波镇海附近海域浓度较高,基本大于 1.35 mg/L。杭州湾 COD$_{Mn}$高浓度区域,位于萧山、绍兴附近海域,最大浓度在 2.25 mg/L 以上;总体分布与实测 COD$_{Mn}$浓度等值线分布基本一致,仅局部区域略有偏差。分析产生偏差的原因,除模型本身未能完全模拟杭州湾局部的源强和污染物输移过程外,还可能与水质调查时未能做到完全同步采样,以及因滩涂宽广,水深小,采样时扰动底泥导致实测值存在误差等有关。

将杭州湾湾内 30 个水质调查站的实测值与模型计算结果进行比较(表9.5)。首先,实测浓度中 S21、S31 和 S32 这三个测点的测值明显偏小,在进行验证时应作为无效点,宜剔除处理。低潮期间验证点浓度一般大于高潮期间的浓度值,全潮平均浓度则介于高、低潮浓度值之间。计算的最大浓度值略大于实测最大浓度值,计算得到的最小浓度值也稍大于实

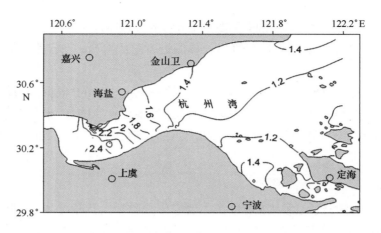

图 9.4 数值模拟高潮期 COD_{Mn} 浓度分布(单位:mg/L)

测最小浓度值,计算的结果和实测结果均较为均匀且变化趋势较为一致。除去已剔除的 3 个调查站,其余 27 个调查站的计算值与实测值基本吻合,误差较小,两者误差较大的区域主要位于慈溪东侧沿岸海域、慈溪北侧浅滩附近海域和南汇附近东南方向海域。计算值与实测值出现偏差除了可能因为实测资料在测量时存在的误差之外,计算中的因素也不能忽略。慈溪东侧沿岸海域和北侧浅滩附近海域的计算值与实测值有偏差的原因,可能与计算过程中浅滩出露水面有关;而南汇附近东南方向海域计算值与实测值出现偏差的原因,可能与未能完全正确地模拟长江口来水对杭州湾海域潮流的影响作用有关。但从总体上看,水质调查站的实测值与模型计算结果之间相对误差小于 20% 的比例达 85%,这不仅表明模型基本符合杭州湾的动力条件和污染物输移过程的情况,而且说明污染源的统计和估算与实际情况差别不大。全海区全潮平均浓度计算值与实测值相比较,两者也较为接近,表明水质模型在总体上较成功地模拟了杭州湾 COD_{Mn} 的浓度分布。

表 9.5　COD_{Mn} 水质模型计算值与实测值对照　　　　单位:mg/L

站位	纬度(N)	经度(E)	计算值			实测值	相对误差/%
			高潮	低潮	平均值		
S1	30°17′50″	120°40′30″	2.046	2.307	2.176	2.030	7.21
S2	30°10′41″	120°40′06″	2.054	2.389	2.222	2.020	9.99
S3	30°18′07″	120°49′22″	1.651	1.701	1.676	2.060	18.65
S4	30°09′50″	120°49′22″	2.198	2.521	2.360	2.260	4.42
S5	30°23′10″	120°57′46″	1.761	1.679	1.720	2.060	16.52
S6	30°15′00″	120°58′02″	2.043	2.049	2.046	2.030	0.77
S7	30°33′19″	121°07′46″	1.538	1.479	1.508	1.450	4.03
S8	30°25′41″	121°07′29″	1.616	1.492	1.554	1.430	8.66
S9	30°19′07″	121°07′12″	1.581	1.557	1.569	1.910	17.85
S10	30°40′35″	121°16′29″	1.409	1.379	1.394	1.210	15.21

182

站位	纬度(N)	经度(E)	计算值			实测值	相对误差 /%
			高潮	低潮	平均值		
S11	30°33′09″	121°16′46″	1.419	1.368	1.393	1.690	17.56
S12	30°25′35″	121°17′50″	1.407	1.295	1.351	1.160	16.46
S13	30°19′58″	121°16′53″	1.297	1.158	1.227	1.780	31.05
S18	30°40′45″	121°33′52″	1.296	1.280	1.288	1.115	15.54
S19	30°33′02″	121°34′09″	1.271	1.241	1.256	1.485	15.42
S20	30°25′09″	121°34′36″	1.229	1.198	1.213	1.280	5.20
S22	30°08′45″	121°36′00″	1.157	1.200	1.179	1.100	7.14
S28	29°58′48″	122°46′10″	1.305	1.428	1.367	1.815	24.70
S29	30°41′02″	121°53′33″	1.277	1.266	1.271	1.165	9.11
S30	30°33′02″	121°53′50″	1.199	1.167	1.183	1.310	9.70
S33	30°08′34″	121°53′50″	1.202	1.239	1.220	1.030	18.47
S34	30°49′09″	122°00′54″	1.282	1.235	1.258	1.520	17.21
S35	30°33′02″	122°04′00″	1.151	1.115	1.133	0.915	23.84
S36	30°41′02″	122°04′00″	1.284	1.235	1.260	1.760	28.43
S37	30°48′01″	121°33′52″	1.304	1.309	1.306	1.240	5.36
S38	30°48′00″	121°43′26″	1.305	1.318	1.312	1.300	0.90
S39	30°48′01″	121°53′33″	1.330	1.381	1.355	1.295	4.67
全海区平均值			1.467	1.481	1.474	1.534	13.11

注:平均值为全潮平均值。

9.4.2 无机氮

模拟得到的杭州湾高潮时刻无机氮浓度分布(图9.5),将其与2009年8月的实测无机氮浓度分布(图9.6)进行对比。无机氮浓度分布在杭州湾总体呈现自湾口到湾内浓度增大的趋势。外湾浓度较低,大部分区域浓度小于1.25 mg/L,受曹娥江影响的绍兴、上虞附近海域和受甬江影响的宁波镇海附近海域浓度较高,基本大于1.25 mg/L。杭州湾无机氮高浓度区域,位于慈溪、镇海附近海域,最大浓度在1.60 mg/L以上,分析该处出现高浓度的原因除了慈溪、镇海陆源排放外,还可能是由于涨落潮时滩涂底泥翻搅释放所致;总体分布与实测无机氮浓度等值线分布基本一致,仅局部区域略有偏差。分析产生偏差的原因,除模型本身未能完全模拟杭州湾局部的源强和污染物输移过程外,还可能与水质调查时未能做到完全同步采样,以及因滩涂宽广,水深小,采样时扰动底泥导致实测值存在误差等有关。

将杭州湾湾内30个水质调查站的实测值与模型计算结果进行比较(表9.6)。首先,实测浓度中S22和S30两个测点的测值明显偏大,在进行验证时应作为无效点,宜剔除处理。低潮期间验证点浓度一般小于高潮期间的浓度值,全潮平均浓度则介于高、低浓度值之间。计算的最大浓度值略小于实测最大浓度值,计算得到的最小浓度值稍大于实测最小浓度值,说明计算的结果较为均匀,但是实测结果变化趋势基本一致。除去已剔除的2个调查站,其余28个调查站的计算值与实测值基本吻合,误差较小,两者误差较大的区域主要位于海盐—余姚海域、金山附近海域和慈溪东侧海域。计算值与实测值出现偏差除了可能因为实测资料在测量时存在的误差之外,计算中的因素也不能忽略。慈溪东侧沿岸海域和北侧浅滩附近海域的计算值与实测值有偏差的原因,除了未能完全正确地模拟甬江来水对杭州湾海域潮流的影响作用有关,还可能与模拟计算时的污染物来源有关,结合实测水质分布和污染源统计数据分析,该处的高浓度不是由于陆源污染排放引起,而是其他方面的因素引起的,比如涨落潮时滩涂底泥翻搅释放所致等;金山附近海域和慈溪东侧海域计算值与实测值出现偏差的原因,可能与未能完全正确地模拟杭州湾海域潮流作用和曹娥江来水对杭州湾海域潮流的影响有关。但从总体上看,水质调查站的实测值与模型计算结果之间相对误差小于25%的比例达75%,这不仅表明模型基本符合杭州湾的动力条件和污染物输移过程的情况,而且说明污染源的统计和估算与实际情况差别不大。全海区全潮平均浓度计算值与实测值相比较,两者也较为接近,表明水质模型在总体上较成功地模拟了杭州湾无机氮的浓度分布。

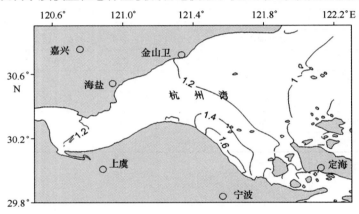

图9.5　数值模拟高潮期无机氮浓度分布(单位:mg/L)

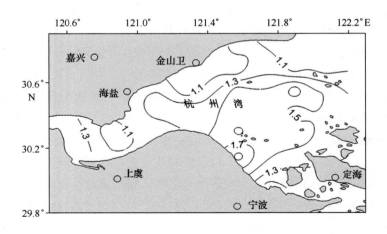

图9.6　2009年8月无机氮实测浓度分布(单位:mg/L)

184

表 9.6　无机氮水质模型计算值与实测值对照　　　　　　　　　单位:mg/L

站位	纬度（N）	经度（E）	计算值			实测值	相对误差 /%
			高潮	低潮	平均值		
S1	30°17′50″	120°40′30″	1.202	1.142	1.172	1.357	13.65
S2	30°10′41″	120°40′06″	1.249	1.187	1.218	1.488	18.12
S3	30°18′07″	120°49′22″	1.256	1.258	1.257	1.035	21.44
S4	30°09′50″	120°49′22″	1.330	1.284	1.307	1.128	15.87
S5	30°23′10″	120°57′46″	1.261	1.260	1.260	1.166	8.09
S6	30°15′00″	120°58′02″	1.305	1.302	1.303	1.095	19.02
S7	30°33′19″	121°07′46″	1.225	1.229	1.227	1.275	3.72
S8	30°25′41″	121°07′29″	1.238	1.236	1.237	1.455	14.97
S9	30°19′07″	121°07′12″	1.233	1.244	1.238	1.136	9.01
S10	30°40′35″	121°16′29″	1.203	1.206	1.204	0.912	32.05
S11	30°33′09″	121°16′46″	1.210	1.210	1.210	0.934	29.57
S12	30°25′35″	121°17′50″	1.217	1.222	1.220	1.468	16.92
S13	30°19′58″	121°16′53″	1.204	1.201	1.203	1.309	8.14
S18	30°40′45″	121°33′52″	1.161	1.158	1.159	0.948	22.29
S19	30°33′02″	121°34′09″	1.170	1.165	1.167	1.589	26.51
S20	30°25′09″	121°34′36″	1.203	1.217	1.210	1.662	27.19
S21	30°18′03″	121°34′52″	1.282	1.383	1.332	1.452	8.21
S28	29°58′48″	122°46′10″	1.494	1.451	1.472	1.014	45.20
S29	30°41′02″	121°53′33″	1.111	1.088	1.100	0.971	13.25
S31	30°25′00″	121°53′50″	1.100	1.066	1.083	1.374	21.16
S32	30°17′26″	121°53′50″	1.127	1.081	1.104	1.653	33.21
S33	30°08′34″	121°53′50″	1.193	1.179	1.186	1.399	15.21
S34	30°49′09″	122°00′54″	1.157	1.087	1.122	1.113	0.80
S35	30°33′02″	122°04′00″	1.039	0.995	1.017	1.475	31.03
S36	30°41′02″	122°04′00″	1.074	1.034	1.054	0.977	7.84
S37	30°48′01″	121°33′52″	1.156	1.161	1.158	1.163	0.41
S38	30°48′00″	121°43′26″	1.144	1.144	1.144	1.105	3.59
S39	30°48′01″	121°53′33″	1.134	1.134	1.134	1.061	6.85
全海区平均值			1.203	1.190	1.196	1.240	16.90

注:平均值为全潮平均值。

9.4.3　活性磷酸盐

模拟得到的杭州湾高潮时刻活性磷酸盐浓度分布(图9.7),将其与2009年8月的实测活性磷酸盐浓度分布(图9.8)进行对比。活性磷酸盐浓度分布在杭州湾总体呈现自湾口到湾内浓度增大的趋势。外湾浓度较低,大部分区域浓度小于 0.075 mg/L,受曹娥江影响的绍兴、上虞附近海域和海盐、余姚附近海域浓度较高,基本大于 0.075 mg/L。杭州湾活性磷酸盐高浓度区域,位于上虞附近海域,最大浓度在 0.080 mg/L 以上,分析该处出现高浓度的原因,可能是由于受曹娥江来水影响所致;总体分布与实测活性磷酸盐浓度等值线分布基本一致,仅局部区域略有偏差。分析产生偏差的原因,除模型本身未能完全模拟杭州湾局部的源强和污染物输移过程外,还可能与水质调查时未能做到完全同步采样,以及因滩涂宽广,水深小,采样时扰动底泥导致实测值存在误差等有关。

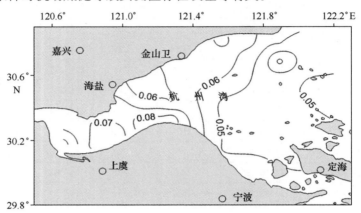

图 9.7　数值模拟高潮期活性磷酸盐浓度分布(单位:mg/L)

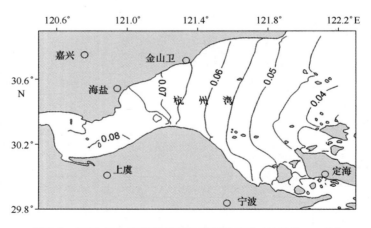

图 9.8　2009 年 8 月活性磷酸盐实测浓度分布(单位:mg/L)

　　将杭州湾湾内 30 个水质调查站的实测值与模型计算结果进行比较(表 9.7)。首先,实测浓度中 S29 测点的测值明显偏小,在进行验证时应作为无效点,宜剔除处理。低潮期间验证点浓度一般小于高潮期间的浓度值,全潮平均浓度则介于高、低潮浓度值之间。计算的最大浓度值和最小浓度值均略小于实测值,说明计算结果和实测结果变化趋势基本一致。除去已剔除的 1 个调查站,其余 29 个调查站的计算值与实测值基本吻合,误差较小,两者误差较大的区域主要位于余姚附近海域、平湖附近海域和慈溪北侧浅滩附近海域。计算值与实测值出现偏差除了可能因为实测资料在测量时存在的误差之外,计算中的因素也不能忽略。慈溪北侧浅滩附近海域的计算值与实测值有偏差的原因,除了未能完全正确地模拟曹娥江来水对杭州湾海域潮流的影响作用有关,还可能与模拟计算时的污染物来源有关,结合实测水质分布和污染源统计数据分析,该处的高浓度不是由于陆源污染排放引起,而是其他方面的因素引起的,比如涨落潮时滩涂底泥翻搅释放所致等;余姚附近海域和平湖附近海域计算值与实测值出现偏差的原因,可能与未能完全正确地模拟杭州湾海域潮流作用和曹娥江来水对杭州湾海域潮流的影响有关。但从总体上看,水质调查站的实测值与模型计算结果之间相对误差小于20%的比例达80%,这不仅表明模型基本符合杭州湾的动力条件和污染物输移过程的情况,而且说明污染源的统计和估算与实际情况差别不大。全海区全潮平均浓度计算值与实测值相比较,两者也较为接近,表明水质模型在总体上较成功地模拟了杭州湾活性磷酸盐的浓度分布。

表9.7　活性磷酸盐水质模型计算值与实测值对照　　　　单位:mg/L

站位	纬度(N)	经度(E)	计算值			实测值	相对误差 /%
			高潮	低潮	平均值		
S1	30°17′50″	120°40′30″	0.078	0.074	0.076	0.075	1.46
S2	30°10′41″	120°40′06″	0.079	0.076	0.078	0.095	18.06
S3	30°18′07″	120°49′22″	0.078	0.078	0.078	0.070	11.25
S4	30°09′50″	120°49′22″	0.082	0.080	0.081	0.069	17.90
S5	30°23′10″	120°57′46″	0.078	0.078	0.078	0.079	1.63
S6	30°15′00″	120°58′02″	0.081	0.081	0.081	0.062	30.73
S7	30°33′19″	121°07′46″	0.074	0.073	0.073	0.050	46.06
S8	30°25′41″	121°07′29″	0.077	0.076	0.076	0.061	24.96
S9	30°19′07″	121°07′12″	0.077	0.077	0.077	0.089	12.89
S10	30°40′35″	121°16′29″	0.069	0.068	0.069	0.064	6.98
S11	30°33′09″	121°16′46″	0.070	0.068	0.069	0.062	11.23
S12	30°25′35″	121°17′50″	0.074	0.070	0.072	0.060	19.39
S13	30°19′58″	121°16′53″	0.073	0.068	0.070	0.086	17.85
S18	30°40′45″	121°33′52″	0.063	0.061	0.062	0.066	6.46
S19	30°33′02″	121°34′09″	0.062	0.059	0.061	0.058	4.44
S20	30°25′09″	121°34′36″	0.062	0.058	0.060	0.047	27.76
S21	30°18′03″	121°34′52″	0.061	0.057	0.059	0.048	22.65
S22	30°08′45″	121°36′00″	0.057	0.055	0.056	0.049	15.82
S28	29°58′48″	122°46′10″	0.054	0.054	0.054	0.059	8.81
S30	30°33′02″	121°53′50″	0.052	0.049	0.051	0.050	1.00
S31	30°25′00″	121°53′50″	0.051	0.047	0.049	0.045	8.82
S32	30°17′26″	121°53′50″	0.048	0.045	0.046	0.048	2.99

站位	纬度（N）	经度（E）	计算值			实测值	相对误差
			高潮	低潮	平均值		/%
S33	30°08′34″	121°53′50″	0.047	0.046	0.047	0.047	0.33
S34	30°49′09″	122°00′54″	0.045	0.043	0.044	0.053	15.68
S35	30°33′02″	122°04′00″	0.048	0.045	0.046	0.052	11.25
S36	30°41′02″	122°04′00″	0.049	0.047	0.048	0.045	6.82
S37	30°48′01″	121°33′52″	0.062	0.061	0.062	0.058	5.75
S38	30°48′00″	121°43′26″	0.060	0.058	0.059	0.063	7.18
S39	30°48′01″	121°53′33″	0.056	0.052	0.054	0.051	5.29
全海区平均值			0.064	0.062	0.063	0.061	12.81

注：平均值为全潮平均值。

通过将实测的杭州湾水质总体分布与模拟的水质总体分布进行对比分析，各验证点的实测值与计算值进行对比分析，模拟的分海区全潮平均值与实测平均值进行对比分析。无机氮水质模型模拟的结果与实测值稍有偏差，COD_{Mn}、活性磷酸盐水质模型模拟的结果与实测值极为接近，但总体都保持在25%误差范围内。这不仅表明模型基本符合杭州湾的动力条件和污染物输移过程的情况，而且说明污染源的统计和估算与实际情况差别不大，较好地模拟了杭州湾海域的水环境现状。

9.5 小结

本章在建立潮流模型的基础上，取COD_{Mn}、无机氮（DIN）和活性磷酸盐（PO_4^-）为水质模拟的污染物指标，对杭州湾污染物环境容量计算因子化学需氧量（COD_{Cr}）、总氮（TN）和总磷（TP）等的输移扩散规律进行了水质模型模拟。

（1）经化学需氧量（COD_{Mn}）水质模型计算结果表明，杭州湾COD_{Mn}的浓度分布总体呈现自湾口到湾内浓度增大的趋势。外湾浓度较低，大部分区域浓度小于1.35 mg/L；南汇附近海域和宁波镇海附近海域浓度较高，基本大于1.35 mg/L；高浓度区域位于萧山、绍兴附近海域，最大浓度在2.25 mg/L以上；总体分布与实测COD_{Mn}浓度等值线分布基本一致，仅局部区域略有偏差。水质调查站的实测值与模型计算结果之间相对误差小于20%的比例达85%，水质模型在总体上较成功地模拟了杭州湾COD_{Mn}的浓度分布。

（2）经无机氮水质模型计算结果表明，杭州湾无机氮分布在总体呈现自湾口到湾内浓度增大的趋势。外湾浓度较低，大部分区域浓度小于1.25 mg/L；绍兴、上虞附近海域和宁波镇海附近海域浓度较高，基本大于1.25 mg/L；高浓度区域位于慈溪、镇海附近海域，最大浓度在1.60 mg/L以上；总体分布与实测无机氮浓度等值线分布基本一致，仅局部区域稍有偏差。水质调查站的实测值与模型计算结果之间相对误差小于25%的比例达75%，水质模型在总体上较成功地模拟了杭州湾无机氮的浓度分布。

（3）经活性磷酸盐水质模型计算并进行优化后的结果表明，外湾浓度较低，大部分区域浓度小于 0.075 mg/L；绍兴、上虞附近海域和海盐、余姚附近海域浓度较高，基本大于 0.075 mg/L；高浓度区域，位于上虞附近海域，最大浓度在 0.080 mg/L 以上；总体分布与实测活性磷酸盐浓度等值线分布基本一致，仅局部区域略有偏差。水质调查站的实测值与模型计算结果之间相对误差小于 20% 的比例达 80%，水质模型在总体上较成功地模拟了杭州湾活性磷酸盐的浓度分布。

参考文献

国家环境保护局,1997.海水水质标准(GB 3097—1997)[S].北京:中国标准出版社.

黄自强,暨卫东.1994.长江口水中总磷、有机磷、磷酸盐的变化特征及相互关系.海洋学报,16(1)：51 − 60.

张永良.1991.水环境容量综合手册,北京:清华大学出版社.

第10章　杭州湾环境容量估算

环境容量是海洋环境管理的主要依据之一,也是本书研究的主要任务。科学合理地确定海域的环境容量,合理分配环境容量的空间分布,是有效地控制海域的污染物排放总量,确保海区环境资源充分利用的基础,为海洋资源的开发、保护,促进社会经济的持续发展,提供科学管理依据。

10.1　范围界定及研究方法

10.1.1　范围界定

根据《中国海湾志》(陈则实,1992),杭州湾的范围东起上海市南汇县芦潮港至宁波市镇海区甬江口;西接钱塘江河口区,其界线是从海盐县澉浦长山至慈溪、余姚两地交界处的西三闸。然而,在研究杭州湾水动力和环境容量时,忽略上游余姚、绍兴外海域显然是不合理的。杭州湾作为一个相对独立的动力地貌单元,无论是从湾内水流动力条件来考虑,还是从杭州湾生态系统、环境系统及社会经济方面考虑,都应该将余姚、绍兴外水域列入杭州湾范围之内。所以本次课题采用的杭州湾范围西界应向内推进,取至海宁—萧山湾口扩大处(海宁市闸口村—萧山区十九工段断面)(图10.1)。

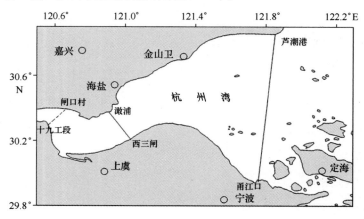

图10.1　杭州湾范围界定

《中国海湾志》:实线;课题计算:虚线

190

10.1.2　研究方法

环境容量的大小取决于以下三个因素:第一,海洋环境本身的水文地质条件。如海洋环境空间大小、地理位置、潮流状况、自净能力等自然条件,以及海洋生态系统的种群特征等。第二,人们对特定海域使用功能的规定。不同的海域功能区执行不同的水质标准,从而水环境容量不同。第三,污染物的理化特性。污染物的理化特性不同,被海洋净化的能力不同,其环境容量不同;不同污染物对海洋生物和人类健康的毒性不同,允许存在的浓度不同,环境容量随之变化。

环境容量的确定及分配,大致可用三类方法:一是箱式模型法;二是分担率法;三是最优化法。本次杭州湾环境容量研究,采用分担率法进行计算。分担率法原理如下。

①在流速和扩散系数已知的前提下,对流扩散方程可视为线性方程,满足叠加原理,从而多个污染源共同作用下所形成的平衡浓度场,等于各个污染源单独存在时形成的浓度场的线性叠加,即

$$C(x,y,z) = \sum_{i=1}^{m} C_i(x,y,z) \qquad (10.1)$$

式中,$C(x,y,z)$为各位置点的浓度,mg/L;$C_i(x,y,z)$为第 i 个污染源在各位置点的浓度,mg/L。

②每个点源单独形成的浓度场,又可以看做该点源单位源强排放时,所形成的浓度场(响应系数场)的倍数,即

$$C_i(x,y,z) = Q_i \cdot \alpha_i(x,y,z) \qquad (10.2)$$

式中,Q_i 为第 i 个污染源排放量;α_i 为第 i 个污染源的响应系数场,表示在单位源强下点(x,y,z)的浓度,它反映了该点对第 i 个污染源的响应程度。

再定义分担率场 $\gamma_i(x,y,z)$,用来反映各个点源对浓度的贡献比例:

$$\gamma_i(x,y,z) = C_i(x,y,z)/C(x,y,z) \qquad (10.3)$$

根据各污染源的分担率和各控制点的控制目标,采用线性规划方法求出环境容量。

此法求环境容量的主要计算步骤有:

①计算各污染源的响应系数场和分担率系数场,并计算在满足水质目标条件下各污染源的分担浓度值。

②根据分担浓度值求出满足水质目标条件下各污染源的允许排放量。

10.1.3　技术路线

前文确定了杭州湾污染物环境容量计算因子化学需氧量(COD$_{\mathrm{Cr}}$)、总氮(TN)和总磷(TP),根据杭州湾内的现状水质条件,化学需氧量(COD$_{\mathrm{Cr}}$)满足水质要求,可以对其进行容量计算,营养盐类超标情况严重,水体已处于富营养化状态,因此对总氮(TN)和总磷(TP)进行削减量计算。如同上文所述,由于水质调查和陆源污染调查的污染物指标差异,选取 COD$_{\mathrm{Mn}}$、无机氮(DIN)和活性磷酸盐(PO$_4^-$)为容量或削减量计算的污染物指标。

（1）化学需氧量（COD_{Cr}）环境容量计算采用的技术路线

①根据浙江省海洋功能区划和浙江省近海海域环境功能区划，确定水质控制点；

②根据杭州湾海域环境功能区划，结合杭州湾海域水体污染现状与杭州湾水体交换特点，确定水质控制目标；

③采用建立的水质模型，模拟各点源单独排放时，容量计算污染物的分担率系数场；

④利用线性规划方法求解线性规划问题，得到各点源允许排放量；

⑤按最大剩余环境容量的原则，计算环境容量。

（2）总氮（TN）和总磷（TP）

①根据杭州湾水质现状，以水质改善程度为目标，采用分期控制方式，确定削减量控制指标；

②采用建立的水质模型，设计方案进行削减量预估计算；

③结合削减量控制指标，计算分期削减量。

10.2 水质控制指标及控制目标

10.2.1 水质控制指标

杭州湾水质现状调查表明，杭州湾内的主要污染物为营养盐（N、P），有机物（化学需氧量）和重金属（铜、铅和锌）等。由富营养化状态指数来看，杭州湾海域已经处于严重的富营养化状态，且富营养化指数2004—2009年有逐年增高的趋势。富营养化是海洋中出现的生态异常现象，是引发赤潮的主要因素，其对海洋生态平衡、水产资源等危害很大，是杭州湾海域严重的生态问题。考虑杭州湾水质富营养化程度、富营养化逐年增高的趋势，将氮、磷纳入容量管理因子。根据《海水水质标准》（GB3097—1997），选定无机氮、活性磷酸盐为表征营养盐（N、P）的水质控制指标。化学需氧量（COD）是表征水体有机污染的综合污染物，据水质现状调查，2008年8月和2009年8月化学需氧量（COD）超二类海水水质标准，2004—2009年呈逐年升高的趋势。考虑杭州湾水质化学需氧量的污染程度、化学需氧量的逐年增高的趋势，将化学需氧量纳入容量管理因子。根据《海水水质标准》（GB3097—1997），选定化学需氧量（COD_{Mn}）为表征有机物污染的水质控制指标。重金属（铜、铅和锌）在环境中不会被降解，只会发生形态和价态变化，因而可在环境中长期存在，对水体来说是一种永久性危害，因此需要严格控制，不作容量管理研究。

综上，确定化学需氧量（COD_{Mn}）、无机氮（DIN）和活性磷酸盐（PO_4^-）为杭州湾环境容量研究中各环境容量计算因子的水质控制指标。

10.2.2 水质控制目标

10.2.2.1 COD_{Mn}

根据杭州湾海洋功能区划和海域环境功能区划，结合杭州湾海域实际规划情况，划定杭州湾各区水质标准，确定控制点及各点水质控制目标。

根据《浙江省海洋功能区划》和《上海市海洋功能区划》，杭州湾主要为港口海运和临港产业功能，同时具有海洋旅游、滩涂养殖、围海造地等功能。重点功能区为：嘉兴港口区、杭州湾北岸临港产业区、杭州湾风景旅游区、杭州湾北岸围海造地区、慈溪围海造地区、慈溪养殖区、杭州湾重要渔业品种保护区等。在我们计算区域内的重点区域还有宁波—舟山海域，区域主要为港口海运和临港产业功能，同时具有海洋旅游等功能。重点功能区为：宁波—舟山港口区、北仑—镇海—慈溪东部临港产业区、舟山临港产业区、招宝山风景旅游区等。不同的功能区和水质标准所对应的控制指标是不同的。根据浙江省海洋功能区划登记的各功能区管理要求，明确提出，杭州湾重要渔业品种保护区，执行不低于一类海水水质标准，海盐鸽山养殖区、九龙山滨海度假旅游区、慈溪养殖区执行不低于二类海水水质标准，杭州湾风景旅游区执行不低于三类海水水质标准，嘉兴港口区、嘉兴港航道区、嘉兴港锚地区、宁波—舟山港口区、宁波—舟山近岸海域航道区、宁波—舟山港锚地区执行不低于四类海水水质标准。

杭州湾有钱塘江注入，湾内水域潮强流急，动力条件好，污染物易随水流在不同的功能区输移扩散，若根据功能区的不同而制定不同的控制指标，在实际操作时难以保证各控制目标的实现。因为海水水质是连续变化的，不可能由四类海水水质突变成二类海水水质。因此杭州湾内严格根据海域功能制定不同的控制目标不具有可操作性，考虑管理上的方便，本次课题根据杭州湾的主要功能考虑，在有明确水质要求的功能区按要求执行规定海水水质标准，杭州湾北岸沿岸其他水域执行四类水质标准，湾口钱塘江注入水域按海水水质连续变化设置过渡水质点，南岸沿岸水域主要执行二类海水水质标准，湾内离岸水域执行一类海水水质标准。

综合考虑，杭州湾内共设置23个水质控制点。其中，10个一类水质控制点；7个二类水质控制点；1个三类水质控制点；5个四类水质控制点（图10.2）。

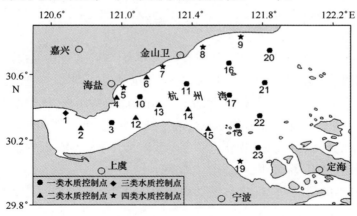

图10.2　杭州湾CODₘₙ控制点分布示意

根据《海水水质标准》（GB3097—1997），得到COD_{Mn}在各类水质标准下的控制目标（表10.1）。

表 10.1　COD 水质标准 单位:mg/L

控制项	一类	二类	三类	四类
化学需氧量(COD)≤	2	3	4	5

10.2.2.2　无机氮

由于杭州湾海水中无机氮含量高,调查得到浓度远远超过四类海水标准,对其按照水质标准进行控制没有实际意义。因此,要显著改善环境质量,不仅需大幅度削减污染源强,还要依赖湾外进入的海水水质,难以短期内实现明显改善水质的期望。

因此无机氮削减量的控制以水质改善程度为目标:通过削减沿岸污染源强,使杭州湾海域无机氮浓度小于某特定值的面积得到明显增加。为改善杭州湾海域的水质,无机氮采用分期控制,控制目标定为小于 1.2 mg/L 的面积近期达到 50%,中期达到 60%,远期达到 80%。根据水质模型模拟结果,杭州湾海域无机氮现状全潮平均浓度小于 1.2 mg/L 的海域面积约为 2 375.4 km², 占全湾总面积的 44.0%,结合三期目标,无机氮削减量的控制目标为如下:

①近期:无机氮浓度小于 1.2 mg/L 的海域面积达到全湾总面积的 50%,改善率达 6%;

②中期:无机氮浓度小于 1.2 mg/L 的海域面积达到全湾总面积的 60%,改善率达 16%;

③远期:无机氮浓度小于 1.2 mg/L 的海域面积达到全湾总面积的 80%,改善率达 36%。

10.2.2.3　活性磷酸盐

杭州湾海水中活性磷酸盐含量同样较高,调查得到浓度百分之百超过四类海水标准,30 个测站浓度最大为 0.095 mg/L,最小为 0.045 mg/L。要显著改善海域环境质量,需较大幅度削减污染源强。

因此活性磷酸盐削减量的控制以水质改善程度为目标:通过削减沿岸污染源强,使杭州湾海域活性磷酸盐浓度满足四类海水水质标准的面积得到明显增加。因为杭州湾海域活性磷酸盐浓度超标的程度相对较轻,为改善杭州湾海域的水质,活性磷酸盐采用分期控制,控制目标定为小于 0.045 mg/L 的面积近期达到 5%,远期达到 10%。根据水质模型模拟结果,杭州湾全海域活性磷酸盐现状全潮平均浓度都大于 0.045 mg/L,结合两期目标,活性磷酸盐削减量的控制目标如下:

①近期:活性磷酸盐浓度达标的海域面积达到全湾总面积的 5%,约 269.84 km²;

②远期:活性磷酸盐浓度达标的海域面积达到全湾总面积的 10%,约 539.67 km²。

10.3　主要污染物环境容量估算

水环境容量是指在保持水环境功能用途的前提下,受纳水体所能承受的最大污染物排放量,或者在给定的水质目标和水文设计条件下,水域的最大容许纳污量。水环境容量由稀释容量和自净容量两部分组成,分别反映污染物在水环境中的迁移转化的物理稀释与自然净化过程的作用。根据杭州湾水环境的现状,COD_{Mn}进行环境容量计算。因此在环境容量计算时,应该得到尽可能大的环境容量计算值,但是环境容量也是污染控制和环境保护的重要管理手段,在确定环境容量时也要兼顾管理上的可操作性。无机氮和活性磷酸盐进行削减量计算,削减量计算得到的削减值越小越好,即尽可能小地对现状源强进行削减以达到控制目标的要求,同时也应兼顾容量管理上的可操作性。

环境容量的计算,就是在水质控制点的污染物浓度不超过其各自对应的环境标准的前提下,求各排污口的污染负荷排放量之和的最大值。

线性规划问题就是在一组线性的等式或不等式的约束之下,求一个线性函数的最大值或最小值的问题。计算环境容量的分担率法即可转化为线性规划求最大值问题,即

目标函数:
$$\max \sum_{j=1}^{n} Q_j$$

约束条件:
$$C_{0i} + \sum_{j=1}^{n} \alpha_{ij} Q_j \leqslant C_{si} \ (i = 1, 2, \cdots, m)$$
$$Q_j \geqslant 0 \qquad (j = 1, 2, \cdots, n)$$

其中,j为污染源编号;n为污染源个数;i为水质控制点编号;m为水质控制点个数;C_{0i}为控制点处背景浓度;C_{si}为控制点处标准浓度;α_{ij}为第j个污染源排放量在第i个水质控制点的响应系数。

为方便求解环境容量的最大值,要将问题转化为线性规划中的标准形式。

令$C_i = C_{si} - C_{0i}$,并将约束条件的不等式等价转化为等式形式,则有

目标函数:
$$\max \sum_{j=1}^{n} Q_j$$

约束条件:
$$\sum_{j=1}^{n} \alpha_{ij} Q_j \leqslant C_i \qquad (i = 1, 2, \cdots, m)$$
$$Q_j \geqslant 0 \qquad (j = 1, 2, \cdots, n)$$

其中,C_i为第i个水质控制点的浓度容量。

10.3.1　COD_{Mn}

影响杭州湾环境容量的因素多且复杂,要准确确定环境容量,必须对各种影响因素进行综合分析,进而确定计算方案,从理论上说,这样的计算方案可有无穷多个。为减少计算量,并且能够综合反映环境容量各影响因素,本书中分两步进行杭州湾环境容量计算:①在正式进行环境容量计算前,先确定杭州湾沿岸各县(市、区)COD_{Mn}源强变化与海域浓度场变化响应规律,即计算杭州湾沿岸各县(市、区)COD_{Mn}单位源强排放时的海域浓度分布,也就是各县(市、区)的污染源对杭州湾海域的响应系数场或分担率场;②根据海域污染源及水质现状的特点,结合杭州湾内各水质控制点的COD_{Mn}控制目标,按照最大剩余容量原则,利用线性规划方法进行计算各个污染源的环境容量。

10.3.1.1 响应系数场与分担率场的计算

根据分担率法原理,首先要先计算各个县(市、区)污染源的响应系数场,即各污染源单位源强排放时,所形成的浓度场。响应系数场亦采用污染物扩散模型进行计算,计算区域、模型网格与第6章相同,计算条件有所不同。为了排除其他源强对各县(市、区)污染物源强形成的浓度场的影响,计算时边界条件、初始条件都取0。计算某个县(市、区)的响应系数场时,该县(市、区)污染物排放取单位源强为 1 kg/s,其余各县(市、区)污染物源强取0,计算污染物扩散情况。杭州湾沿岸各县(市、区)的污染源 COD_{Mn} 单位源强排放时,在杭州湾海域形成的 COD_{Mn} 浓度场即响应系数场(图 10.3 ~ 图 10.14)。根据分担率法原理,各县(市、区)污染源的分担率即可由响应系数推算得到,鉴于篇幅的限制,这里不再给出每个县(市、区)的分担率场图。出于容量估算的需要,本文将列出各县(市、区)污染源对各个水质控制点处 COD_{Mn} 浓度的响应系数和分担率(表 10.2 和表 10.3)。

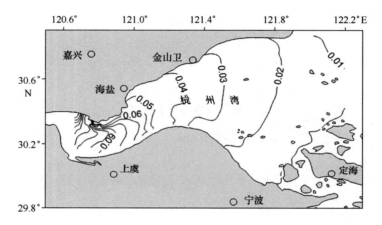

图 10.3 萧山区 COD_{Mn} 污染源响应系数场

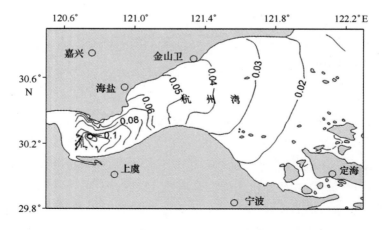

图 10.4 绍兴县 COD_{Mn} 污染源响应系数场

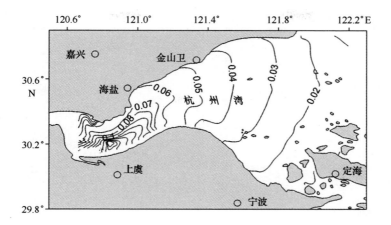

图 10.5　上虞市 COD_{Mn} 污染源响应系数场

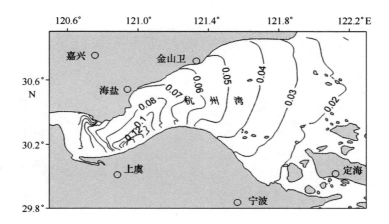

图 10.6　余姚市 COD_{Mn} 污染源响应系数场

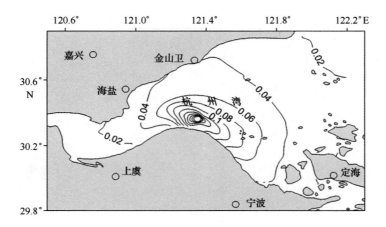

图 10.7　慈溪市 COD_{Mn} 污染源响应系数场

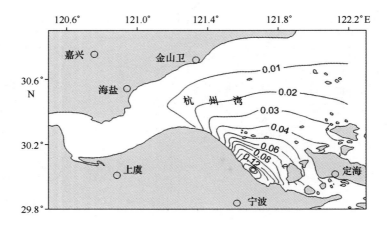

图 10. 8 镇海区 COD_{Mn} 污染源响应系数场

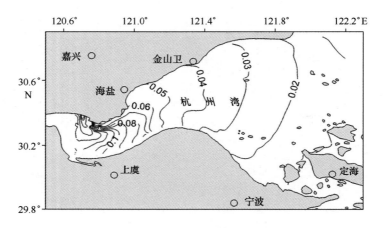

图 10. 9 海宁县 COD_{Mn} 污染源响应系数场

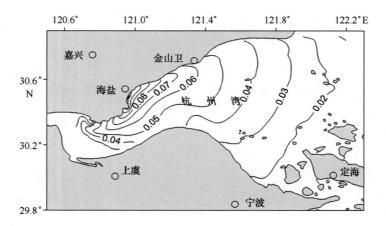

图 10. 10 海盐县 COD_{Mn} 污染源响应系数场

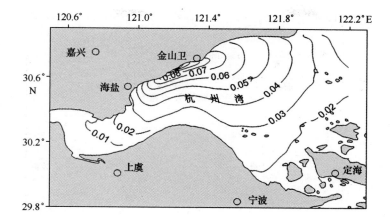

图 10.11　平湖市 COD_{Mn} 污染源响应系数场

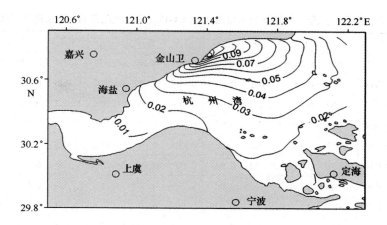

图 10.12　金山区 COD_{Mn} 污染源响应系数场

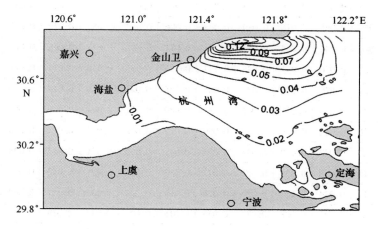

图 10.13　奉贤区 COD_{Mn} 污染源响应系数场

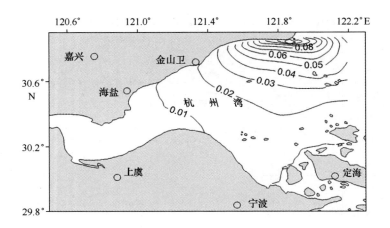

图 10.14 南汇区 COD_{Mn} 污染源响应系数场

表 10.2 各县(市、区)污染源对各控制点的 COD_{Mn} 浓度响应系数(单位源强:1 kg/s)

控制点编号	萧山	绍兴	上虞	余姚	慈溪	镇海	海宁	海盐	平湖	金山	奉贤	南汇
1	0.121	0.080	0.056	0.047	0.013	0.002	0.162	0.035	0.005	0.005	0.003	0.002
2	0.098	0.078	0.067	0.066	0.021	0.003	0.118	0.056	0.008	0.008	0.006	0.003
3	0.080	0.089	0.092	0.077	0.030	0.004	0.091	0.058	0.012	0.012	0.008	0.005
4	0.054	0.063	0.068	0.068	0.034	0.005	0.061	0.085	0.018	0.017	0.011	0.006
5	0.048	0.057	0.063	0.065	0.037	0.005	0.054	0.092	0.025	0.021	0.013	0.007
6	0.044	0.052	0.057	0.061	0.041	0.007	0.049	0.077	0.040	0.037	0.021	0.012
7	0.036	0.044	0.048	0.052	0.041	0.008	0.041	0.060	0.042	0.076	0.039	0.020
8	0.027	0.034	0.038	0.041	0.038	0.008	0.032	0.045	0.031	0.106	0.121	0.042
9	0.023	0.028	0.031	0.034	0.032	0.007	0.026	0.037	0.025	0.078	0.147	0.088
10	0.050	0.061	0.068	0.075	0.045	0.007	0.057	0.063	0.023	0.024	0.016	0.009
11	0.035	0.043	0.048	0.053	0.052	0.013	0.041	0.056	0.025	0.034	0.027	0.017
12	0.055	0.065	0.076	0.089	0.048	0.006	0.062	0.053	0.015	0.017	0.011	0.007
13	0.040	0.048	0.054	0.061	0.101	0.011	0.045	0.047	0.016	0.021	0.016	0.010
14	0.030	0.036	0.041	0.045	0.121	0.035	0.033	0.040	0.015	0.021	0.018	0.012
15	0.021	0.026	0.029	0.032	0.085	0.078	0.024	0.030	0.013	0.021	0.018	0.012
16	0.027	0.034	0.037	0.041	0.039	0.009	0.031	0.044	0.029	0.064	0.054	0.036
17	0.026	0.032	0.036	0.039	0.050	0.022	0.030	0.040	0.021	0.035	0.029	0.019
18	0.021	0.027	0.030	0.033	0.071	0.042	0.025	0.031	0.015	0.025	0.021	0.014
19	0.014	0.018	0.020	0.022	0.047	0.132	0.016	0.021	0.010	0.018	0.016	0.011
20	0.019	0.024	0.027	0.029	0.028	0.007	0.022	0.031	0.021	0.060	0.084	0.057
21	0.020	0.025	0.028	0.030	0.035	0.018	0.023	0.032	0.019	0.043	0.042	0.028
22	0.019	0.024	0.026	0.029	0.048	0.037	0.022	0.029	0.015	0.029	0.026	0.017
23	0.015	0.019	0.021	0.023	0.047	0.068	0.017	0.022	0.011	0.020	0.018	0.012

表 10.3 各县(市、区)污染源对各控制点的 COD_{Mn} 浓度分担率

控制点编号	萧山	绍兴	上虞	余姚	慈溪	镇海	海宁	海盐	平湖	金山	奉贤	南汇
1	0.228	0.150	0.105	0.088	0.024	0.003	0.306	0.066	0.010	0.009	0.006	0.004
2	0.183	0.147	0.126	0.124	0.040	0.005	0.221	0.106	0.016	0.016	0.011	0.006
3	0.143	0.160	0.166	0.138	0.054	0.007	0.163	0.105	0.021	0.021	0.014	0.008
4	0.110	0.128	0.139	0.139	0.070	0.010	0.124	0.175	0.038	0.034	0.022	0.012
5	0.099	0.117	0.128	0.133	0.075	0.011	0.111	0.189	0.052	0.043	0.026	0.015
6	0.088	0.104	0.115	0.123	0.082	0.014	0.098	0.156	0.080	0.074	0.042	0.023
7	0.070	0.086	0.095	0.103	0.080	0.016	0.081	0.118	0.084	0.149	0.078	0.039
8	0.049	0.061	0.067	0.073	0.067	0.014	0.057	0.080	0.056	0.189	0.214	0.074
9	0.041	0.051	0.056	0.061	0.058	0.013	0.047	0.066	0.045	0.140	0.264	0.159
10	0.101	0.122	0.137	0.151	0.091	0.014	0.115	0.126	0.046	0.048	0.031	0.018
11	0.080	0.098	0.108	0.118	0.116	0.028	0.092	0.126	0.056	0.077	0.062	0.038
12	0.109	0.129	0.150	0.178	0.095	0.012	0.124	0.105	0.030	0.033	0.022	0.013
13	0.085	0.102	0.115	0.129	0.216	0.024	0.096	0.101	0.034	0.044	0.033	0.020
14	0.066	0.081	0.091	0.101	0.270	0.077	0.075	0.089	0.033	0.048	0.041	0.027
15	0.054	0.067	0.075	0.083	0.219	0.200	0.062	0.076	0.033	0.053	0.046	0.031
16	0.061	0.075	0.084	0.091	0.087	0.020	0.070	0.099	0.066	0.144	0.122	0.081
17	0.067	0.084	0.094	0.103	0.133	0.058	0.079	0.106	0.056	0.092	0.078	0.051
18	0.060	0.075	0.084	0.092	0.200	0.119	0.070	0.089	0.041	0.070	0.060	0.040
19	0.041	0.051	0.057	0.063	0.135	0.382	0.048	0.061	0.029	0.052	0.047	0.032
20	0.047	0.059	0.065	0.071	0.069	0.018	0.055	0.077	0.051	0.147	0.204	0.138
21	0.058	0.073	0.081	0.089	0.102	0.053	0.068	0.093	0.056	0.125	0.121	0.081
22	0.059	0.073	0.082	0.090	0.149	0.117	0.068	0.090	0.047	0.089	0.082	0.054
23	0.051	0.064	0.072	0.079	0.160	0.230	0.059	0.076	0.037	0.068	0.062	0.042

10.3.1.2 COD_{Mn} 环境容量估算

根据线性规划原理,求取各个县(市、区)的 COD_{Mn} 允许排放量。取上面的杭州湾 COD_{Mn} 浓度分布计算结果作背景浓度。在浓度值的选取上现在也有多种方式,一般以平均值和最大值较多。考虑到杭州湾为强潮海区,潮流强,潮差大,再加钱塘江涌潮现象,不同时刻浓度存在差异,若是取最大值为背景浓度,最后会导致资源浪费,所以本文采取大小潮平均浓度作为背景浓度进行容量估算(表 10.4)。

使用线性规划方法,按照最大剩余容量原则进行估算,计算得到各县(市、区)的允许排放量(表 10.5),在使用现状源强计算得到的浓度分布为背景浓度估算得到的允许排放量结

表 10.4　COD_{Mn}容量线性规划估算参数取值　　　　　　　　　　　单位：mg/L

编号	背景浓度 C_{oi}	控制目标 C_{si}	编号	背景浓度 C_{oi}	控制目标 C_{si}
1	2.219	4.000	13	1.405	3.000
2	1.999	3.000	14	1.194	3.000
3	1.934	2.000	15	1.166	3.000
4	1.650	3.000	16	1.280	2.000
5	1.587	5.000	17	1.213	2.000
6	1.487	3.000	18	1.164	2.000
7	1.370	5.000	19	1.340	5.000
8	1.308	5.000	20	1.301	2.000
9	1.314	5.000	21	1.193	2.000
10	1.570	2.000	22	1.153	2.000
11	1.334	2.000	23	1.204	2.000
12	1.676	3.000			

果中,仅有镇海和南汇两县仍有排放空间。理论上,符合各个控制点约束条件的解应有无穷多组,而计算结果却集中在其中两县,分析其原因,是因为少许控制点的背景浓度值已非常接近控制标准浓度,这些点主要位于杭州湾西边界附近,而线性规划计算严格按照数学条件进行,所以当要在所有可行解中选择使容量总量达到最大的一组时,对杭州湾西边界附近影响最小的县(市、区)排放最大显然是合理的,当按计算结果进行分配源强时,按上面计算得到的响应系数和分担率计算能得到控制点浓度,1 号和 10 号一类控制点已达到约束极限值。为了方便容量分配的进行,本文在进行 12 个县(市、区)的规划求解的基础上,去除镇海、南汇两县,重新进行规划求解(表 10.6 和表 10.7)。

表 10.5　12 县(市、区)规划求解各县(市、区)COD_{Mn}容量估算值　　　　单位：kg/s

县(市、区)	萧山	绍兴	上虞	余姚	慈溪	镇海
规划求解可排量	0.00	0.00	0.00	0.00	0.00	10.86
县(市、区)	海宁	海盐	平湖	金山	奉贤	南汇
规划求解可排量	0.00	0.00	0.00	0.00	0.00	5.76
总量	16.62(524 128.32 t/a)					

表 10.6　10 县(市、区)规划求解各县(市、区)COD_{Mn}容量估算值　　　　单位：kg/s

县(市、区)	萧山	绍兴	上虞	余姚	慈溪	镇海
规划求解可排量	0.00	0.00	0.00	0.00	0.00	－
县(市、区)	海宁	海盐	平湖	金山	奉贤	南汇
规划求解可排量	0.00	0.00	0.58	0.00	7.85	－
总量	8.43(265 848.48 t/a)					

202

表 10.7　规划求解最优解各控制点浓度　　　　　　单位：mg/L

编号	12 县(市、区)规划求解	浓度资源利用率/%	10 县(市、区)规划求解	浓度资源利用率/%
1	2.932	58.64	1.471	29.42
2	1.572	39.30	1.569	39.23
3	2.046	68.20	2.047	68.23
4	1.773	59.10	1.769	58.97
5	1.735	86.75	2.000	100.00
6	1.563	52.10	1.518	50.60
7	1.562	78.10	1.546	77.30
8	1.658	82.90	1.370	68.50
9	2.000	100.00	1.352	67.60
10	2.247	112.35	2.248	112.40
11	2.000	66.67	2.000	66.67
12	1.613	53.77	1.324	44.13
13	2.057	68.57	1.301	43.37
14	1.610	80.50	1.750	87.50
15	1.568	78.40	1.462	73.10
16	1.737	34.74	1.743	34.86
17	1.690	56.33	1.705	56.83
18	1.639	32.78	1.683	33.66
19	2.692	89.73	1.473	49.10
20	1.601	32.02	1.734	34.68
21	1.687	33.74	2.326	46.52
22	1.948	97.40	2.529	126.45
23	1.698	84.90	1.707	85.35

10.3.2　无机氮

杭州湾无机氮污染十分严重,在杭州湾内已没有容量可言。要使水质得到改善,必须大幅削减污染物排放源强。首先,预测分析无机氮不同减排方案对杭州湾海域水质的改善程度。设计三种削减方案进行研究,考虑到后续将继续进行削减量的总量分配工作,因此首先对杭州湾沿岸各县(市、区)的无机氮源强作平均削减,分别计算削减量达到 10%、20%、50%时(表 10.8),杭州湾内的无机氮浓度场,并对各方案计算结果进行分析,观察其对控制指标的完成程度。

各县(市、区)无机氮源强进行削减时,海域水质均有一定程度的改善。源强平均削减10%时,杭州湾内无机氮浓度小于 1.2 mg/L 的海域面积为 3 007.33 km²,约占杭州湾海域总面积的 55.73%,相比模型计算结果已有较大改善,且已完成近期无机氮小于 1.2 mg/L

的海域面积占杭州湾总面积50%的控制指标。源强平均削减20%时,小于1.2 mg/L的海域面积为3 666.50 km²,约占杭州湾海域总面积的64.94%,改善程度已超过无机氮中期计划达到小于1.2 mg/L的海域面积60%的控制指标。源强平均削减50%时,小于1.2 mg/L的海域面积为4 805.13 km²,约占杭州湾海域总面积的89.04%,超额完成远期水质改善海域面积80%的控制指标(图10.15~图10.17、表10.9)。

表 10.8　无机氮各削减方案污染源削减量　　　　　　　　　　　　单位:t/a

县(市、区)	10%削减量	20%削减量	50%削减量
镇海区	50.090 9	100.181 8	250.454 5
慈溪市	205.518 9	411.037 8	1 027.595 0
余姚市	156.870 6	313.741 2	784.353 0
上虞市	275.354 9	550.709 8	1 376.775 0
绍兴县	203.860 3	407.720 6	1 019.302 0
萧山区	402.665 1	805.330 2	2 013.326 0
海宁县	252.747 0	505.494 0	1 263.735 0
海盐县	132.742 9	265.485 8	663.714 5
平湖市	186.526 4	373.052 8	932.632 0
金山区	74.472 7	148.945 4	372.363 5
奉贤区	117.906 8	235.813 6	589.534 0
南汇区	160.051 7	320.103 4	800.258 5
总量	2 218.808 0	4 437.616 0	11 094.040 0

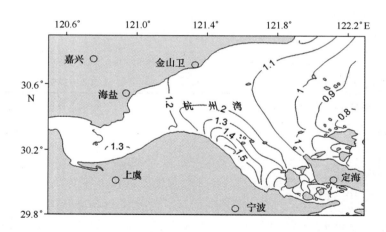

图 10.15　无机氮源强削减 10%模拟计算结果

在预测削减量的基础上,对各源强削减方案进行调整,重新进行预测计算,使水质改善满足控制指标的同时,得到最小的削减量。经过模型计算,当源强削减量达到7%、15%、36%时,可分别在削减量尽可能最小的情况下完成近期、中期及远期的水质改善目标。其

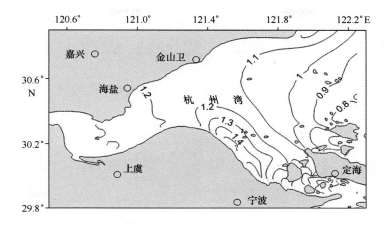

图 10.16 无机氮源强削减 20% 模拟计算结果

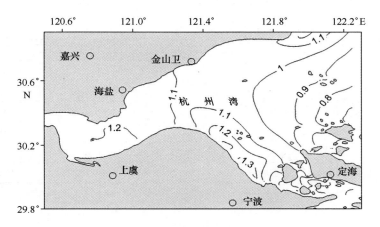

图 10.17 无机氮源强削减 50% 模拟计算结果

中,通过平均削减 7%,近期可使小于 1.2 mg/L 的海域面积达到 2 735.17 km², 占杭州湾海域总面积的 50.68%;平均削减 15% 后,可使小于 1.2 mg/L 的海域面积达到 3 334.63 km², 占杭州湾海域总面积的 61.79%;平均削减 36% 后,可使小于 1.2 mg/L 的海域面积达到 4 350.62 km², 占杭州湾海域总面积的 80.62%(图 10.18 ~ 图 10.20、表 10.10)。因此,根据前文制定的三期控制指标,无机氮削减量估算结果分别为 1 553.166 t/a、3 328.212 t/a、7 987.709 t/a(表 10.11)。

表 10.9 无机氮源强各削减方案小于 1.2 mg/L 海域面积(总面积:5 396.71 km²)

削减方案		小于 1.2 mg/L 的海域	
削减量	削减率	面积/km²	百分比/%
2 218.808	10%	3 007.33	55.73
4 437.616	20%	3 666.50	67.94
11 094.040	50%	4 805.13	89.04

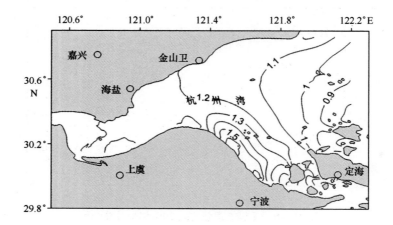

图 10.18　无机氮源强削减7%模拟计算结果

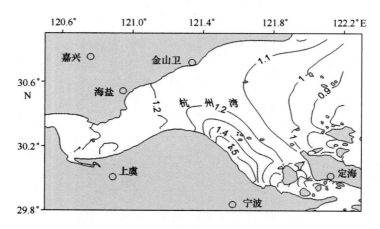

图 10.19　无机氮源强削减15%模拟计算结果

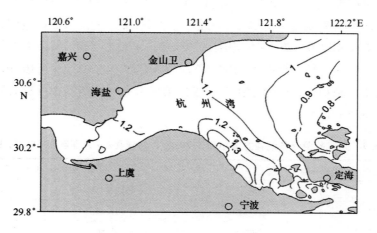

图 10.20　无机氮源强削减36%模拟计算结果

206

表 10.10　无机氮源强各削减方案小于 1.2 mg/L 海域面积(总面积:5 396.71 km²)

削减方案		小于 1.2 mg/L 的海域	
削减量	削减率	面积/km²	百分比/%
1 553.166	7%	2 735.17	50.68
3 328.212	15%	3 334.63	61.79
7 987.709	36%	4 350.62	80.62

表 10.11　无机氮分期控制污染源削减估算量　　　　　　　　　　　单位:t/a

县(市、区)	近期	中期	远期
镇海区	35.064	75.136	180.327
慈溪市	143.863	308.278	739.868
余姚市	109.809	235.306	564.734
上虞市	192.748	413.032	991.278
绍兴县	142.702	305.790	733.897
萧山区	281.866	603.998	1 449.594
海宁县	176.923	379.121	909.889
海盐县	92.920	199.114	477.874
平湖市	130.568	279.790	671.495
金山区	52.131	111.709	268.102
奉贤区	82.535	176.860	424.464
南汇区	112.036	240.078	576.186
总量	1 553.166	3 328.212	7 987.709
平均削减比例	7%	15%	36%

10.3.3　活性磷酸盐

杭州湾活性磷酸盐污染十分严重,在杭州湾内已没有容量可言。要使水质得到改善,必须大幅削减污染物排放源强。首先,预测分析活性磷酸盐不同减排方案对杭州湾海域水质的改善程度。设计三种削减方案进行研究,考虑到后续将继续进行削减量的总量分配工作,因此首先对杭州湾沿岸各县(市、区)的活性磷酸盐源强作平均削减,分别计算削减量达到 10%、20%、50% 时(表 10.12),杭州湾内的活性磷酸盐浓度场,并对各方案计算结果进行分析,观察其对控制指标的完成程度。

表 10.12　活性磷酸盐各削减方案污染源削减量　　　　　　　　　　单位:t/a

县(市、区)	10%削减量	20%削减量	50%削减量
镇海区	6.527	13.053	32.633
慈溪市	28.857	57.713	144.283

县(市、区)	10%削减量	20%削减量	50%削减量
余姚市	22.189	44.378	110.945
上虞市	36.025	72.050	180.124
绍兴县	20.233	40.465	101.163
萧山区	50.918	101.836	254.589
海宁县	42.861	85.723	214.307
海盐县	18.904	37.807	94.518
平湖市	23.576	47.152	117.881
金山区	4.413	8.827	22.067
奉贤区	15.538	31.077	77.692
南汇区	24.700	49.399	123.498
总量	294.739	589.479	1 473.697

各县(市、区)活性磷酸盐源强进行削减时,海域水质改善程度不一。源强平均削减 10%时,杭州湾内活性磷酸盐浓度小于 0.045 mg/L 的海域面积为仅为 3.06 km²,约占杭州湾海域总面积的 0.06%,相比模型计算结果几乎没有改善。源强平均削减 20%时,小于 0.045 mg/L 的海域面积增加到 47.07 km²,约占杭州湾海域总面积的 0.87%,对杭州湾海域水质的改善仍旧不多大作用。源强平均削减 50%时,小于 0.045 mg/L 的海域面积为 610.92 km²,约占杭州湾海域总面积的 11.32%,可以完成远期水质改善海域面积 10%的控制指标(图 10.21~图 10.23、表 10.13)。

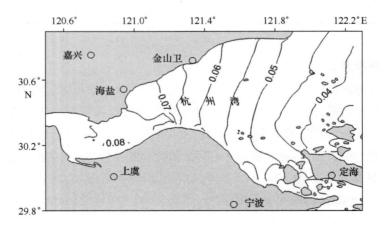

图 10.21 活性磷酸盐源强削减 10%模拟计算结果

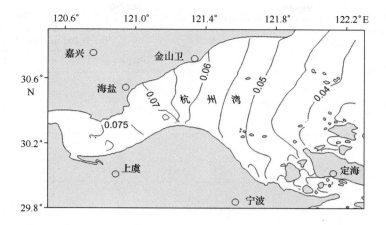

图 10.22　活性磷酸盐源强削减 20% 模拟计算结果

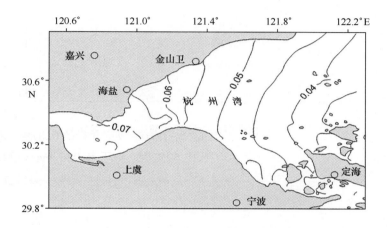

图 10.23　活性磷酸盐源强削减 50% 模拟计算结果

活性磷酸盐在源强削减量较小时,对控制指标的完成程度效果不佳,当削减量有大幅度提升时,对杭州湾海域水质的改善效果开始明显。在预测削减量的基础上,对各源强削减方案进行调整,重新进行预测计算,使水质改善满足控制指标的同时,得到最小的削减量。经过模型计算,当源强削减量达到 38%、48% 时,可分别在削减量尽可能最小的情况下完成近期和远期的水质改善目标。其中,通过平均削减 38%,近期可使小于 0.045 mg/L 的海域面积达到 283.56 km²,占杭州湾海域总面积的 5.25%;平均削减 48% 后,可使小于 0.045 mg/L 的海域面积达到 541.97 km²,占杭州湾海域总面积的 10.04%(图 10.24 ~ 图 10.25、表 10.14)。因此,根据前文制定的两期控制指标,活性磷酸盐削减量估算结果分别为 1 120.010 t/a、1 414.749 t/a(表 10.15)。

表 10.13　活性磷酸盐源强各削减方案小于 0.045 mg/L 海域面积(总面积：5 396.71 km²)

削减方案		小于 0.045 mg/L 的海域	
削减量	削减率	面积/km²	百分比/%
294.739	10%	3.06	0.06
589.479	20%	47.07	0.87
1 473.697	50%	610.92	11.32

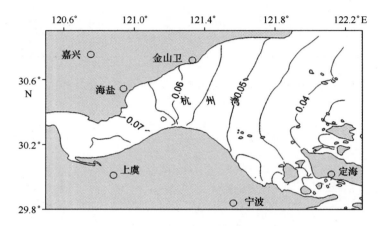

图 10.24　活性磷酸盐源强削减 38% 模拟计算结果

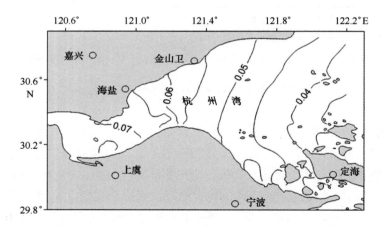

图 10.25　活性磷酸盐源强削减 48% 模拟计算结果

表 10.14　活性磷酸盐源强各削减方案小于 0.045 mg/L 海域面积(总面积：5 396.71 km²)

削减方案		小于 0.045 mg/L 的海域	
削减量	削减率	面积/km²	百分比/%
1 120.010	38%	283.56	5.25
1 414.749	48%	541.97	10.04

表 10.15　活性磷酸盐分期控制污染源削减估算量　　　　　　　　　单位:t/a

县(市、区)	近期	远期
镇海区	24.801	31.327
慈溪市	109.655	138.512
余姚市	84.318	106.507
上虞市	136.894	172.919
绍兴县	76.884	97.116
萧山区	193.488	244.405
海宁县	162.873	205.735
海盐县	71.834	90.737
平湖市	89.589	113.165
金山区	16.771	21.184
奉贤区	59.046	74.584
南汇区	93.858	118.558
总量	1 120.010	1 414.749
平均削减比例	38%	48%

10.3.4　污染物容量换算

根据海水水质标准规定的各项指标,本章选择了 COD_{Mn}、无机氮(DIN)和活性磷酸盐 (PO_4^-) 为计算指标对杭州湾各污染物进行了容量和削减量计算。第 9 章在确定污染物计算源强的同时,已得到了陆源污染排放指标 COD_{Cr}、总氮(TN)、总磷(TP)和容量计算指标 COD_{Mn}、无机氮(DIN)和活性磷酸盐 (PO_4^-) 之间的换算关系。现根据上述换算系数,计算陆源污染排放指标 COD_{Cr} 容量、总氮(TN)、总磷(TP)的削减量(表 10.16)

表 10.16　陆源污染物指标容量计算　　　　　　　　　　　单位:t/a

县(市、区)	COD_{Cr} 容量	TN 削减量			TP 削减量	
		近期	中期	远期	近期	远期
镇海区	85.62×10^4	40.32	86.41	207.38	33.23	41.98
慈溪市	0	165.44	354.52	850.85	146.94	185.61
余姚市	0	126.28	270.60	649.44	112.99	142.72
上虞市	0	221.66	474.99	1 139.97	183.44	231.71
绍兴县	0	164.11	351.66	843.98	103.02	130.14
萧山区	0	324.15	694.60	1 667.03	259.27	327.50
海宁县	0	203.46	435.99	1 046.37	218.25	275.68
海盐县	0	106.86	228.98	549.56	96.26	121.59
平湖市	0	150.15	321.76	772.22	120.05	151.64
金山区	0	59.95	128.47	308.32	22.47	28.39
奉贤区	0	94.92	203.39	488.13	79.12	99.94
南汇区	45.41×10^4	128.84	276.09	662.61	125.77	158.87
总量	131.03×10^4	1 786.14	3 827.44	9 185.87	1 500.81	1 895.76

10.4 小结

本章确定了杭州湾污染物容量计算因子,对化学需氧量(COD)、营养盐(N、P)分别进行了容量和削减量计算。

(1)根据杭州湾水质调查现状,确定了化学需氧量(COD_{Cr})、总氮(TN)和总磷(TP)为污染物容量计算因子,选择化学需氧量(COD_{Mn})、无机氮(DIN)和活性磷酸盐(PO_4^-)为各环境容量计算因子的水质控制指标。

(2)对COD_{Mn}计算环境容量,综合考虑海洋功能区划和海域环境功能区划,在杭州湾内设置23个水质控制点,其中10个一类水质控制点,7个二类水质控制点,1个三类水质控制点,5个四类水质控制点。

(3)对无机氮(DIN)和活性磷酸盐(PO_4^-)进行削减量计算,确定水质控制目标:无机氮(DIN)近期改善面积6%,中期改善面积16%,远期改善面积36%;活性磷酸盐(PO_4^-)近期达标面积5%,远期达标面积10%。

(4)经过水质模型计算响应系数及分担率,并进行线性规划求解,得到在满足控制目标条件下,杭州湾COD_{Cr}的环境容量为131.03×10^4 t/a。在现状源强的基础上,镇海、南汇分别可增加85.62×10^4 t/a、45.41×10^4 t/a的源强增量。

(5)杭州湾氮污染程度较高,按分期控制控制指标,通过模型预测得到能够满足三期目标的最小平均削减量。总氮(TN)源强平均削减7%,可完成近期控制指标,削减量为1 786.14 t/a;源强平均削减15%,可完成中期控制指标,削减量为3 827.44 t/a;源强平均削减36%,可完成远期控制指标,削减量为9 185.87 t/a。

(6)杭州湾磷污染程度较高,按分期控制控制指标,通过模型预测得到能够满足两期目标的最小平均削减量。总磷(TP)源强平均削减38%,可完成近期控制指标,削减量为1 500.81 t/a;源强平均削减48%,可完成远期控制指标,削减量为1 895.76 t/a。

参考文献

陈则实,等. 中国海湾志第五分册(上海市和浙江省北部海湾)[M]. 北京:海洋出版社,1992.

杜春梅. 2002. 沙子口湾海水环境容量初步研究[J]. 海洋科学,26(10):13 – 14.

郭栋鹏,徐明德. 2008. 黄海南部海水中COD降解规律的研究[J]. 太原理工大学学报,39(4):358 – 361.

郭良波,江文胜,李凤岐,等. 2007. 渤海COD与石油烃环境容量计算[J]. 中国海洋大学学报,37(2):310 – 316.

郭森,韩保新,杨静,等. 2006. 纳污海域水环境容量计算与总量分配方法研究——以钦州湾为例[J]. 环境科学与技术(增刊),(29):19 – 22.

国家环境保护局. 1997. 海水水质标准(GB3097—1997)[S]. 北京:中国标准出版社.

何青. 1998.杭州湾北部水域污染物扩散输移的数值模拟与分析[D]. 华东师范大学博士学位论文.

黄秀清,王金辉,蒋晓山. 2008.象山港海洋环境容量及污染物总量控制研究[M]. 北京:海洋出版社.

黄自强,暨卫东. 1994. 长江口水中总磷、有机磷、磷酸盐的变化特征及相互关系[J]. 海洋学报,16(1):

51 – 60.

季民,孙志伟,王泽良,等.1999.污水排海有机物的生化降解动力学系数测定及水质模拟[J].中国给水排水,15(11):62 – 65.

李开明,陈铣成,许振成.1990.潮汐河网区水污染总量控制及其分配方法[J].环境科学研究,3(6):36 – 42.

栗苏文,李红艳,夏建新.2005.基于 Delft 3D 模型的大鹏湾水环境容量分析[J].环境科学研究,18(5):91 – 95.

林卫青,卢士强,矫吉珍.2008.长江口及毗邻海域水质和生态动力学模型与应用研究[J].水动力学研究与进展,23(5):522 – 531.

刘浩,尹宝树.2006.辽东湾氮、磷和 COD 环境容量的数值计算[J].海洋通报,25(2):46 – 54.

刘培哲.1990.水环境容量研究的理论与实践[C].环境科学论文集,8 – 20.

刘鹏.2002.水环境生化降解系数的确定及应用[J].企业技术开发,4.

牛志广,张宏伟.2006.地统计学和 GIS 用于计算近海水环境容量的研究[J].天津工业大学学报,25(1):74 – 80.

邱巍.1996.长江口竹园排污区 COD 降解系数的测试与分析[J].上海水利,4:33 – 36.

仝伟,张文志.2006.水环境容量计算一维模型中设计条件和参数影响分析[J].广东水利水电,3:9 – 11.

王华,逄勇,丁玲.2007.滨江水体水环境容量计算研究[J].环境科学学报,27(12):2067 – 2073.

王金南,潘向忠.2008.线性规划方法在环境容量资源分配中的应用[C].见:中国环境科学学会环境规划专业委员会 2008 年学术年会论文集,3 – 9.

王泽良,陶建华,季民,等.2004H 渤海湾中化学需氧量(COD)扩散、降解过程研究[J].海洋通报,23(1):27 – 31.

肖杨,毛显强,马根慧,等.2008.基于 ADMS 和线性规划的区域大气环境容量测算[J].环境科学研究,21(3):13 – 21.

苟方飞,葛亚军,马靖一.2009.线性规划法在水环境容量计算中的应用[J].水资源与水工程学报,20(5):180 – 182.

严以新,张素香,李熙.2007.长江口南港化学需氧量动力学模型的应用[J].水道港口,28(4):278 – 281.

喻良,刘遂庆,王牧阳.2006.基于水环境模型的水环境容量计算的研究[J].河南科学,24(6):874 – 876.

张亭亭.2009.海域环境容量的价值评估[D].厦门大学硕士学位论文.

张学庆,孙英兰.2007.胶州湾入海污染物总量控制研究[J].海洋环境科学,26(4):347 – 359.

张燕.2007.海湾入海污染物总量控制方法与应用研究[D].中国海洋大学博士学位论文.

张永良.1991.水环境容量综合手册[M].北京:清华大学出版社.

张永良.1992.水环境容量基本概念的发展[J].环境科学研究,5(3).

朱静.2007.近岸海域水污染物输移规律及环境容量研究[D].河海大学硕士学位论文.

Burn D H,Lence B. 1992. Comparison of optimization formulations for waste load allocation[J]. Environmental Engineering,118(4):597 – 612.

Cardwell H,Ellis H. 1993. Stochastic dynamic programming models for water quality management[J]. Water Resources Research,29(40):803 – 813.

Sasikumar K,Mujumdar PP. 1998. Fuzzy optimization model for water quality management of a river system[J]. Journal of Water Resources Planning and Management – ASCE,124(2):79 – 88.

Stebbing, A. R. D. 1992. Environmental Capacity and the Precautionary Principle[J]. Mar. Pollut. Bull. , 24 (6):287 – 295.

Subhankar Karmakar, P. P. Mujumdar. 2007. A two – phase grey fuzzy optimization approach for water quality management of a river system[J]. Advances in Water Resources,30(5):1218 – 1235.

Wei H. ,Sun J. ,Molla,et al. 2004. Plankton dynamics in the Bohai Sea – observations and modeling[J]. Journal of Marine System, (44):233 – 251.

第11章 海湾环境容量利用与总量控制分配方案

海域污染物总量控制,是指在海洋功能区划接受和自然环境允许的范围内,在环境容量研究的基础上,通过行政、经济和技术措施,控制排污入海的污染物种类、数量和速度,满足各功能区对环境质量的要求的系统工程,再通过生态环境变化与周边地区环境变化和社会经济、人口发展之间内在关系的探讨,建立基于沿岸地区社会经济与环境、资源协调发展的总量控制与容量分配系统。

本章在得出了杭州湾环境容量估算及自然条件分配结果的基础上,通过杭州湾各县(市、区)的环境、资源、经济和社会等指标优化杭州湾环境容量分配及总量控制方案。

本章在得出了杭州湾环境容量估算及自然条件分配结果的基础上,通过杭州湾各县(市、区)的环境、资源、经济和社会等指标优化杭州湾环境容量分配及总量控制方案。

11.1 杭州湾 COD_{Cr} 容量分配方案

对杭州湾市(县) COD_{Cr} 优化分配的技术路线是:进行杭州湾沿岸县(市、区)划分,从环境、资源、经济、社会和污染物排放浓度响应程度等指标考虑设计分配方案,计算出各方案杭州湾县(市、区)的 COD_{Cr} 分配权重,通过数学模型计算各方案的环境容量及分配结果,综合评定各方案优劣,最终确定最优方案。

11.1.1 方案设计

方案一:以环境容量分配理论为基础,从现有的总污染物(COD_{Cr})排放量、自然资源、经济发展和社会发展四个方面分层次通过专家咨询确定各层次各要素的权重系数;通过层次分析计算县(市、区)在这四方面的组合权重。

方案二:在方案一的基础上,重点考虑到县(市、区)的污染物(COD_{Cr})排放浓度响应程度要素并作为第一层次的自然净化要素,而现有的总污染物(COD_{Cr})排放量、自然资源、经济发展和社会发展四个方面作为第一层次的社会要素,并均分第一层次权重;第一层次的社会要素仍通过专家咨询确定各层次各要素的权重系数;通过层次分析计算县(市、区)的组合权重。

方案三:平均考虑现有的总污染物(COD_{Cr})排放量、污染物(COD_{Cr})排放浓度响应程度、自然资源、经济发展和社会发展五个方面分层次权重系数;通过层次分析计算县(市、区)在这五方面的组合权重。

11.1.2 分配权重计算

11.1.2.1 计算方法

1)层次分析法(AHP)

层次分析法(The Analytic Hierarchy Process,简称 AHP)由美国运筹学家 T. L. Saaty 提出,是一种定性与定量相结合的多目标决策分析技术,其基本原理是将待评价或识别的复杂问题分解成若干层次,由专家或决策者对所列指标通过重要程度的两两比较逐层进行判断评分,利用计算判断矩阵的特征向量确定下层指标对上层指标的贡献程度或权重,从而得到最基层指标对于总体目标的重要性权重排序。层次分析以其系统性、灵活性、实用性等特点特别适合于多目标、多层次、多因素和多方案的复杂系统的分析决策。

层次分析法首先建立层次结构和指标。以县(市、区)允许污染物排放分配量为目标层 A,环境、资源、经济、社会指标分别为准则层 N 的指标 $N_i(i=1\sim4)$,工业、农业、生活、海水养殖排污分别为子准则层 P 的子指标 $P1$、$P2$、$P3$、$P4$,从属于 N_1;乡镇面积、海岸线长度分别为子准则层 P 的子指标 $P5,P6$,从属于 N_2;工业、农业、服务业产值分别为子准则层 P 的子指标 $P7,P8,P9$,从属于 N_3;人口、排污效益、劳动生产率分为子准则层 P 的子指标 $P10$,$P11,P12$,从属于 N(图 11.1)。

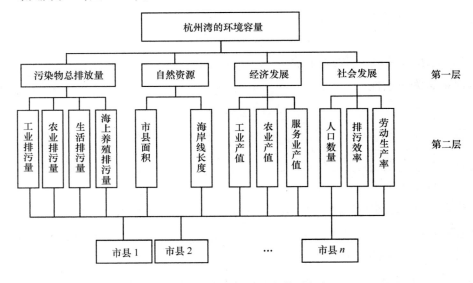

图 11.1　污染物分配指标体系框架

然后将上一层次指标下本层次指标之间两两比较的相对重要性用数值表示出来,就构成判断矩阵。两两比较的相对重要性数值一般按五级标度法,通常取 1~5 及其倒数(倒数表示相互比较的重要性,具有相反的类似意义)(表 11.1)。

表 11.1　五级标度法及其含义

标度	定义(比较因素 i 与 j)
1	因素 N_i 比 N_j 同样重要:N_{ij}取值 1(N_{ji}取值为 1/1)
3	因素 N_i 比 N_j 明显重要:N_{ij}取值 3(N_{ji}取值为 1/3)
5	因素 N_i 比 N_j 绝对重要:N_{ij}取值 5(N_{ji}取值为 1/5)
2,4	上述两相邻判断的中间值
2~5 的倒数	表示因素 i 与因素 j 比较的标度值等于因素 j 与因素 i 比较的标度值的倒数

　　根据判断矩阵计算本层次指标与上一层次某指标之间的重要性程度的相对值(即权重值)的过程,称为层次单排序。采用的方法为求判断矩阵最大特征值对应的特征向量并将其归一化。如对于 $A \sim N$ 判断矩阵 B,计算满足 $B\omega = \lambda_{\max}\omega$ 的特征向量 ω($\lambda_{\max}$ 为最大特征值),并将其归一化,则其相应的分量即为该层次的排序权重值,也就是单排序结果。

　　然后必须通过一致性检验检查各个指标的权重之间是否存在矛盾之处。基于矩阵基础理论的一致性,检验步骤为计算判断矩阵的最大特征值(或称最大特征根)$\lambda_{\max}$;计算一致性指标 CI:

$$CI = (\lambda_{\max} - n)/(n - 1) \tag{11.1}$$

式(11.1)中,n 为判断矩阵的行数,也即层次子系统中的指标个数。

　　接着计算随机一致性比率 CR:

$$CR = CI/RI \tag{11.2}$$

式(11.2)中,RI 为随机一致性指标,应该对当 $CR \leqslant 0.10$ 时,判断矩阵具有满意的一致性,$CR < 1$ 时被认为一致性可以接受;否则,应对判断矩阵予以调整(表 11.2)。

表 11.2　平均随机一致性指标值

n	2	3	4	5	6	7	8	9	10	11	12
RI	0.00	0.58	0.90	1.12	1.24	1.32	1.41	1.45	1.49	1.52	1.54

　　最后利用同一层次中所有指标(元素)单排序的结果,就可以计算针对上一层次而言本层次所有元素重要性(权重)的数值。由于层次总排序的表达结果是在策略层,即最末层 P 层次中进行,因此,总排序需从上到下($A - N - P$)逐层进行。

　　2)基于专家赋权的 AHP 法

　　根据对专家的问卷调查,确定同层指标权重,由此可以确定子准则层的所有子指标相对于总目标层的权重,并根据各市(县)的各指标信息,可以计算其对不同指标的贡献率,从而可以确定各个县(市、区)的排污分配权重。

　　3)基于相互重要性比较矩阵法、方差法、熵法、理想权重法的 AHP 法

　　根据相互重要性比较矩阵法、方差法、熵法、理想权重法等数学方法,通过 AHP 法层次分析,依据各市(县)的各指标信息,可以计算其对不同指标的贡献率,从而可以确定各个县

（市、区）的排污分配权重。

11.1.2.2 计算结果

1）基于专家赋权的 AHP 法

（1）资料统计

以 2008 年为基准年，统计杭州湾各县（市、区）现有的总污染物（COD_{Cr}）排放量、自然资源、经济发展和社会发展资料。

①现有的总污染物（COD_{Cr}）排放量

杭州湾沿海各县（市、区）工业、农业、生活、海水养殖排污以及现有的总污染物排放量统计结果如下（表 11.3）。

表 11.3 各县（市、区）现有的总污染物（COD_{Cr}）排放量统计　　　　　单位：t/a

序号	县（市、区）	工业污染排放量	农业污染排放量	生活污染排放量	海上养殖污染排放量	总污染排放量
1	镇海区	387.63	1 145.25	966.20	270.43	2 769.51
2	慈溪市	1 662.22	5 565.62	4 015.43	3 224.09	14 467.36
3	余姚市	2 762.90	5 377.14	3 263.41	85.95	11 489.40
4	上虞市	3 645.10	8 215.44	3 093.25	51.79	15 005.58
5	绍兴县	17 276.79	4 899.66	2 908.01		25 084.46
6	萧山区	17 435.70	12 051.91	4 786.23		34 273.84
7	海宁市	2 186.47	6 475.94	2 782.69	539.05	11 984.15
8	海盐县	2 012.54	4 210.13	1 444.17	147.66	7 814.50
9	平湖市	1 152.36	5 933.06	1 952.51	72.18	9 110.11
10	金山区	19 047.16	615.00	2 194.06		21 856.22
11	奉贤区	9 399.48	1 693.70	2 699.65		13 792.83
12	南汇区	2 181.24	2 374.13	3 366.62		7 921.99

②自然资源

杭州湾沿海各县（市、区）自然资源要素的面积和岸线统计结果如下（表 11.4）。

表 11.4 各县（市、区）自然资源要素统计

序号	县（市、区）	面积/km²	岸线/km	序号	县（市、区）	面积/km²	岸线/km
1	镇海区	246.0	16.0	7	海宁市	700.5	55.9
2	慈溪市	1 361.0	78.5	8	海盐县	1 073.0	53.5
3	余姚市	1 526.9	23.0	9	平湖市	537.0	27.0
4	上虞市	1 403.0	19.0	10	金山区	586.1	23.3
5	绍兴县	1 177.0	7.1	11	奉贤区	720.4	31.6
6	萧山区	1 420.0	74.4	12	南汇区	687.4	60.0

③经济发展

杭州湾沿海各县(市、区)工业、农业及服务业产值统计结果如下(表11.5)。

表11.5　各县(市、区)社会经济统计　　　　　　　　　　　单位:亿元

序号	县(市、区)	工业产值	农业产值	服务业产值
1	镇海区	629.05	7.7	66.61
2	慈溪市	1 730.31	41.17	199.56
3	余姚市	818.85	39.86	164.64
4	上虞市	972.26	40.29	111.63
5	绍兴县	2 552.71	33.4	198.01
6	萧山区	3 154.66	59.31	307.15
7	海宁市	722.17	26.11	113.88
8	海盐县	378.37	14.73	53.87
9	平湖市	640.91	20.72	68.92
10	金山区	1 012.30	29.00	101.65
11	奉贤区	1 145.57	36.35	143.04
12	南汇区	1 050.70	48.63	141.83

④社会发展

杭州湾沿海各县(市、区)人口、排污效率及劳动生产率统计结果如下(表11.6)。

表11.6　各县(市、区)人口、排污效率(COD_{Cr})及劳动生产率统计

序号	县(市、区)	人口数量/人	排污效益/(万元/t)	劳动生产率/[万元/(人·年)]
1	镇海区	224 348	3.38	31.35
2	慈溪市	1 031 220	1.82	19.11
3	余姚市	831 062	1.19	12.31
4	上虞市	773 050	1.00	14.54
5	绍兴县	714 564	1.48	38.96
6	萧山区	1 194 721	1.37	29.47
7	海宁市	650 874	0.96	13.25
8	海盐县	369 206	0.76	12.11
9	平湖市	483 651	1.07	15.10
10	金山区	645 600	0.70	17.70
11	奉贤区	808 400	1.28	16.39
12	南汇区	1 062 100	2.09	11.69

⑤污染物(COD_{Cr})排放浓度响应程度

根据容量计算章节中杭州湾沿海各县(市、区)污染源的响应系数场计算结果,对杭州

湾各县(市、区)污染源的增加和对杭州湾海域 24 个控制点响应系数相加,并取倒数,因容量分配与之成反比关系,即响应系数场数值越大,容量分配就越小(表 11.7)。

表 11.7　各县(市、区)污染物(COD_Cr)排放浓度响应程度统计

序号	县(市、区)	污染物排放浓度响应程度	序号	县(市、区)	污染物排放浓度响应程度
1	镇海区	1.53	7	海宁市	0.91
2	慈溪市	0.87	8	海盐县	0.91
3	余姚市	0.88	9	平湖市	2.16
4	上虞市	0.93	10	金山区	1.23
5	绍兴县	0.98	11	奉贤区	1.28
6	萧山区	1.07	12	南汇区	2.19

(2)组合权重计算

①方案一组合权重计算

引用《乐清湾海洋环境容量及污染物总量控制研究》关于容量分配的结果,容量分配要素权重系数如下(表 11.8)。

表 11.8　杭州湾沿海各县(市、区)COD_Cr 容量分配要素权重

第一层要素	权重均值/%	第二层要素	权重均值/%
总污染排放量(η_p)	16	工业排放量	25
		农业排放量	24
		生活排放量	26
		海水养殖排放量	25
自然资源(η_r)	25	面积	45
		岸线长度	55
经济发展(GDP 产值)(η_e)	31	工业产值	34
		农业产值	28
		服务业产值	38
社会发展(η_s)	28	人口	26
		排污效率	38
		劳动生产率	36

方案一组合权重计算结果如下(表 11.9)。

表 11.9　杭州湾沿海各县(市、区)COD$_{Cr}$ 容量分配要素权重

序号	县(市、区)	污染物排放量 贡献率(P_i)	自然资源贡献率 (R_i)	经济效益系数 (E_i)	社会效益系数 (S_i)	组合权重
1	镇海区	0.029	0.028	0.035	0.131	0.059
2	慈溪市	0.243	0.146	0.114	0.101	0.139
3	余姚市	0.061	0.087	0.084	0.070	0.077
4	上虞市	0.072	0.077	0.076	0.068	0.073
5	绍兴县	0.097	0.055	0.127	0.114	0.101
6	萧山区	0.142	0.143	0.184	0.112	0.147
7	海宁市	0.086	0.093	0.061	0.061	0.073
8	海盐县	0.043	0.105	0.031	0.047	0.056
9	平湖市	0.047	0.053	0.045	0.062	0.052
10	金山区	0.080	0.050	0.067	0.062	0.063
11	奉贤区	0.058	0.065	0.084	0.078	0.074
12	南汇区	0.043	0.097	0.091	0.096	0.086

②方案二组合权重计算

杭州湾沿海各县(市、区)COD$_{Cr}$ 容量分配要素权重系数如下(表 11.10)。

表 11.10　杭州湾沿海各县(市、区)COD$_{Cr}$ 容量分配要素权重

第一层要素	权重均值/%	第二层要素	权重均值/%	第三层要素	权重均值/%
污染衰减系数	50	污染物排放浓度 响应程度倒数 (η_x)	100		
社会要素系数	50	总污染排放量 (η_p)	16	工业排放量	25
				农业排放量	24
				生活排放量	26
				海水养殖排放量	25
		自然资源(η_r)	25	面积	45
				岸线长度	55
		经济发展(GDP 产值)(η_e)	31	工业产值	34
				农业产值	28
				服务业产值	38
		社会发展(η_s)	28	人口	26
				排污效率	38
				劳动生产率	36

方案二组合权重计算结果如下(表 11.11)。

表 11.11 杭州湾沿海各县(市、区)COD_{Cr}容量分配要素权重

表 11.11 杭州湾沿海各县(市、区)COD_{Cr}容量分配要素权重

序号	县(市、区)	污染物排放量贡献率(P_i)	自然资源贡献率(R_i)	经济效益系数(E_i)	社会效益系数(S_i)	污染衰减系数(X_i)	组合权重
1	镇海区	0.029	0.028	0.035	0.131	0.102	0.081
2	慈溪市	0.243	0.146	0.114	0.101	0.058	0.099
3	余姚市	0.061	0.087	0.084	0.070	0.059	0.068
4	上虞市	0.072	0.077	0.076	0.068	0.062	0.068
5	绍兴县	0.097	0.055	0.127	0.114	0.065	0.083
6	萧山区	0.142	0.143	0.184	0.111	0.071	0.109
7	海宁市	0.086	0.093	0.061	0.061	0.061	0.067
8	海盐县	0.043	0.105	0.031	0.047	0.061	0.058
9	平湖市	0.047	0.053	0.045	0.062	0.144	0.098
10	金山区	0.080	0.050	0.067	0.062	0.083	0.073
11	奉贤区	0.058	0.065	0.084	0.078	0.086	0.080
12	南汇区	0.043	0.097	0.091	0.096	0.147	0.116

③方案三组合权重计算

在方案 1 的基础上,把污染物排放浓度响应程度的倒数作为污染衰减系数,与现有的总污染物(COD_{Cr})排放量、自然资源经济发展和社会发展四个方面作为同一层次要素平均分配权重,方案 3 各层次容量分配要素权重系数如下(表 11.12)。

表 11.12 杭州湾沿海各县(市、区)COD_{Cr}容量分配要素权重

第一层要素	权重均值/%	第二层要素	权重均值/%
污染衰减系数(η_x)	20	污染物排放浓度响应程度倒数	100
总污染排放量(η_p)	20	工业排放量	25
		农业排放量	25
		生活排放量	25
		海水养殖排放量	25
自然资源(η_r)	20	面积	50
		岸线长度	50
经济发展(GDP 产值)(η_e)	20	工业产值	100/3
		农业产值	100/3
		服务业产值	100/3
社会发展(η_s)	20	人口	100/3
		排污效率	100/3
		劳动生产率	100/3

方案三组合权重计算结果如下(表 11.13)。

表 11.13　杭州湾沿海各县(市、区) COD_{Cr} 容量分配要素权重

序号	县(市、区)	污染物排放量贡献率(P_i)	自然资源贡献率(R_i)	经济效益系数(E_i)	社会效益系数(S_i)	污染衰减系数(X_i)	组合权重
1	镇海区	0.029	0.028	0.034	0.120	0.102	0.062
2	慈溪市	0.243	0.143	0.113	0.102	0.058	0.132
3	余姚市	0.061	0.091	0.085	0.072	0.059	0.074
4	上虞市	0.073	0.082	0.078	0.070	0.062	0.073
5	绍兴县	0.097	0.059	0.125	0.112	0.065	0.092
6	萧山区	0.142	0.141	0.182	0.114	0.071	0.130
7	海宁市	0.086	0.090	0.061	0.062	0.061	0.072
8	海盐县	0.044	0.104	0.032	0.046	0.061	0.057
9	平湖市	0.048	0.052	0.046	0.061	0.144	0.070
10	金山区	0.079	0.050	0.067	0.064	0.083	0.069
11	奉贤区	0.057	0.065	0.085	0.079	0.086	0.074
12	南汇区	0.042	0.094	0.093	0.098	0.147	0.095

2)基于相互重要性比较矩阵法、方差法、熵法、理想权重法的 AHP 法

(1)方案一

①专家咨询法—专家咨询法

采用专家咨询法—专家咨询法计算的杭州湾沿岸县(市、区) COD_{Cr} 允许排放量分配权重如下(表 11.14)。

表 11.14　专家咨询法—专家咨询法 COD_{Cr} 允许排放量分配权重

汇水区	镇海区	慈溪市	余姚市	上虞市	绍兴县	萧山区
分配权重	0.059 1	0.138 8	0.077 3	0.073 4	0.100 7	0.146 7
汇水区	海宁县	海盐县	平湖市	金山区	奉贤区	南汇区
分配权重	0.073 0	0.055 9	0.051 9	0.063 4	0.073 5	0.086 2

②相互重要性比较矩阵法—专家咨询法

COD_{Cr} 总量分配的第一层要素的相互重要性比较判断矩阵如下:

$$
\begin{array}{cccc}
 & N_1 & N_2 & N_3 & N_4 \\
\begin{array}{c} N_1 \\ N_2 \\ N_3 \\ N_4 \end{array} &
\left[\begin{array}{cccc}
1 & \dfrac{1}{2} & \dfrac{1}{4} & \dfrac{1}{3} \\[2mm]
2 & 1 & \dfrac{1}{3} & \dfrac{1}{2} \\[2mm]
4 & 3 & 1 & 2 \\[2mm]
3 & 2 & \dfrac{1}{2} & 1
\end{array} \right]
\end{array}
$$

用 MATLAB 解出 COD_{Cr} 总量分配的第一层要素相互重要性比较判断矩阵的特征向量为[0.166 1;0.278 7;0.813 5;0.482 6]，要素的权重系数分别为 0.095 4,0.160 1,0.467 3 和 0.277 2,$CI = 0.010\ 3$,$CR = 0.011\ 5 < 0.1$。采用相互重要性比较矩阵法–专家咨询法计算的杭州湾沿岸县(市、区)COD_{Cr}允许排放量分配权重如下(表 11.15)。

表 11.15　相互重要性比较矩阵法—专家咨询法 COD_{Cr} 允许排放量分配权重

汇水区	镇海区	慈溪市	余姚市	上虞市	绍兴县	萧山区
分配权重	0.059 8	0.127 7	0.078 6	0.073 6	0.109 2	0.153 4
汇水区	海宁县	海盐县	平湖市	金山区	奉贤区	南汇区
分配权重	0.068 5	0.048 5	0.051 0	0.064 1	0.077 0	0.088 6

③专家咨询法—方差法

采用专家咨询法—方差法计算的杭州湾沿岸县(市、区)COD_{Cr}允许排放量分配权重如下(表 11.16)。

表 11.16　专家咨询法—方差法 COD_{Cr} 允许排放量分配权重

汇水区	镇海区	慈溪市	余姚市	上虞市	绍兴县	萧山区
分配权重	0.055 0	0.135 3	0.078 2	0.075 1	0.103 0	0.148 2
汇水区	海宁县	海盐县	平湖市	金山区	奉贤区	南汇区
分配权重	0.071 9	0.055 5	0.051 4	0.066 4	0.074 6	0.085 4

④相互重要性比较矩阵法—方差法

采用相互重要性比较矩阵法—方差法计算的杭州湾沿岸县(市、区)COD_{Cr}允许排放量分配权重如下(表 11.17)。

表 11.17　相互重要性比较矩阵法—方差法 COD_{Cr}允许排放量分配权重

汇水区	镇海区	慈溪市	余姚市	上虞市	绍兴县	萧山区
分配权重	0.055 8	0.125 4	0.079 3	0.075 3	0.110 3	0.154 3
汇水区	海宁县	海盐县	平湖市	金山区	奉贤区	南汇区
分配权重	0.067 8	0.048 3	0.050 8	0.066 3	0.077 8	0.088 5

⑤专家咨询法—熵法

采用专家咨询法—熵法计算的杭州湾沿岸县(市、区)COD_{Cr}允许排放量分配权重如下(表 11.18)。

表 11.18　专家咨询法—熵法 CODCr 允许排放量分配权重

汇水区	镇海区	慈溪市	余姚市	上虞市	绍兴县	萧山区
分配权重	0.061 7	0.181 6	0.069 2	0.065 0	0.094 0	0.137 7
汇水区	海宁县	海盐县	平湖市	金山区	奉贤区	南汇区
分配权重	0.076 0	0.054 8	0.048 5	0.059 6	0.069 1	0.082 7

⑥相互重要性比较矩阵法—熵法

采用相互重要性比较矩阵法—熵法计算的杭州湾沿岸县(市、区)CODCr 允许排放量分配权重如下(表 11.19)。

表 11.19　相互重要性比较矩阵法—熵法 CODCr 允许排放量分配权重

汇水区	镇海区	慈溪市	余姚市	上虞市	绍兴县	萧山区
分配权重	0.061 5	0.153 4	0.072 3	0.068 2	0.107 0	0.149 3
汇水区	海宁县	海盐县	平湖市	金山区	奉贤区	南汇区
分配权重	0.069 7	0.047 5	0.049 0	0.061 9	0.074 1	0.086 1

⑦专家咨询法—理想权重法

采用专家咨询法—理想权重法计算的杭州湾沿岸县(市、区)CODCr 允许排放量分配权重如下(表 11.20)。

表 11.20　专家咨询法—理想权重法 CODCr 允许排放量分配权重

汇水区	镇海区	慈溪市	余姚市	上虞市	绍兴县	萧山区
分配权重	0.030 8	0.138 1	0.086 5	0.082 2	0.094 9	0.152 0
汇水区	海宁县	海盐县	平湖市	金山区	奉贤区	南汇区
分配权重	0.074 4	0.054 4	0.050 3	0.067 7	0.077 6	0.091 1

⑧相互重要性比较矩阵法—理想权重法

采用相互重要性比较矩阵法—理想权重法计算的杭州湾沿岸县(市、区)CODCr 允许排放量分配权重如下(表 11.21)。

表 11.21　相互重要性比较矩阵法—理想权重法 CODCr 允许排放量分配权重

汇水区	镇海区	慈溪市	余姚市	上虞市	绍兴县	萧山区
分配权重	0.031 7	0.128 4	0.087 0	0.081 8	0.101 5	0.157 9
汇水区	海宁县	海盐县	平湖市	金山区	奉贤区	南汇区
分配权重	0.070 7	0.047 3	0.049 7	0.068 1	0.081 0	0.947

(2)方案二

①专家咨询—专家咨询—专家咨询法

采用专家咨询—专家咨询—专家咨询法计算的杭州湾沿岸县(市、区)CODCr 允许排放量分配权重如下(表11.22)。

表11.22　专家咨询—专家咨询—专家咨询法 COD_{Cr} 允许排放量分配权重

汇水区	镇海区	慈溪市	余姚市	上虞市	绍兴县	萧山区
分配权重	0.060 1	0.123 2	0.091 8	0.087 1	0.098 1	0.117 1
汇水区	海宁县	海盐县	平湖市	金山区	奉贤区	南汇区
分配权重	0.087 9	0.079 4	0.047 6	0.069 8	0.073 3	0.064 6

②专家咨询—相互重要性比较—专家咨询法

采用专家咨询—相互重要性比较—专家咨询法计算的杭州湾沿岸县(市、区) COD_{Cr} 允许排放量分配权重如下(表11.23)。

表11.23　专家咨询—相互重要性比较—专家咨询法 COD_{Cr} 允许排放量分配权重

汇水区	镇海区	慈溪市	余姚市	上虞市	绍兴县	萧山区
分配权重	0.060 5	0.117 6	0.092 5	0.087 1	0.102 4	0.120 4
汇水区	海宁县	海盐县	平湖市	金山区	奉贤区	南汇区
分配权重	0.085 7	0.075 7	0.047 2	0.070 1	0.075 1	0.065 7

③专家咨询—专家咨询—方差法

采用专家咨询—专家咨询—方差法计算的杭州湾沿岸县(市、区) COD_{Cr} 允许排放量分配权重如下(表11.24)。

表11.24　专家咨询—专家咨询—方差法 COD_{Cr} 允许排放量分配权重

汇水区	镇海区	慈溪市	余姚市	上虞市	绍兴县	萧山区
分配权重	0.058 1	0.121 4	0.092 3	0.087 9	0.099 3	0.117 9
汇水区	海宁县	海盐县	平湖市	金山区	奉贤区	南汇区
分配权重	0.087 4	0.079 2	0.047 4	0.071 3	0.073 9	0.064 1

④专家咨询—相互重要性比较法—方差法

采用专家咨询—相互重要性比较法—方差法计算的杭州湾沿岸县(市、区) COD_{Cr} 允许排放量分配权重如下(表11.25)。

表11.25　专家咨询—相互重要性比较法—方差法 COD_{Cr} 允许排放量分配权重

汇水区	镇海区	慈溪市	余姚市	上虞市	绍兴县	萧山区
分配权重	0.058 5	0.116 5	0.092 8	0.088 0	0.102 9	0.120 9
汇水区	海宁县	海盐县	平湖市	金山区	奉贤区	南汇区
分配权重	0.085 4	0.075 6	0.047 1	0.071 2	0.075 5	0.065 6

⑤专家咨询—专家咨询—熵法

采用专家咨询—专家咨询—熵法计算的杭州湾沿岸县(市、区)COD_{Cr}允许排放量分配权重如下(表 11.26)。

表 11.26　专家咨询—专家咨询—熵法 COD_{Cr} 允许排放量分配权重

汇水区	镇海区	慈溪市	余姚市	上虞市	绍兴县	萧山区
分配权重	0.061 5	0.144 6	0.087 8	0.082 8	0.094 8	0.112 6
汇水区	海宁县	海盐县	平湖市	金山区	奉贤区	南汇区
分配权重	0.089 4	0.078 8	0.045 9	0.067 9	0.071 1	0.062 7

⑥专家咨询—相互重要性比较—熵法

采用专家咨询—相互重要性比较—熵法计算的杭州湾沿岸县(市、区)COD_{Cr}允许排放量分配权重如下(表 11.27)。

表 11.27　专家咨询—相互重要性比较—熵法 COD_{Cr} 允许排放量分配权重

汇水区	镇海区	慈溪市	余姚市	上虞市	绍兴县	萧山区
分配权重	0.061 4	0.130 5	0.089 3	0.084 4	0.101 3	0.118 4
汇水区	海宁县	海盐县	平湖市	金山区	奉贤区	南汇区
分配权重	0.086 3	0.075 2	0.046 2	0.069 0	0.073 6	0.064 4

⑦专家咨询—专家咨询—理想权重法

采用专家咨询–专家咨询–理想权重法计算的杭州湾沿岸县(市、区)COD_{Cr}允许排放量分配权重如下(表 11.28)。

表 11.28　专家咨询—专家咨询—理想权重法 COD_{Cr} 允许排放量分配权重

汇水区	镇海区	慈溪市	余姚市	上虞市	绍兴县	萧山区
分配权重	0.046 0	0.122 9	0.096 4	0.091 4	0.095 2	0.119 7
汇水区	海宁县	海盐县	平湖市	金山区	奉贤区	南汇区
分配权重	0.088 7	0.078 7	0.046 8	0.071 9	0.075 4	0.066 9

⑧专家咨询—相互重要性比较—理想权重法

采用专家咨询—相互重要性比较—理想权重法计算的杭州湾沿岸市(县,区)COD_{Cr}允许排放量分配权重如下(表 11.29)。

表 11.29　专家咨询—相互重要性比较—理想权重法 COD_{Cr} 允许排放量分配权重

汇水区	镇海区	慈溪市	余姚市	上虞市	绍兴县	萧山区
分配权重	0.046 4	0.118 0	0.096 7	0.091 2	0.098 5	0.122 7
汇水区	海宁县	海盐县	平湖市	金山区	奉贤区	南汇区
分配权重	0.086 8	0.075 1	0.046 5	0.072 1	0.077 1	0.068 7

（3）方案三

①专家咨询法—专家咨询法

采用专家咨询法—专家咨询法计算的杭州湾沿岸县（市、区）COD_{Cr}允许排放量分配权重如下（表11.30）。

表11.30　专家咨询法—专家咨询法 COD_{Cr} 允许排放量分配权重

汇水区	镇海区	慈溪市	余姚市	上虞市	绍兴县	萧山区
分配权重	0.056 8	0.142 1	0.081 8	0.078 8	0.097 8	0.133 6
汇水区	海宁县	海盐县	平湖市	金山区	奉贤区	南汇区
分配权重	0.080 7	0.065 8	0.050 0	0.067 0	0.071 7	0.073 9

②专家咨询法—方差法

采用专家咨询法—方差法计算的杭州湾沿岸县（市、区）COD_{Cr}允许排放量分配权重如下（表11.31）。

表11.31　专家咨询法—方差法 COD_{Cr} 允许排放量分配权重

汇水区	镇海区	慈溪市	余姚市	上虞市	绍兴县	萧山区
分配权重	0.053 7	0.138 1	0.082 3	0.079 9	0.100 4	0.135 2
汇水区	海宁县	海盐县	平湖市	金山区	奉贤区	南汇区
分配权重	0.079 5	0.065 4	0.049 4	0.070 2	0.072 8	0.073 1

③专家咨询法—熵法

采用专家咨询法—熵法计算的杭州湾沿岸县（市、区）COD_{Cr}允许排放量分配权重如下（表11.32）。

表11.32　专家咨询法—熵法 COD_{Cr} 允许排放量分配权重

汇水区	镇海区	慈溪市	余姚市	上虞市	绍兴县	萧山区
分配权重	0.060 0	0.194 9	0.073 5	0.069 3	0.089 3	0.121 1
汇水区	海宁县	海盐县	平湖市	金山区	奉贤区	南汇区
分配权重	0.084 2	0.064 4	0.045 7	0.062 2	0.066 3	0.069 1

④专家咨询法—理想权重法

采用专家咨询法—理想权重法计算的杭州湾沿岸县（市、区）COD_{Cr}允许排放量分配权重如下（表11.33）。

表 11.33　专家咨询法—理想权重法 COD_{Cr} 允许排放量分配权重

汇水区	镇海区	慈溪市	余姚市	上虞市	绍兴县	萧山区
分配权重	0.036 5	0.140 1	0.088 6	0.085 3	0.094 4	0.137 7
汇水区	海宁县	海盐县	平湖市	金山区	奉贤区	南汇区
分配权重	0.081 5	0.064 7	0.048 8	0.070 4	0.074 8	0.077 3

11.1.3　环境容量计算及分配结果

根据污染物扩散模拟及环境容量估算结果,COD_{Cr} 和 COD_{Mn} 之间存在着线性对应的关系,所以杭州湾沿岸各县(市、区) COD_{Mn} 分配权重直接采用 COD_{Cr} 的分配权重即可。由第 10 章计算结果得到,杭州湾 COD_{Mn} 容量为 524 128.32 t/a。按各县(市、区)组合权重分配容量,计算各个方案的容量分配结果。各方案各县(市、区) COD_{Mn} 允许继续排放源强如下(表 11.34)。

表 11.34　COD_{Mn} 各工况允许继续排放源强　　　　　　　单位:t/a

县(市、区)	方案一	方案二	方案三
镇海区	30 923.57	42 454.39	32 495.96
慈溪市	72 853.84	51 888.70	69 184.94
余姚市	40 357.88	35 640.73	38 785.50
上虞市	38 261.37	35 640.73	38 261.37
绍兴县	52 936.96	43 502.65	48 219.81
萧山区	77 046.86	57 129.99	68 136.68
海宁市	38 261.37	35 116.60	37 737.24
海盐县	29 351.19	30 399.44	29 875.31
平湖市	27 254.67	51 364.58	36 688.98
金山区	33 020.08	38 261.37	36 164.85
奉贤区	38 785.50	41 930.27	38 785.50
南汇区	45 075.04	60 798.89	49 792.19

将表 11.34 中的 COD_{Mn} 允许继续排放源强作为各县(市、区)的源强增量,加上原有统计源强,进行 COD_{Mn} 浓度分布数值模拟,容量分配后的浓度等值线总体分布 3 个方案之间相差不大,由于取同一时刻的浓度计算值进行作图处理,所以等值线弯曲方向及变化趋势三个方案保持一致,总体呈现由湾口向湾内弯曲并增大的趋势(图 11.2 ~ 图 11.4)。

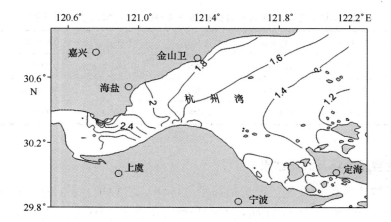

图 11.2　方案一 COD_{Mn} 浓度等值线分布(单位:mg/L)

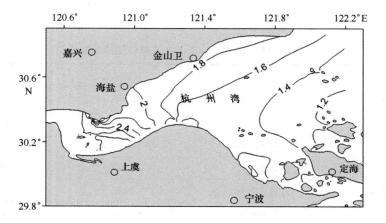

图 11.3　方案二 COD_{Mn} 浓度等值线分布(单位：mg/L)

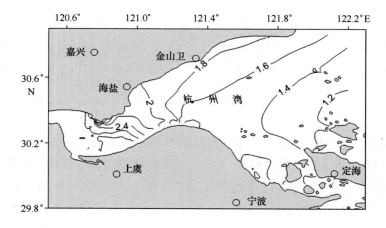

图 11.4　方案三 COD_{Mn} 浓度等值线分布(单位：mg/L)

各方案 COD_{Mn} 浓度等值线包络面积如下(表 11. 35)。

表 11. 35　COD_{Mn} 各方案浓度超标面积及百分比(总面积:5 396. 71 km^2)

方案	大于 1.000 mg/L		大于 2.000 mg/L		大于 3.000 mg/L	
	面积/km^2	百分比/%	面积/km^2	百分比/%	面积/km^2	百分比/%
方案一	5 396. 71	100. 00	903. 44	16. 74	20. 56	0. 38
方案二	5 396. 71	100. 00	783. 51	14. 52	9. 97	0. 18
方案三	5 396. 71	100. 00	866. 63	16. 06	15. 93	0. 30

提取各方案计算结果中各控制点的全潮平均浓度值,并给出其与标准浓度的百分比(表 11. 36)。

表 11. 36　COD_{Mn} 各方案控制点浓度计算值　　　　　　　　单位:mg/L

控制点编号	方案一	控制点资源利用率/%	方案二	控制点资源利用率/%	方案三	控制点资源利用率/%
1	2. 511	62. 78	2. 459	61. 47	2. 490	62. 24
2	2. 406	80. 19	2. 346	78. 21	2. 382	79. 42
3	2. 421	超标	2. 358	超标	2. 398	超标
4	2. 127	70. 88	2. 077	69. 23	2. 111	70. 35
5	2. 072	41. 44	2. 029	40. 58	2. 059	41. 18
6	1. 961	65. 36	1. 936	64. 54	1. 955	65. 17
7	1. 839	36. 78	1. 844	36. 88	1. 845	36. 89
8	1. 798	35. 96	1. 817	36. 35	1. 808	36. 17
9	1. 804	36. 09	1. 837	36. 75	1. 816	36. 32
10	2. 043	超标	1. 997	99. 87	2. 030	超标
11	1. 768	88. 38	1. 754	87. 72	1. 766	88. 31
12	2. 168	72. 25	2. 110	70. 35	2. 149	71. 65
13	1. 868	62. 26	1. 820	60. 65	1. 855	61. 84
14	1. 577	52. 57	1. 550	51. 68	1. 571	52. 38
15	1. 480	49. 34	1. 470	48. 99	1. 478	49. 28
16	1. 708	85. 39	1. 720	85. 99	1. 715	85. 74
17	1. 576	78. 81	1. 574	78. 68	1. 578	78. 89
18	1. 473	73. 65	1. 466	73. 30	1. 472	73. 62
19	1. 578	31. 57	1. 588	31. 76	1. 580	31. 60
20	1. 677	83. 83	1. 703	85. 17	1. 686	84. 32
21	1. 520	76. 01	1. 530	76. 49	1. 525	76. 25
22	1. 430	71. 49	1. 430	71. 51	1. 431	71. 56
23	1. 437	71. 84	1. 439	71. 94	1. 438	71. 88
24	1. 570	52. 35	1. 580	52. 65	1. 572	52. 40

11.1.4 优化分配方案确定

3个方案之间相差不大,等值线弯曲方向及变化趋势均保持一致。杭州湾内所有海域浓度均超过1 mg/L,方案一和方案三结果相近,超过2 mg/L的海域面积为全杭州湾海域的16.74%和16.06%,超过3 mg/L的海域面积为全杭州湾海域的0.38%和0.30%,方案二略显优势,超过2 mg/L的海域面积为全杭州湾海域的14.52%,超过3 mg/L的海域面积为全杭州湾海域的0.18%。各方案控制点计算浓度全潮平均值都十分接近,但方案一和方案三中控制点全潮平均计算浓度均有两个点浓度超标,方案二中超标点只有1个。综合考虑容量分配及各方案分配计算结果,确定方案二为最优分配方案,此时的COD_{Mn}允许排放容量如下(表11.37)。

表11.37　COD_{Mn}最佳方案各县(市、区)允许排放源强　　　单位:t/a

县(市、区)	允许排放源强	县(市、区)	允许排放源强
镇海区	42 454.39	海宁市	35 116.60
慈溪市	51 888.70	海盐县	30 399.44
余姚市	35 640.73	平湖市	51 364.58
上虞市	35 640.73	金山区	38 261.37
绍兴县	43 502.65	奉贤区	41 930.27
萧山区	57 129.99	南汇区	60 798.89

11.1.5 优化分配方案容量确定

优化分配方案中方案二为最优,但按最大容量分配后有1个控制点(3号控制点,控制标准为一类海水标准)全潮平均计算浓度(2.358 mg/L)超标,超标倍数为1.179,同时超过2 mg/L的海域面积为全杭州湾海域的14.52%,表明按方案二进行分配的实际容量应比计算容量小,是经过n次分配后模拟逐渐接近真值。

按静态理论,海域的容量与其浓度成正比,为此把杭州湾作为静态环境下,以达到各控制点的目标(3号点达到一类海水标准)为依据,按计算容量削减17.9%,获得优化分配方案的容量(430 309.4 t/a),同时依据各市县排放浓度对3号控制点的响应程度所占比例进行削减,得出削减后的各县(市、区)允许排放源强(表11.38)。

表11.38　COD_{Mn}优化容量(430 309.4 t/a)后各县(市、区)允许排放源强　　　单位:t/a

县(市、区)	允许排放源强	县(市、区)	允许排放源强
镇海区	41 781.85	海宁市	19 816.39
慈溪市	46 844.67	海盐县	20 647.65
余姚市	22 694.39	平湖市	49 346.97
上虞市	20 172.38	金山区	36 243.76
绍兴县	28 538.7	奉贤区	40 585.2
萧山区	43 679.25	南汇区	59 958.22

将表11.38中的优化容量COD_{Mn}允许排放源强作为源强增量重新进行数值模拟计算,

总体分布趋势与优化前无异(图11.5),优化后浓度等值线向湾顶略有移动,超过 2 mg/L 的海域面积为 699.32 km²,约为全杭州湾海域的 12.96%,超过 3 mg/L 的海域面积为 3.71 km²,约为全杭州湾海域的 0.07%,较原方案二稍有改善,说明各县(市、区)源强在杭州湾内形成的浓度场稍有优化。给出了各控制点的计算浓度值,可以看出各个控制点的计算浓度较原方案二均有所减小,说明削减允许排放源强后浓度水质有一定的改善,但其改善程度较小;3 号控制点浓度依旧超标,超标倍数从 1.179 减小到 1.129。分析其原因,根据各县(市、区)响应系数场,杭州湾内污染物浓度来源中,各县(市、区)源强只占很小一部分,以 3 号控制点为例,每个县(市、区)源强为 1 kg/s(31 536 t/a)时,各县(市、区)源强在 3 号点形成的浓度值仅为 0.558 mg/L,可见,钱塘江上游、曹娥江、甬江及长江来水等非县(市、区)排污源对杭州湾水域的影响更为重大。3 号点浓度超标主要由非县(市、区)污染源引起,各县(市、区)容量可按方案二优化后分配(表 11.39)。

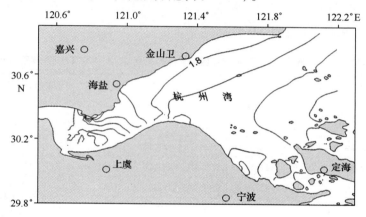

图 11.5　方案二优化后 COD_{Mn} 浓度等值线分布(单位: mg/L)

表 11.39　方案二优化后 COD_{Mn} 控制点浓度计算值　　　　　　　　单位: mg/L

控制点编号	全潮平均浓度	控制点资源利用率/%	控制点编号	全潮平均浓度	控制点资源利用率/%
1	2.429	60.72	13	1.742	58.07
2	2.296	76.55	14	1.514	50.48
3	2.258	112.89(超标)	15	1.485	49.48
4	2.009	66.97	16	1.715	85.76
5	1.968	39.36	17	1.540	76.99
6	1.895	63.15	18	1.454	72.72
7	1.831	36.62	19	1.586	31.71
8	1.849	36.98	20	1.695	84.73
9	1.869	37.39	21	1.501	75.05
10	1.918	95.91	22	1.407	70.36
11	1.709	85.47	23	1.596	79.81
12	2.020	67.35	/	/	/

11.2 杭州湾 TN、TP 容量削减方案

对杭州湾沿海各县(市、区)TN、TP 容量削减的技术路线以及方案设计同 COD_{Cr} 分配,权重计算仍基于专家赋权的 AHP 法,方案优化后,通过基于群决策的博弈分配模型,优化分配结果。

11.2.1 计算结果

11.2.1.1 资料统计

以 2008 年为基准年,统计杭州湾各县(市、区)现有的总污染物(TN/TP)排放量、自然资源、经济发展和社会发展资料。

杭州湾沿海各县(市、区)工业、农业、生活、海水养殖排污以及现有的总污染物(TN/TP)排放量统计结果如下(表 11.40)。

表 11.40　杭州湾沿海各县(市、区)现有的总污染物(TN/TP)排放量统计　　单位:t/a

序号	县(市、区)	工业污染排放量		农业污染排放量		生活污染排放量		海上养殖污染排放量		总污染排放量	
		TN	TP	TN	TP	TN	TP	TN	TP	TN	TP
1	镇海区	19.22		418.02	59.90	114.18	25.98	26.33	1.49	577.75	87.37
2	慈溪市	90.32		1 503.37	259.40	482.26	108.65	294.51	18.25	2 370.46	386.30
3	余姚市	132.86	3.45	1 276.65	204.84	391.39	88.25	8.45	0.50	1 809.35	297.04
4	上虞市	522.67		2 278.34	398.43	369.84	83.55	5.10	0.28	3 175.95	482.26
5	绍兴县	760.74		1 243.85	192.38	346.74	78.47			2 351.33	270.85
6	萧山区	511.83		3 560.38	552.36	572.14	129.27			4 644.35	681.63
7	海宁市	157.36		2 375.49	496.15	329.22	74.87	53.12	2.76	2 915.19	573.78
8	海盐县	56.89		1 286.30	213.22	173.32	39.06	14.55	0.78	1 531.06	253.06
9	平湖市	125.12		1786.06	262.53	233.11	52.71	7.11	0.37	2 151.40	315.61
10	金山区	578.53		20.26		260.18	59.08			858.97	59.08
11	奉贤区	270.10		756.60	133.99	333.24	74.02			1 359.94	208.01
12	南汇区	105.85		1 320.39	237.89	419.80	92.76			1 846.04	330.65

杭州湾沿海各县(市、区)人口、排污效率及劳动生产率统计结果如下(表 11.41)。

表 11.41　各县(市、区)排污效率(TN/TP)及污染物(TN/TP)排放浓度响应程度统计

序号	县(市、区)	排污效益/(万元/t)		污染物排放浓度响应程度	
		TN	TP	TN	TP
1	镇海区	16.2	107.3	1.741	2.771
2	慈溪市	11.1	68.0	4.141	4.321

序号	县(市、区)	排污效益/(万元/t)		污染物排放浓度响应程度	
		TN	TP	TN	TP
3	余姚市	7.5	45.9	5.004	5.94
4	上虞市	4.7	31.1	4.375	5.455
5	绍兴县	15.8	136.9	4.279	5.369
6	萧山区	10.1	68.8	4.433	5.516
7	海宁市	3.9	20.0	4.894	5.977
8	海盐县	3.9	23.5	4.124	5.199
9	平湖市	4.5	30.8	3.063	4.142
10	金山区	17.7	257.7	2.549	3.627
11	奉贤区	13.0	84.9	2.396	3.463
12	南汇区	9.0	50.0	1.425	2.492

自然资源中面积和岸线长度,经济发展中的工业、农业和服务业,以及社会发展中的人口和劳动生产率数据与 COD_{Cr} 容量分配中数据一致。

11.2.1.2 组合权重计算

1)基于专家赋权的 AHP 法

(1)方案一组合权重计算

引用《乐清湾海洋环境容量及污染物总量控制研究》关于 TN 和 TP 减排削减量权重的分配结果,容量分配要素权重系数如下(表 11.42)。

表 11.42 杭州湾沿海各县(市、区)TN 和 TP 减排削减量分配要素权重

第一层要素	权重均值/%	第二层要素	权重均值/%
总污染排放量(η_p)	43	工业排放量	25
		农业排放量	24
		生活排放量	26
		海水养殖排放量	25
自然资源(η_r)	22	面积	45
		岸线长度	55
经济发展(GDP 产值)(η_e)	19	工业产值	34
		农业产值	28
		服务业产值	38
社会发展(η_s)	16	人口	26
		1/排污效率	38
		1/劳动生产率	36

方案一组合权重计算结果如下（表 11.43 和表 11.44）。

表 11.43 杭州湾沿海各县(市、区)TN 减排削减量分配组合权重分配

序号	县(市、区)	污染物排放量贡献率(P_i)	自然资源贡献率(R_i)	经济效益系数(E_i)	社会效益系数(S_i)	组合权重
1	镇海区	0.031	0.028	0.035	0.037	0.032
2	慈溪市	0.238	0.146	0.114	0.078	0.169
3	余姚市	0.058	0.087	0.084	0.096	0.075
4	上虞市	0.097	0.077	0.076	0.106	0.090
5	绍兴县	0.096	0.055	0.127	0.049	0.085
6	萧山区	0.123	0.143	0.184	0.075	0.132
7	海宁市	0.098	0.093	0.061	0.116	0.093
8	海盐县	0.042	0.105	0.031	0.112	0.065
9	平湖市	0.053	0.053	0.045	0.099	0.059
10	金山区	0.060	0.050	0.067	0.060	0.059
11	奉贤区	0.052	0.065	0.084	0.072	0.064
12	南汇区	0.053	0.097	0.091	0.100	0.077

表 11.44 杭州湾沿海各县(市、区)TP 减排削减量分配组合权重分配

序号	县(市、区)	污染物排放量贡献率(P_i)	自然资源贡献率(R_i)	经济效益系数(E_i)	社会效益系数(S_i)	组合权重
1	镇海区	0.027	0.028	0.035	0.036	0.031
2	慈溪市	0.239	0.146	0.114	0.078	0.169
3	余姚市	0.297	0.087	0.084	0.097	0.178
4	上虞市	0.059	0.077	0.076	0.104	0.073
5	绍兴县	0.038	0.055	0.127	0.045	0.060
6	萧山区	0.081	0.143	0.184	0.073	0.113
7	海宁市	0.089	0.093	0.061	0.130	0.091
8	海盐县	0.036	0.105	0.031	0.114	0.063
9	平湖市	0.040	0.053	0.045	0.095	0.052
10	金山区	0.017	0.050	0.067	0.053	0.040
11	奉贤区	0.032	0.065	0.084	0.072	0.056
12	南汇区	0.046	0.097	0.091	0.103	0.075

（2）方案二组合权重计算

在方案一的基础上，重点考虑到县(市、区)的污染物排放浓度响应程度要素，给予其第一要素 50%的权重,现有的总污染物排放量、自然资源、经济发展和社会发展四个方面分层次仍以方案一为基础同比例缩减,方案二各层次容量分配要素权重系数如下（表 11.45）。

表 11.45　杭州湾沿海各县（市、区）TN 和 TP 减排削减量分配要素权重

第一层要素	权重均值/%	第二层要素	权重均值/%	第三层要素	权重均值/%
污染衰减系数	50	污染物排放浓度响应程度度倒数（η_x）	100		
社会要素系数	50	总污染排放量（η_p）	43	工业排放量	25
				农业排放量	24
				生活排放量	26
				海水养殖排放量	25
		自然资源（η_r）	22	面积	45
				岸线长度	55
		经济发展（GDP 产值）（η_e）	19	工业产值	34
				农业产值	28
				服务业产值	38
		社会发展（η_s）	16	人口	26
				排污效率	38
				劳动生产率	36

方案二组合权重计算结果如下（表 11.46、表 11.47）。

表 11.46　杭州湾沿海各县（市、区）TN 减排削减量分配组合权重分配

序号	县（市、区）	污染物排放量贡献率（P_i）	自然资源贡献率（R_i）	经济效益系数（E_i）	社会效益系数（S_i）	污染衰减系数（X_i）	组合权重
1	镇海区	0.031	0.028	0.035	0.037	0.041	0.036
2	慈溪市	0.238	0.146	0.114	0.078	0.098	0.133
3	余姚市	0.058	0.087	0.084	0.096	0.118	0.097
4	上虞市	0.097	0.077	0.076	0.106	0.103	0.097
5	绍兴县	0.096	0.055	0.127	0.049	0.101	0.093
6	萧山区	0.123	0.143	0.184	0.075	0.104	0.118
7	海宁市	0.098	0.093	0.061	0.116	0.115	0.104
8	海盐县	0.042	0.105	0.031	0.112	0.097	0.081
9	平湖市	0.053	0.053	0.045	0.099	0.072	0.065
10	金山区	0.060	0.050	0.067	0.060	0.060	0.060
11	奉贤区	0.052	0.065	0.084	0.072	0.056	0.060
12	南汇区	0.053	0.097	0.091	0.100	0.034	0.055

表 11.47　杭州湾沿海各县(市、区)TP 减排削减量分配组合权重分配

序号	县(市、区)	污染物排放量贡献率(P_i)	自然资源贡献率(R_i)	经济效益系数(E_i)	社会效益系数(S_i)	污染衰减系数(X_i)	组合权重
1	镇海区	0.027	0.028	0.035	0.036	0.051	0.041
2	慈溪市	0.239	0.146	0.114	0.078	0.080	0.124
3	余姚市	0.297	0.087	0.084	0.097	0.109	0.144
4	上虞市	0.059	0.077	0.076	0.104	0.101	0.087
5	绍兴县	0.038	0.055	0.127	0.045	0.099	0.079
6	萧山区	0.081	0.143	0.184	0.073	0.102	0.107
7	海宁市	0.089	0.093	0.061	0.130	0.110	0.101
8	海盐县	0.036	0.105	0.031	0.114	0.096	0.079
9	平湖市	0.040	0.053	0.045	0.095	0.076	0.064
10	金山区	0.017	0.050	0.067	0.053	0.067	0.053
11	奉贤区	0.032	0.065	0.084	0.072	0.064	0.060
12	南汇区	0.046	0.097	0.091	0.103	0.046	0.060

(3)方案三组合权重计算

在方案一的基础上,把污染物排放浓度响应程度作为自然净化系数,与现有的总污染物(COD_{Cr})排放量、自然资源、经济发展和社会发展四个方面作为同一层次要素平均分配权重,方案三各层次容量分配要素权重系数如下(表 11.48)。

表 11.48　杭州湾沿海各县(市、区)TN 和 TP 减排削减量分配要素权重

第一层要素	权重均值/%	第二层要素	权重均值/%
污染衰减系数(η_x)	20	污染物排放浓度响应程度倒数	100
总污染排放量(η_p)	20	工业排放量	25
		农业排放量	25
		生活排放量	25
		海水养殖排放量	25
自然资源(η_r)	20	面积	50
		岸线长度	50
经济发展(GDP 产值)(η_e)	20	工业产值	100/3
		农业产值	100/3
		服务业产值	100/3
社会发展(η_s)	20	人口	100/3
		排污效率	100/3
		劳动生产率	100/3

方案三组合权重计算结果如下(表11.49和表11.50)。

表11.49 杭州湾沿海各县(市、区)TN减排削减量分配组合权重分配

序号	县(市、区)	污染物排放量 贡献率(P_i)	自然资源 贡献率(R_i)	经济效益 系数(E_i)	社会效益 系数(S_i)	污染衰减 系数(X_i)	组合权重
1	镇海区	0.030	0.028	0.034	0.036	0.041	0.034
2	慈溪市	0.238	0.143	0.113	0.082	0.098	0.135
3	余姚市	0.057	0.091	0.085	0.096	0.118	0.089
4	上虞市	0.097	0.082	0.078	0.104	0.103	0.093
5	绍兴县	0.096	0.059	0.125	0.052	0.101	0.087
6	萧山区	0.124	0.141	0.182	0.081	0.104	0.127
7	海宁市	0.098	0.090	0.061	0.111	0.115	0.095
8	海盐县	0.042	0.104	0.032	0.105	0.097	0.076
9	平湖市	0.053	0.052	0.046	0.094	0.072	0.063
10	金山区	0.060	0.050	0.067	0.062	0.060	0.060
11	奉贤区	0.052	0.065	0.085	0.075	0.056	0.067
12	南汇区	0.053	0.094	0.093	0.103	0.034	0.075

表11.50 杭州湾沿海各县(市、区)TP减排削减量分配组合权重分配

序号	县(市、区)	污染物排放量 贡献率(P_i)	自然资源 贡献率(R_i)	经济效益 系数(E_i)	社会效益 系数(S_i)	污染衰减 系数(X_i)	组合权重
1	镇海区	0.027	0.028	0.034	0.035	0.051	0.035
2	慈溪市	0.238	0.143	0.113	0.082	0.080	0.131
3	余姚市	0.296	0.091	0.085	0.097	0.109	0.136
4	上虞市	0.059	0.082	0.078	0.102	0.101	0.084
5	绍兴县	0.038	0.059	0.125	0.048	0.099	0.074
6	萧山区	0.082	0.141	0.182	0.080	0.102	0.117
7	海宁市	0.090	0.090	0.061	0.124	0.110	0.095
8	海盐县	0.036	0.104	0.032	0.107	0.096	0.075
9	平湖市	0.040	0.052	0.046	0.090	0.076	0.061
10	金山区	0.016	0.050	0.067	0.056	0.067	0.051
11	奉贤区	0.032	0.065	0.085	0.074	0.064	0.064
12	南汇区	0.045	0.094	0.093	0.105	0.046	0.077

2)基于相互重要性比较矩阵法、方差法、熵法、理想权重法的AHP法

(1)方案一

①专家咨询—专家咨询法

采用专家咨询—专家咨询法计算的杭州湾沿岸县(市、区)TN和TP削减量分配权重如

下（表11.51）。

表 11.51　专家咨询法—专家咨询法 TN、TP 削减量分配权重

汇水区	TN 削减量分配权重	TP 削减量分配权重
镇海区	0.031 9	0.030 5
慈溪市	0.168 5	0.168 8
余姚市	0.075 3	0.178 3
上虞市	0.090 2	0.073 4
绍兴县	0.085 3	0.059 6
萧山区	0.131 5	0.113 1
海宁县	0.092 6	0.091 2
海盐县	0.064 8	0.062 9
平湖市	0.058 7	0.052 4
金山区	0.059 4	0.039 5
奉贤区	0.064 3	0.055 6
南汇区	0.077 3	0.074 8

②相互重要性比较矩阵—专家咨询法

TN 和 TP 削减量分配的第一层要素的相互重要性比较判断矩阵如下：

$$
\begin{array}{c@{\quad}cccc}
 & N_1 & N_2 & N_3 & N_4 \\
N_1 & 1 & 2 & 4 & 3 \\
N_2 & \dfrac{1}{2} & 1 & 2 & 3 \\
N_3 & \dfrac{1}{4} & \dfrac{1}{2} & 1 & 2 \\
N_4 & \dfrac{1}{3} & \dfrac{1}{3} & \dfrac{1}{2} & 1
\end{array}
$$

同样用 MATLAB 解出 TN 和 TP 削减量分配的第一层要素相互重要性比较判断矩阵的特征向量为 $[0.819\ 9; 0.476\ 4; 0.260\ 4; 0.181\ 6]$，第一层要素权重系数分别为 0.471 6，0.274 1，0.149 8，0.104 5，$CI = 0.032\ 3$，$CR = 0.035\ 9 < 0.1$。杭州湾沿岸县（市、区）TN 和 TP 削减量分配权重如下（表 11.52）。

表 11.52　相互重要性比较矩阵—专家咨询法 TN、TP 削减量分配权重

汇水区	TN 削减量分配权重	TP 削减量分配权重
镇海区	0.031 3	0.029 8
慈溪市	0.177 4	0.177 7
余姚市	0.073 7	0.186 6

汇水区	TN 削减量分配权重	TP 削减量分配权重
上虞市	0.089 5	0.071 1
绍兴县	0.084 5	0.056 5
萧山区	0.132 8	0.112 7
海宁县	0.092 8	0.090 3
海盐县	0.064 8	0.062 4
平湖市	0.056 5	0.049 9
金山区	0.058 7	0.037 3
奉贤区	0.062 6	0.053 1
南汇区	0.075 6	0.072 6

③专家咨询—方差法

采用专家咨询—方差法计算的杭州湾沿岸县(市、区)TN 和 TP 削减量分配权重如下(表11.53)。

表 11.53　专家咨询法—方差法 TN、TP 削减量分配权重

汇水区	TN 削减量分配权重	TP 削减量分配权重
镇海区	0.031 1	0.030 0
慈溪市	0.165 0	0.167 6
余姚市	0.075 4	0.179 7
上虞市	0.092 4	0.074 5
绍兴县	0.088 8	0.060 5
萧山区	0.131 6	0.113 5
海宁县	0.090 9	0.090 2
海盐县	0.063 8	0.061 9
平湖市	0.058 1	0.052 1
金山区	0.061 8	0.039 6
奉贤区	0.064 8	0.055 7
南汇区	0.076 3	0.074 6

④相互重要性比较矩阵—方差法

采用相互重要性比较矩阵—方差法计算的杭州湾沿岸县(市、区)TN 和 TP 削减量分配权重如下(表11.54)。

241

表 11.54　相互重要性比较矩阵法—方差法 TN、TP 削减量分配权重

汇水区	TN 削减量分配权重	TP 削减量分配权重
镇海区	0.030 5	0.029 3
慈溪市	0.173 5	0.176 1
余姚市	0.074 0	0.188 3
上虞市	0.091 9	0.072 6
绍兴县	0.088 4	0.057 6
萧山区	0.132 8	0.112 9
海宁县	0.090 9	0.089 5
海盐县	0.063 8	0.061 8
平湖市	0.055 8	0.049 7
金山区	0.061 2	0.037 2
奉贤区	0.063 1	0.053 0
南汇区	0.074 2	0.072 0

⑤专家咨询—熵法

采用专家咨询—熵法计算的杭州湾沿岸县(市、区)TN 和 TP 削减量分配权重如下(表 11.55)。

表 11.55　专家咨询法—熵法 TN、TP 削减量分配权重

汇水区	TN 削减量分配权重	TP 削减量分配权重
镇海区	0.040 3	0.029 0
慈溪市	0.290 7	0.184 0
余姚市	0.060 5	0.299 4
上虞市	0.069 1	0.052 5
绍兴县	0.064 5	0.044 4
萧山区	0.102 2	0.084 7
海宁县	0.101 8	0.078 5
海盐县	0.063 5	0.056 5
平湖市	0.050 1	0.041 6
金山区	0.046 2	0.030 5
奉贤区	0.049 9	0.041 8
南汇区	0.061 3	0.057 0

⑥相互重要性比较矩阵—熵法

采用相互重要性比较矩阵—熵法计算的杭州湾沿岸县(市、区)TN 和 TP 削减量分配权重如下(表 11.56)。

表 11.56　相互重要性比较矩阵法—熵法 TN、TP 削减量分配权重

汇水区	TN 削减量分配权重	TP 削减量分配权重
镇海区	0.040 5	0.028 2
慈溪市	0.311 7	0.194 9
余姚市	0.057 8	0.319 9
上虞市	0.065 8	0.047 7
绍兴县	0.060 9	0.039 4
萧山区	0.100 2	0.081 5
海宁县	0.102 7	0.075 2
海盐县	0.063 1	0.054 6
平湖市	0.046 6	0.037 4
金山区	0.044 5	0.028 4
奉贤区	0.047 2	0.038 7
南汇区	0.058 9	0.054 1

⑦专家咨询—理想权重法

采用专家咨询—理想权重法计算的杭州湾沿岸县（市、区）TN 和 TP 削减量分配权重如下（表 11.57）。

表 11.57　专家咨询法—理想权重法 TN、TP 削减量分配权重

汇水区	TN 削减量分配权重	TP 削减量分配权重
镇海区	0.030 5	0.029 1
慈溪市	0.161 8	0.162 6
余姚市	0.077 9	0.191 3
上虞市	0.093 7	0.074 8
绍兴县	0.089 9	0.061 9
萧山区	0.132 1	0.112 3
海宁县	0.089 1	0.086 2
海盐县	0.062 5	0.059 8
平湖市	0.057 5	0.050 6
金山区	0.062 2	0.040 8
奉贤区	0.065 8	0.056 4
南汇区	0.077 0	0.074 2

⑧相互重要性比较矩阵—理想权重法

采用相互重要性比较矩阵—理想权重法计算的杭州湾沿岸县（市、区）TN 和 TP 削减量分配权重如下（表 11.58）。

表 11.58　相互重要性比较矩阵法—理想权重法 TN、TP 削减量分配权重

汇水区	TN 削减量分配权重	TP 削减量分配权重
镇海区	0.029 8	0.028 4
慈溪市	0.169 5	0.170 2
余姚市	0.076 9	0.201 1
上虞市	0.093 5	0.073 1
绍兴县	0.089 8	0.059 2
萧山区	0.132 9	0.111 3
海宁县	0.089 0	0.085 3
海盐县	0.062 7	0.059 8
平湖市	0.055 4	0.048 3
金山区	0.061 6	0.038 4
奉贤区	0.064 0	0.053 6
南汇区	0.074 7	0.712

（2）方案二

①专家咨询—专家咨询—专家咨询法

采用专家咨询—专家咨询—专家咨询法计算的杭州湾沿岸县（市、区）TN 和 TP 削减量分配权重如下（表 11.59）。

表 11.59　专家咨询—专家咨询—专家咨询法 TN、TP 削减量分配权重

汇水区	TN 削减量分配权重	TP 削减量分配权重
镇海区	0.036 5	0.040 8
慈溪市	0.133 1	0.124 2
余姚市	0.096 6	0.143 9
上虞市	0.096 7	0.086 9
绍兴县	0.093 1	0.079 3
萧山区	0.118 0	0.107 4
海宁县	0.104 0	0.100 7
海盐县	0.081 0	0.079 3
平湖市	0.065 4	0.064 4
金山区	0.059 8	0.053 2
奉贤区	0.060 4	0.059 7
南汇区	0.055 5	0.060 3

②专家咨询—相互重要性比较—专家咨询法

采用专家咨询—相互重要性比较—专家咨询法计算的杭州湾沿岸县（市、区）TN 和 TP

削减量分配权重如下(表11.60)。

表11.60 专家咨询—相互重要性比较—专家咨询法 TN、TP 削减量分配权重

汇水区	TN 削减量分配权重	TP 削减量分配权重
镇海区	0.036 2	0.040 4
慈溪市	0.137 5	0.128 6
余姚市	0.095 8	0.148 0
上虞市	0.096 3	0.085 8
绍兴县	0.092 7	0.077 7
萧山区	0.118 6	0.107 2
海宁县	0.104 1	0.100 2
海盐县	0.081 0	0.079 1
平湖市	0.064 3	0.063 1
金山区	0.059 4	0.052 1
奉贤区	0.059 6	0.058 5
南汇区	0.054 6	0.059 2

③专家咨询—专家咨询—方差法

采用专家咨询—专家咨询—方差法计算的杭州湾沿岸县(市、区)TN 和 TP 削减量分配权重如下(表11.61)。

表11.61 专家咨询—专家咨询—方差法 TN、TP 削减量分配权重

汇水区	TN 削减量分配权重	TP 削减量分配权重
镇海区	0.036 1	0.040 5
慈溪市	0.131 3	0.123 6
余姚市	0.096 7	0.144 6
上虞市	0.097 8	0.087 5
绍兴县	0.094 8	0.079 7
萧山区	0.118 0	0.107 6
海宁县	0.103 1	0.100 2
海盐县	0.080 5	0.078 9
平湖市	0.065 2	0.064 2
金山区	0.060 9	0.053 2
奉贤区	0.060 6	0.059 8
南汇区	0.054 9	0.060 3

④专家咨询—相互重要性比较—方差法

采用专家咨询—相互重要性比较—方差法计算的杭州湾沿岸县(市、区)TN 和 TP 削减

量分配权重如下（表 11.62）。

表 11.62　专家咨询—相互重要性比较—方差法 TN、TP 削减量分配权重

汇水区	TN 削减量分配权重	TP 削减量分配权重
镇海区	0.035 8	0.040 2
慈溪市	0.135 5	0.127 8
余姚市	0.096 0	0.148 9
上虞市	0.097 5	0.086 5
绍兴县	0.094 6	0.078 2
萧山区	0.118 6	0.107 3
海宁县	0.103 1	0.099 8
海盐县	0.080 5	0.078 8
平湖市	0.064 0	0.063 0
金山区	0.060 6	0.052 0
奉贤区	0.059 8	0.058 4
南汇区	0.053 9	0.059 0

⑤专家咨询—专家咨询—熵法

采用专家咨询—专家咨询—熵法计算的杭州湾沿岸县（市、区）TN 和 TP 削减量分配权重如下（表 11.63）。

表 11.63　专家咨询—专家咨询—熵法 TN、TP 削减量分配权重

汇水区	TN 削减量分配权重	TP 削减量分配权重
镇海区	0.040 7	0.040 0
慈溪市	0.194 2	0.131 8
余姚市	0.089 2	0.204 4
上虞市	0.086 1	0.076 5
绍兴县	0.082 7	0.071 7
萧山区	0.103 3	0.093 2
海宁县	0.108 6	0.094 3
海盐县	0.080 4	0.076 1
平湖市	0.061 1	0.058 9
金山区	0.053 1	0.048 7
奉贤区	0.053 2	0.052 8
南汇区	0.047 4	0.051 5

⑥专家咨询—相互重要性比较—熵法

采用专家咨询—相互重要性比较—熵法计算的杭州湾沿岸县（市、区）TN 和 TP 削减量

246

分配权重如下(表11.64)。

表11.64 专家咨询—相互重要性比较法—熵法 TN、TP 削减量分配权重

汇水区	TN 削减量分配权重	TP 削减量分配权重
镇海区	0.040 8	0.039 6
慈溪市	0.204 7	0.137 3
余姚市	0.087 9	0.214 7
上虞市	0.084 5	0.074 1
绍兴县	0.080 9	0.069 2
萧山区	0.102 4	0.091 6
海宁县	0.109 0	0.092 7
海盐县	0.080 2	0.075 2
平湖市	0.059 4	0.056 9
金山区	0.052 3	0.047 6
奉贤区	0.051 9	0.051 3
南汇区	0.046 2	0.050 0

⑦专家咨询—专家咨询—理想权重法

采用专家咨询—专家咨询—理想权重法计算的杭州湾沿岸县(市、区)TN 和 TP 削减量分配权重如下(表11.65)。

表11.65 专家咨询—专家咨询—理想权重法 TN、TP 削减量分配权重

汇水区	TN 削减量分配权重	TP 削减量分配权重
镇海区	0.035 7	0.040 1
慈溪市	0.129 7	0.121 1
余姚市	0.098 0	0.150 4
上虞市	0.098 4	0.087 7
绍兴县	0.095 4	0.080 4
萧山区	0.118 3	0.107 0
海宁县	0.102 2	0.098 2
海盐县	0.079 8	0.077 8
平湖市	0.064 8	0.063 5
金山区	0.061 2	0.053 8
奉贤区	0.061 1	0.060 1
南汇区	0.055 3	0.060 1

⑧专家咨询—相互重要性比较—理想权重法

采用专家咨询—相互重要性比较—理想权重法计算的杭州湾沿岸县(市、区)TN 和 TP

削减量分配权重如下（表 11.66）。

表 11.66　专家咨询—相互重要性比较—理想权重法 TN 和 TP 削减量分配权重

汇水区	TN 削减量分配权重	TP 削减量分配权重
镇海区	0.035 4	0.039 7
慈溪市	0.133 6	0.124 9
余姚市	0.097 4	0.155 2
上虞市	0.098 3	0.086 8
绍兴县	0.095 3	0.079 1
萧山区	0.118 7	0.106 4
海宁县	0.102 2	0.097 7
海盐县	0.080 0	0.077 8
平湖市	0.063 8	0.062 3
金山区	0.060 8	0.052 6
奉贤区	0.060 3	0.058 7
南汇区	0.054 1	0.586

（3）方案三

①专家咨询—专家咨询法

采用专家咨询—专家咨询法计算的杭州湾沿岸县（市、区）TN 和 TP 削减量分配权重如下（表 11.67）。

表 11.67　专家咨询—专家咨询法 TN、TP 削减量分配权重

汇水区	TN 削减量分配权重	TP 削减量分配权重
镇海区	0.034 4	0.035 6
慈溪市	0.134 6	0.131 2
余姚市	0.088 6	0.134 9
上虞市	0.092 0	0.083 4
绍兴县	0.085 5	0.072 6
萧山区	0.126 0	0.116 7
海宁县	0.096 6	0.096 6
海盐县	0.077 3	0.076 5
平湖市	0.064 3	0.061 7
金山区	0.059 6	0.050 8
奉贤区	0.066 1	0.063 4
南汇区	0.074 9	0.076 6

②专家咨询—方差法

采用专家咨询—方差法计算的杭州湾沿岸县(市、区)TN 和 TP 削减量分配权重如下(表11.68)。

表11.68　专家咨询–方差法 TN、TP 削减量分配权重

汇水区	TN 削减量分配权重	TP 削减量分配权重
镇海区	0.033 8	0.035 2
慈溪市	0.132 8	0.130 7
余姚市	0.088 9	0.136 0
上虞市	0.093 5	0.084 2
绍兴县	0.087 5	0.073 7
萧山区	0.126 1	0.117 0
海宁县	0.095 5	0.095 2
海盐县	0.076 6	0.075 3
平湖市	0.064 0	0.061 2
金山区	0.060 8	0.051 3
奉贤区	0.066 3	0.063 8
南汇区	0.074 2	0.076 6

③专家咨询—熵法

采用专家咨询—熵法计算的杭州湾沿岸县(市、区)TN 和 TP 削减量分配权重如下(表11.69)。

表11.69　专家咨询—熵法 TN、TP 削减量分配权重

汇水区	TN 削减量分配权重	TP 削减量分配权重
镇海区	0.038 3	0.035 0
慈溪市	0.191 7	0.138 1
余姚市	0.079 7	0.189 1
上虞市	0.081 9	0.073 6
绍兴县	0.076 0	0.065 2
萧山区	0.113 6	0.104 2
海宁县	0.102 1	0.093 6
海盐县	0.077 4	0.075 3
平湖市	0.061 1	0.057 8
金山区	0.052 7	0.044 9
奉贤区	0.058 6	0.055 8
南汇区	0.066 8	0.067 4

④专家咨询—理想权重法

采用专家咨询—理想权重法计算的杭州湾沿岸县(市、区)TN、TP削减量分配权重如下(表11.70)。

表11.70　专家咨询—理想权重法 TN、TP 削减量分配权重

汇水区	TN 削减量分配权重	TP 削减量分配权重
镇海区	0.033 1	0.034 4
慈溪市	0.131 4	0.128 5
余姚市	0.090 9	0.142 1
上虞市	0.094 7	0.084 9
绍兴县	0.088 7	0.075 0
萧山区	0.126 6	0.116 8
海宁县	0.093 8	0.092 4
海盐县	0.075 0	0.073 2
平湖市	0.063 1	0.059 9
金山区	0.061 2	0.052 0
奉贤区	0.067 1	0.064 3
南汇区	0.074 6	0.076 4

11.2.2　污染物削减量计算及分配结果

11.2.2.1　无机氮削减量计算及分配

根据污染物扩散模拟及环境容量估算结果,总氮和无机氮之间存在着线性对应的关系,所以杭州湾沿岸各县(市、区)无机氮分配权重直接采用总氮的分配权重即可。由第10章计算结果得到,杭州湾无机氮浓度远远超过海水水质标准,所以无容量。根据设定的三期控制目标,按削减量最小的原则,得到了杭州湾沿岸各县(市、区)源强平均削减7%、15%及36%时,分别完成近期、中期及远期控制指标的结果。按各县(市、区)组合权重分配削减量,计算3个方案的削减量分配结果,即无机氮总量削减7%、15%和36%时的容量分配结果。

1)无机氮总量削减7%

将各县(市、区)的原有统计源强减去无机氮源强削减量后(表11.71),进行无机氮浓度分布数值模拟。容量分配后的浓度等值线总体分布3个方案之间相差不大,由于取同一时刻的浓度计算值进行作图处理,所以等值线弯曲方向及变化趋势三个方案保持一致,总体呈现由湾口向湾内弯曲并增大的趋势(图11.6～图11.8)。表11.72 中给出的是各方案模拟计算结果中小于 1.2 mg/L 的海域面积及占杭州湾海域总面积的比例,表明在同样的削减量下,方案二的小于 1.2 mg/L 的海域面积为 2 736.79 km²,占总面积的50.71%,在3个方案中水质改善结果最佳,因此方案二为满足近期控制指标的最优削减方案(图11.6～图11.8)。

表 11.71 无机氮工况源强削减量　　　　　　　　　　单位:t/a

县(市、区)	方案一	方案二	方案三
镇海区	49.70	55.91	52.81
慈溪市	262.49	206.57	209.68
余姚市	116.49	150.66	138.23
上虞市	139.78	150.66	144.44
绍兴县	132.02	144.44	135.13
萧山区	205.02	183.27	197.25
海宁市	144.44	161.53	147.55
海盐县	100.96	125.81	118.04
平湖市	91.64	100.96	97.85
金山区	91.64	93.19	93.19
奉贤区	99.40	93.19	104.06
南汇区	119.59	85.42	116.49

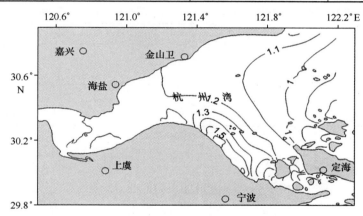

图 11.6　方案一无机氮浓度等值线分布(单位:mg/L)

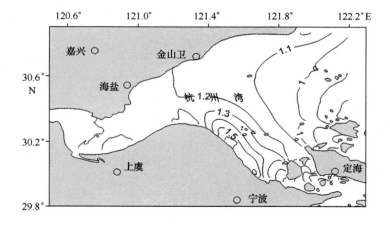

图 11.7　方案二无机氮浓度等值线分布(单位:mg/L)

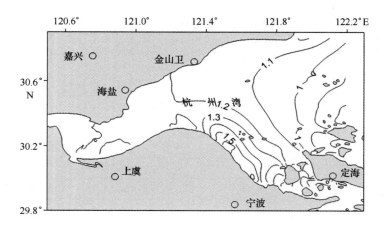

图 11.8　方案三无机氮浓度等值线分布(单位:mg/L)

各方案计算结果的无机氮浓度等值线包络面积如下(表 11.72)。

表 11.72　无机氮各方案小于 1.2 mg/L 的海域面积(总面积:5 396.71 km²)

方案	小于 1.2 mg/L 的海域	
	面积/km²	百分比/%
方案一	2 731.81	50.62
方案二	2 736.79	50.71
方案三	2 733.42	50.65

2)无机氮总量削减 15%

各方案各县(市、区)无机氮源强削减量如下(表 11.73)。

表 11.73　无机氮工况源强削减量　　　　　　　　　　　　　单位:t/a

县(市、区)	方案一	方案二	方案三
镇海区	106.50	119.82	113.16
慈溪市	562.47	442.65	449.31
余姚市	249.62	322.84	296.21
上虞市	299.54	322.84	309.52
绍兴县	282.90	309.52	289.55
萧山区	439.32	392.73	422.68
海宁市	309.52	346.13	316.18
海盐县	216.33	269.59	252.94
平湖市	196.36	216.33	209.68
金山区	196.36	199.69	199.69
奉贤区	213.01	199.69	222.99
南汇区	256.27	183.05	249.62

将各县(市、区)的原有统计源强减去无机氮源强削减量后(表 11.73),进行无机氮浓度分布数值模拟。容量分配后的浓度等值线总体分布 3 个方案之间相差不大,由于取同一时刻的浓度计算值进行作图处理,所以等值线弯曲方向及变化趋势 3 个方案保持一致,总体呈现由湾口向湾内弯曲并增大的趋势(图 11.9 ~ 图 11.11)。在同样的削减量下,方案二的小于 1.2 mg/L 的海域面积为 3 337.69 km²,占总面积的 61.85%,在 3 个方案中水质改善结果最佳,因此方案二为满足中期控制指标的最优削减方案。

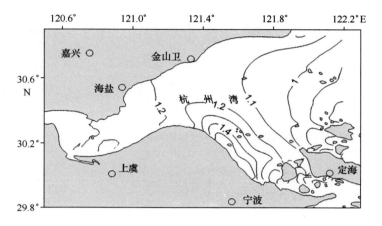

图 11.9　方案一无机氮浓度等值线分布(单位:mg/L)

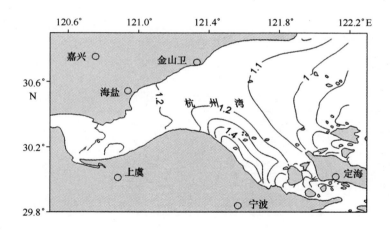

图 11.10　方案二无机氮浓度等值线分布(单位:mg/L)

各方案计算结果的无机氮浓度等值线包络面积如下(表 11.74)。

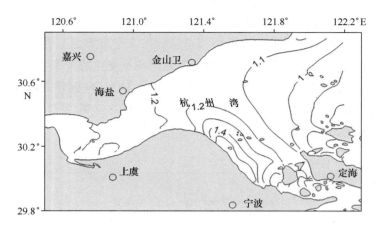

图 11.11 方案三无机氮浓度等值线分布(单位:mg/L)

表 11.74 无机氮各方案小于 1.2 mg/L 的海域面积(总面积:5 396.71 km²)

方案	小于 1.2 mg/L 的海域	
	面积/km²	百分比/%
方案一	3 323.96	61.63
方案二	3 337.69	61.85
方案三	3 329.27	61.69

3)无机氮总量削减 36%

各方案各县(市、区)无机氮源强削减量如下(表 11.75)。

表 11.75 无机氮工况源强削减量 单位:t/a

县(市、区)	方案一	方案二	方案三
镇海区	255.61	287.56	271.58
慈溪市	1 349.92	1 062.37	1 078.34
余姚市	599.08	774.81	710.91
上虞市	718.89	774.81	742.86
绍兴县	678.96	742.86	694.93
萧山区	1 054.38	942.55	1 014.44
海宁市	742.86	830.72	758.83
海盐县	519.20	647.00	607.07
平湖市	471.27	519.20	503.23
金山区	471.27	479.26	479.26
奉贤区	511.21	479.26	535.18
南汇区	615.05	439.32	599.08

将各县(市、区)的原有统计源强减去无机氮源强削减量后(表11.75),进行无机氮浓度分布数值模拟。2个方案之间相差不大,由于取同一时刻的浓度计算值进行作图处理,所以等值线弯曲方向及变化趋势3个方案保持一致,总体呈现由湾口向湾内弯曲并增大的趋势(图11.12~图11.14)。在同样的削减量下,方案二的小于1.2 mg/L的海域面积为4 342.59 km²,占总面积的80.47%,在3个方案中水质改善结果最佳,因此方案二为满足远期控制指标的最优削减方案。

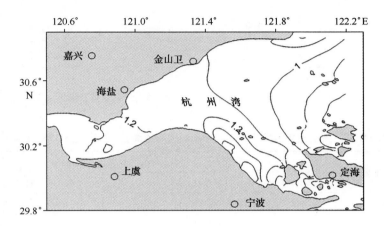

图11.12　方案一无机氮浓度等值线分布(单位:mg/L)

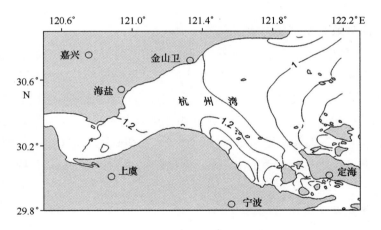

图11.13　方案二无机氮浓度等值线分布(单位:mg/L)

各方案计算结果的无机氮浓度等值线包络面积如下(表11.76)。

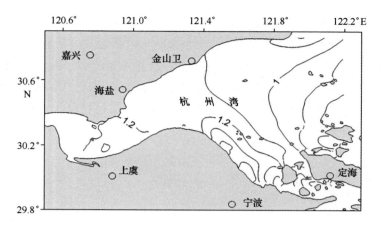

图 11.14　方案三无机氮浓度等值线分布(单位:mg/L)

表 11.76　无机氮各方案小于 1.2 mg/L 的海域面积(总面积:5 396.71 km²)

方案	小于 1.2 mg/L 的海域	
	面积/km²	百分比/%
方案一	4 323.31	80.11
方案二	4 342.59	80.47
方案三	4 330.66	80.25

11.2.2.2　活性磷酸盐削减量计算及分配

根据污染物扩散模拟及环境容量估算结果,总磷和活性磷酸盐之间存在着线性对应的关系,所以杭州湾沿岸各县(市、区)活性磷酸盐分配权重直接采用总磷的分配权重即可。由第 10 章计算结果得到,杭州湾活性磷酸盐浓度远远超过海水水质标准,所以无容量。根据设定的三期控制目标,按削减量最小的原则,得到了杭州湾沿岸各县(市、区)源强平均削减38% 和 48% 时,可以分别完成近期和远期控制指标的结果。所以现按各县(市、区)组合权重分配削减量,计算 3 个方案的削减量分配结果,即活性磷酸盐总量削减 38% 和 48% 时的容量分配结果。

1)活性磷酸盐总量削减 38%

各方案各县(市、区)磷酸盐源强削减量如下(表 11.77)。

表 11.77　活性磷酸盐工况源强削减量　　　　　　　单位:t/a

县(市、区)	方案一	方案二	方案三
镇海区	34.72	45.92	39.20
慈溪市	189.28	138.88	146.72
余姚市	199.36	161.28	152.32
上虞市	81.76	97.44	94.08

县(市、区)	方案一	方案二	方案三
绍兴县	67.20	88.48	82.88
萧山区	126.56	119.84	131.04
海宁市	101.92	113.12	106.40
海盐县	70.56	88.48	84.00
平湖市	58.24	71.68	68.32
金山区	44.80	59.36	57.12
奉贤区	62.72	67.20	71.68
南汇区	84.00	67.20	86.24

将各县(市、区)的活性磷酸盐原有统计源强减去活性磷酸盐源强削减量后(表11.77),进行活性磷酸盐浓度分布数值模拟,容量分配后的浓度等值线总体分布3个方案之间相差不大,由于取同一时刻的浓度计算值进行作图处理,所以等值线弯曲方向及变化趋势3个方案保持一致,总体呈现由湾口向湾内弯曲并增大的趋势(图11.15~图11.17)在同样的削减量下,方案一的达标海域面积为304.47 km²,占总面积的5.64%,在3个方案中水质改善结果最佳,因此方案一为满足近期控制指标的最优削减方案。

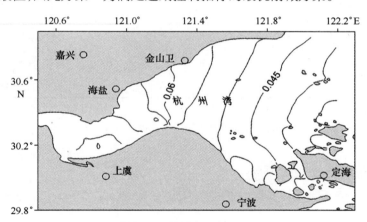

图11.15 方案一活性磷酸盐浓度等值线分布(单位:mg/L)

各方案计算结果的活性磷酸盐浓度等值线包络面积如下(表11.78)。

表11.78 活性磷酸盐各方案达标海域面积(总面积:5 396.71 km²)

方案	小于0.045 mg/L 的海域	
	面积/km²	百分比/%
方案一	304.47	5.64
方案二	297.30	5.51
方案三	297.71	5.52

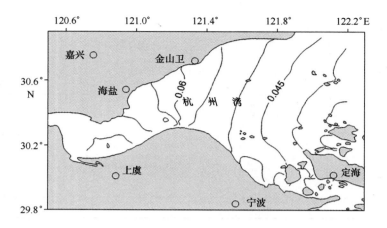

图 11.16　方案二活性磷酸盐浓度等值线分布(单位:mg/L)

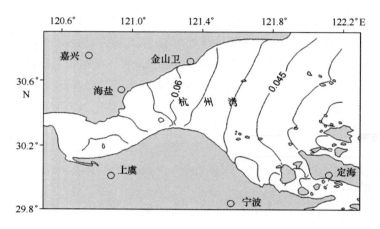

图 11.17　方案三活性磷酸盐浓度等值线分布(单位:mg/L)

2)活性磷酸盐总量削减 48%

各方案各县(市、区)活性磷酸盐源强削减量如下(表 11.79)。

表 11.79　活性磷酸盐工况源强削减量 单位:t/a

县(市、区)	方案一	方案二	方案三
镇海区	43.86	58.00	49.52
慈溪市	239.09	175.43	185.33
余姚市	251.83	203.72	192.41
上虞市	103.28	123.08	118.84
绍兴县	84.88	111.77	104.69
萧山区	159.87	151.38	165.53
海宁市	128.74	142.89	134.40

县(市、区)	方案一	方案二	方案三
海盐县	89. 13	111. 77	106. 11
平湖市	73. 57	90. 54	86. 30
金山区	56. 59	74. 98	72. 15
奉贤区	79. 23	84. 88	90. 54
南汇区	106. 11	84. 88	108. 94

将各县(市、区)的活性磷酸盐原有统计源强减去活性磷酸盐源强削减量后(表11.79),进行活性磷酸盐浓度分布数值模拟。容量分配后的浓度等值线总体分布3个方案之间相差不大,由于取同一时刻的浓度计算值进行作图处理,所以等值线弯曲方向及变化趋势3个方案保持一致,总体呈现由湾口向湾内弯曲并增大的趋势(图11.18~图11.20)。在同样的削减量下,方案三的达标海域面积为562.99 km^2,占总面积的10.43%,在3个方案中水质改善结果最佳,因此方案三为满足近期控制指标的最优削减方案。

各方案计算结果的活性磷酸盐浓度等值线包络面积如下(表11.80)。

表 11. 80   活性磷酸盐各方案达标海域面积(总面积:5 396.71 km^2)

方案	小于 0. 045 mg/L 的海域	
	面积/km^2	百分比/%
方案 1	557. 04	10. 32
方案 2	557. 56	10. 33
方案 3	562. 99	10. 43

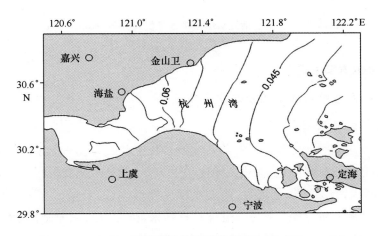

图 11. 18   方案一活性磷酸盐浓度等值线分布(单位:mg/L)

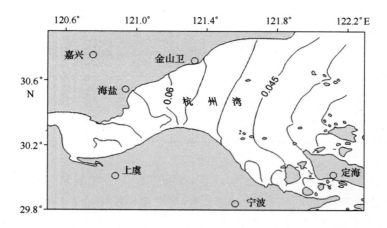

图 11.19 方案二活性磷酸盐浓度等值线分布(单位:mg/L)

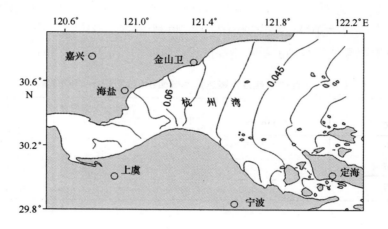

图 11.20 方案三活性磷酸盐浓度等值线分布(单位:mg/L)

11.2.3 优化分配方案确定

11.2.3.1 无机氮总量削减优化分配方案确定

1)无机氮总量削减 79%

3 个方案之间相差不大,等值线弯曲方向及变化趋势均保持一致。3 个方案的计算结果中,方案一和方案三结果相近,无机氮浓度小于 1.2 mg/L 的海域面积为全杭州湾海域的 50.62% 和 50.65%,方案二略显优势,浓度小于 1.2 mg/L 的海域面积为全杭州湾海域的 55.71%。综合考虑容量分配及各方案分配计算结果,确定方案二为最优分配方案,此时的无机氮源强削减量如下(表 11.81)。

表 11.81

表 11.81　无机氮最佳方案各县(市、区)源强削减量　　　　单位:t/a

县(市、区)	源强削减量	县(市、区)	源强削减量
镇海区	55.91	海宁市	161.53
慈溪市	206.57	海盐县	125.81
余姚市	150.66	平湖市	100.96
上虞市	150.66	金山区	93.19
绍兴县	144.44	奉贤区	93.19
萧山区	183.27	南汇区	85.42

2)无机氮总量削减 15%

3 个方案等值线分布图相差不大,等值线弯曲方向及变化趋势均保持一致。3 个方案的计算结果中,方案一和方案三结果相近,无机氮浓度小于 1.2 mg/L 的海域面积为全杭州湾海域的 61.63% 和 61.69%,方案二略显优势,浓度小于 1.2 mg/L 的海域面积为全杭州湾海域的 61.85%。综合考虑容量分配及各方案分配计算结果,确定方案二为最优分配方案,此时的无机氮源强削减量如下(表 11.82)。

表 11.82　无机氮最佳方案各县(市、区)源强削减量　　　　单位:t/a

县(市、区)	源强削减量	县(市、区)	源强削减量
镇海区	119.82	海宁市	346.13
慈溪市	442.65	海盐县	269.59
余姚市	322.84	平湖市	216.33
上虞市	322.84	金山区	199.69
绍兴县	309.52	奉贤区	199.69
萧山区	392.73	南汇区	183.05

3)无机氮总量削减 36%

3 个方案等值线分布图相差不大,等值线弯曲方向及变化趋势均保持一致。3 个方案的计算结果中,方案一和方案三结果相近,无机氮浓度小于 1.2 mg/L 的海域面积为全杭州湾海域的 80.11% 和 80.25%,方案二略显优势,浓度小于 1.2 mg/L 的海域面积为全杭州湾海域的 80.47%。综合考虑容量分配及各方案分配计算结果,确定方案二为最优分配方案,此时的无机氮源强削减量如下(表 11.83)。

表 11.83　无机氮最佳方案各县(市、区)源强削减量　　　　单位:t/a

县(市、区)	源强削减量	县(市、区)	源强削减量
镇海区	287.56	海宁市	830.72
慈溪市	1 062.37	海盐县	647.00
余姚市	774.81	平湖市	519.20

县(市、区)	源强削减量	县(市、区)	源强削减量
上虞市	774.81	金山区	479.26
绍兴县	742.86	奉贤区	479.26
萧山区	942.55	南汇区	439.32

11.2.3.2 活性磷酸盐总量削减优化分配方案确定

1)活性磷酸盐总量削减38%

3个方案等值线分布图相差不大,等值线弯曲方向及变化趋势均保持一致。3个方案的计算结果中,方案二和方案三结果相近,活性磷酸盐浓度符合四类海水水质标准的海域面积为全杭州湾海域的5.51%和5.52%,方案一略显优势,浓度符合四类海水水质标准的海域面积为全杭州湾海域的5.64%。综合考虑容量分配及各方案分配计算结果,确定方案一为最优分配方案,此时的活性磷酸盐源强削减量如下(表11.84)。

表11.84 活性磷酸盐最佳方案各县(市、区)源强削减量 单位:t/a

县(市、区)	源强削减量	县(市、区)	源强削减量
镇海区	34.72	海宁市	101.92
慈溪市	189.28	海盐县	70.56
余姚市	199.36	平湖市	58.24
上虞市	81.76	金山区	44.80
绍兴县	67.20	奉贤区	62.72
萧山区	126.56	南汇区	84.00

2)活性磷酸盐总量削减48%

3个方案等值线分布图相差不大,等值线弯曲方向及变化趋势均保持一致。3个方案的计算结果中,方案一和方案二结果相近,活性磷酸盐浓度符合四类海水水质标准的海域面积为全杭州湾海域的10.32%和10.33%,方案三略显优势,浓度符合四类海水水质标准的海域面积为全杭州湾海域的10.43%。综合考虑容量分配及各方案分配计算结果,确定方案三为最优分配方案,此时的活性磷酸盐源强削减量如下(表11.85)。

表11.85 活性磷酸盐最佳方案各县(市、区)源强削减量 单位:t/a

县(市、区)	源强削减量	县(市、区)	源强削减量
镇海区	49.52	海宁市	134.40
慈溪市	185.33	海盐县	106.11
余姚市	192.41	平湖市	86.30
上虞市	118.84	金山区	72.15
绍兴县	104.69	奉贤区	90.54
萧山区	165.53	南汇区	108.94

11.3 小结

(1)杭州湾市(县)COD_{Cr}容量优化分配思路是先进行杭州湾沿岸县(市、区)划分,从环境、资源、经济、社会和污染物排放浓度响应程度等指标,设计三个分配方案,计算出杭州湾县(市、区)的COD_{Cr}分配权重,通过数学模型计算各方案的环境容量及分配结果,综合评定各方案优劣,最终确定最优方案。

(2)综合考虑容量分配及各方案分配计算结果,确定方案二为最优,各县(市、区)COD_{Mn}允许排放容量分别为镇海区 42 454.39 t/a、慈溪市 51 888.70 t/a、余姚市 35 640.73 t/a、上虞市 35 640.73 t/a、绍兴县 43 502.65 t/a、萧山区 57 129.99 t/a、海宁市 35 116.60 t/a、海盐县 30 399.44 t/a、平湖市 51 364.58 t/a、金山区 38 261.37 t/a、奉贤区 41 930.27 t/a、南汇区 60 798.89 t/a。

(3)无机氮总量削减优化分配为:总量削减7%、15%和36%时,方案二均显优势,浓度小于1.2 mg/L的海域面积分别为全杭州湾海域的 55.71%、61.85%和80.47%;活性磷酸盐总量削减优化分配为:总量削减38%和48%时方案三均显优势,浓度符合四类海水水质标准的海域面积分别为全杭州湾海域的5.64%和10.43%。

第12章　极端条件下曹娥江开闸环境影响研究

曹娥江是钱塘江第二大支流,全长 193 km,流域面积 6 080 km²,自南而北流经新昌、嵊州、上虞,于绍兴三江口以下注入杭州湾。流域上游属山溪性河流,下游为感潮河段,受钱塘江潮水影响。2003 年曹娥江大闸动工兴建,2008 年 12 月下闸蓄水投入试运行,2009 年 4 月汛期大闸投入试运行。本文旨在研究曹娥江大闸建成之后,洪汛期排涝开闸放水带来的流量对杭州湾水域水质的影响。

曹娥江作为钱塘江的主要支流之一,大闸建成后定时地开闸放水势必会对钱塘江河口杭州湾内的水动力及水质条件产生一定的影响。本次研究目的在于定量地分析曹娥江大闸建成之后在洪汛期排涝开闸放水所带来的水量和污染物对整个杭州湾水域水质的影响程度和影响范围。浙闽一带海岸线复杂多变,港湾众多,且几乎每个港湾中都或多或少存在着支流水闸,排涝开闸放水或因其他目的开闸放水是各个水闸的主要功能。本次专题亦希望通过对杭州湾内曹娥江水闸的排涝开闸放水对该湾水质等方面造成的影响和所及范围的研究,能够为浙闽地区的其他港湾水闸提供示范性研究结论,为其他相似项目的可行性分析和改善水体环境提供相应的分析依据。

12.1　潮流场数值模拟

12.1.1　潮流场数值模型

为了研究曹娥江水闸排涝开闸放水对杭州湾水质的影响,首先进行曹娥江水闸排涝开闸放水时杭州湾潮流场的模拟。

模型计算采用与第 8 章相同的数值模型,即采用 Delft3D 软件建立一个三维水动力模型。模型控制方程、定解条件及计算方法与计算过程均与第 8 章相同,前面所述报告中对模型计算已有详细说明,这里不再重复。

为了研究曹娥江水闸排涝放水时的杭州湾的潮流场,本文采用的方法是在原有潮流场验证完成的基础上,在曹娥江开边界处加入一股入湾水流,再一次计算流场,将计算得到的结果作为排涝放水时的潮流场。

12.1.2　曹娥江流量选取

根据第 4 章污染源调查与估算,曹娥江径流量为 4.5×10^9 m³/a。

曹娥江径流年际变化很大,洪枯悬殊;年内分配也很不均匀,径流特性与降水基本相应。曹娥江一年有两个汛期,分别是3—7月的梅雨期和7—9月的台风雨期,所以月平均流量在年内有两个峰值。潘存鸿等(1999)对曹娥江44年的年最大洪水进行统计分析,得出结论,梅雨期径流总量大而洪峰流量小,台风期径流总量小而洪峰流量大。曹娥江流域洪水大多发生在7—9月的台风期,而且洪水量值较大,特别是9月洪峰流量均值可达3 184 m³/s。流域内曹娥控制站5年一遇洪峰流量为3 269 m³/s,10年一遇为4 530 m³/s,20年一遇为4 807 m³/s,50年一遇为5 552 m³/s,100年一遇为5 916 m³/s(钟哲,2007)。

考虑到2009年6月曹娥江没有大洪水发生,为了研究结果的真实性,这里选取5年一遇的洪峰流量进行流场计算。模型采用非连续源处理方法,即在计算达到稳定时,在曹娥江开边界处加入一股入湾流量。根据曹娥江排涝开闸方案,在闸内水位高于闸外水位时开始排涝,到闸外水位上升到高于闸内水位时停止排涝。本书中近似选取在落急时刻加入流量,到涨急时刻结束,约半个潮周期,排水时长约为6 h。曹娥江上游"050912"暴雨大部分雨量站暴雨时段在9 h范围内(卢中伟,2006),根据暴雨量设计排涝方案,可以有24 h内排涝一次,或24 h内排涝两次或更多。采用模型计算三种方案,方案一为大闸建设前曹娥江径流入湾,采用曹娥江年平均径流量;方案二和方案三为大闸建设后两种排涝放水方案,采用5年一遇洪峰流量:方案二进行一次排涝,即落急排、涨急停;方案三进行两次排涝,即落急排、涨急停,下一次落急再排、涨急停,两次排涝时间间隔约半个潮周期。

12.1.3　模拟结果分析

方案一曹娥江径流入湾模型计算时间从2009年6月21日16时开始,持续100 h。方案二曹娥江流量加入时间为6月21日16—21时;方案三曹娥江流量加入时间为6月21日16—21时和6月22日4—9时,中间间隔约半个潮周期。

根据模型计算结果,曹娥江水闸排涝开闸放水对杭州湾水域局部水域潮流影响甚微。在三个模型方案中,曹娥江河口杭州湾水域流场相差不大,仅在曹娥江口门处稍有不同。排涝放水集中在落急到涨急阶段,即涨潮时曹娥江河口基本不出水,曹娥江河口水流与杭州湾涨潮流方向一致;落潮时,曹娥江河口有一股水流明显偏离落潮流方向,在下游不远处又与落潮流方向保持一致,说明曹娥江出流对杭州湾水域水流的影响是存在的,但影响区域仅限曹娥江口门较小一片水域,对杭州湾内水域水流影响甚是微小。

12.2　污染物动力扩散数值模拟

12.2.1　污染物扩散数学模型

污染物扩散数学模型参考第9章,模型控制方程、计算方法、定解条件与计算过程均相同,源强处理作新的处理。

12.2.2　污染物源强概化

根据污染源调查结果摘取曹娥江入海排放污染物浓度及通量(表12.1和表12.2)。

表 12.1　曹娥江入海排放污染物浓度及其入海通量

径流量/(m³/a)	COD$_{Cr}$	总磷	氨氮	硝酸盐	亚硝酸盐	无机氮	活性磷酸盐
	污染物含量(mg/L)						
4.5×10⁹	32.3	0.180 4	2.452	/	/	/	/
	污染物入海通量(t/a)						
4.5×10⁹	145 125.0	811.6	11 031.8	/	/	11 031.8	/

表 12.2　曹娥江主要入海污染物的调查统计结果　　　　　　　　单位:mg/L

监测时间	COD$_{Cr}$	总磷	氨氮	硝酸盐氮	亚硝酸盐氮	活性磷酸盐
5 月	40.4	0.188 1	0.950	/	/	/
8 月	24.1	0.172 6	3.953	/	/	/
平均值	32.3	0.180 4	2.452	/	/	/

根据第 9 章给出的主要污染物换算关系,可以得到曹娥江开边界处 COD$_{Mn}$ 浓度为 16.16 mg/L,无机氮浓度为 0.950 mg/L,活性磷酸盐浓度为 0.140 5 mg/L。

12.2.3　模型参数选取

本次模型计算时间与潮流场数值模型计算时间保持一致,即从 2009 年 6 月 21 日 16 时开始,持续 100 h。由于时间尺度相对较短,本次研究不考虑物质的降解,因此,化学需氧量、无机氮和活性磷酸盐降解系数取 0。

模型计算中的扩散系数与第 9 章保持一致。模型采用冷启动模式,初始条件均设为 0 mg/L。边界条件取 0 mg/L。

12.2.4　模拟结果分析

本次曹娥江水闸开闸放水对杭州湾水域水质影响研究专题主要涉及化学需氧量、活性磷酸盐和无机氮三项,各类水质标准下的控制目标按《海水水质标准》(GB 3097—1997)选取。

水质模拟是在流场验证符合实际情况的前提下进行的,模拟结果从两个角度进行分析:一是分析曹娥江口外杭州湾水域的污染物浓度分布随时间的推移的变化过程;二是分析曹娥江口外杭州湾水域某定点的污染物浓度随时间推移的变化过程。下文分别列出了三种污染物 3 个方案的数值模拟结果。同时,在曹娥江口门外根据污染物扩散范围选取了10 个点,观察其浓度过程线。曹娥江口位于杭州湾南岸,喇叭口由窄变宽的突变处,受钱塘江上游来水的影响,污染物扩散主要集中在南岸附近,所以杭州湾内水域中沿南岸选取 3 个点,北岸选取 1 个点,中间位置选取 3 个点,另曹娥江口门处选取 1 个点,钱塘江上游往上选取 2 个点(图 12.1)。

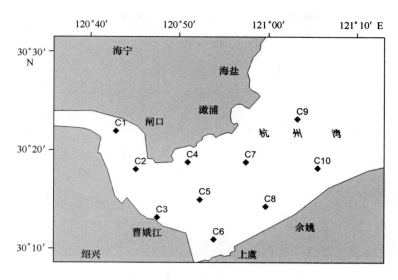

图 12.1 曹娥江口外观察点位置示意

12.2.4.1 COD$_{Mn}$

1）方案一：曹娥江径流入湾

由曹娥江口外杭州湾水域 COD$_{Mn}$ 计算浓度分布时间变化过程可知，随着曹娥江径流流入杭州湾内水域，COD$_{Mn}$ 逐渐向杭州湾内扩散，并随涨、落潮流在钱塘江南岸附近水域徘徊扩散（图 12.2）。本次研究为了方便与方案二和方案三进行比较，模型计算开始时间设计为落急时刻。模型计算时间 100 h，计算开始后第二小时开始输出数据，总输出 99 h 的计算结果，方案二和方案三亦相同。曹娥江径流带来的 COD$_{Mn}$ 进入杭州湾后，主要随流扩散，首先随落潮流向杭州湾内输送，范围逐渐扩大，涨潮时 COD$_{Mn}$ 随涨潮流回涨，扩散范围向钱塘江上游延伸。涨、落潮流的交替反复使 COD$_{Mn}$ 向钱塘江上、下游扩散，且随着时间的延长，浓度和范围均逐渐增大。COD$_{Mn}$ 最大浓度值约为 3 mg/L，且仅在曹娥江口门附近处出现，进入杭州湾内 COD$_{Mn}$ 浓度得到稀释，湾内水域 COD$_{Mn}$ 浓度均在 2 mg/L 以下，超过 2 mg/L 的水域面积最大时约为 14 km^2，占杭州湾水域总面积（取第 10 章界定的杭州湾范围总面积约 5 400 km^2，下同）的 0.26%。至计算结束时刻，扩散范围达到最大，0.5 mg/L 浓度影响区域向上游扩散了约 4 km，向下游扩散了约 6 km，超过 0.5 mg/L 的水域面积约 44 km^2。

根据 10 个观察点的分布位置，高浓度应该出现在曹娥江口门附近的 C3 点和钱塘江下游南岸附近的 C6、C8 点（图 12.3）。观察计算结果，基本符合预计结果，根据各点浓度过程线可以看出，C3、C6 两点浓度最大，最大浓度均在 1.8 mg/L 左右。C1、C2 规律基本相同，COD$_{Mn}$ 浓度涨潮增大、落潮减小，且增大时间明显小于减小时间，满足于钱塘江上游落潮历时远大于涨潮历时的优点，根据两点与曹娥江河口的距离，C2 浓度较大于 C1，符合越向上游扩散稀释程度越大的特点。C3 点 COD$_{Mn}$ 浓度是在一个潮周期内出现两次峰值，分析原因，是因为 C3 点选取在曹娥江中线正对的口外水域，当落潮时急流或涨潮急流时，携带污染物的水流可能在未流到 C3 点处就被潮流带着向钱塘江下游或上游流动了，所以此时 C3

267

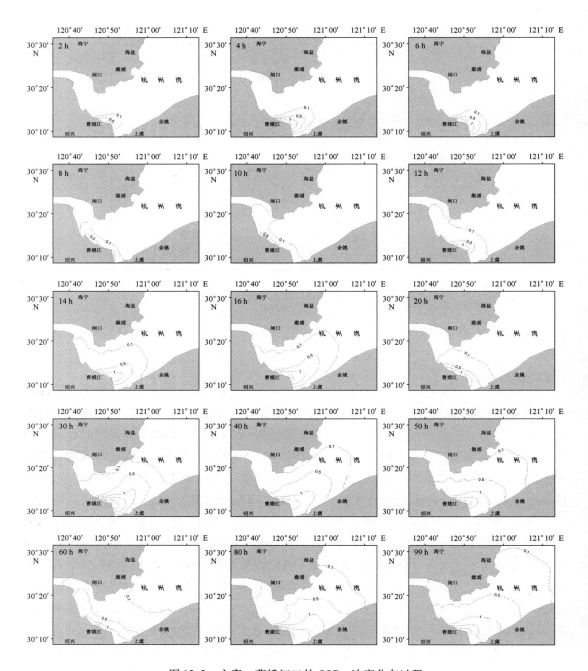

图 12.2　方案一曹娥江口外 COD_{Mn} 浓度分布过程

点会暂时出现 COD_{Mn} 浓度较小的情况,当急流过去流速下降,COD_{Mn} 浓度再次增大。C4 点 COD_{Mn} 浓度最小,浓度随时间变化缓慢增大,最大浓度仅在 0.4 mg/L 左右。C6 点浓度值随涨落潮有规律的变化,呈现一种涨潮减小、落潮增大的规律,即一个潮周期内出现一次峰值,且增大时间大于减小时间,符合杭州湾潮流落潮历时大于涨潮历时的特点,但总体保持增大的趋势,并在计算开始 4 d 后开始趋于稳定变化。C5、C7、C8、C9、C10 五点 COD_{Mn} 浓度

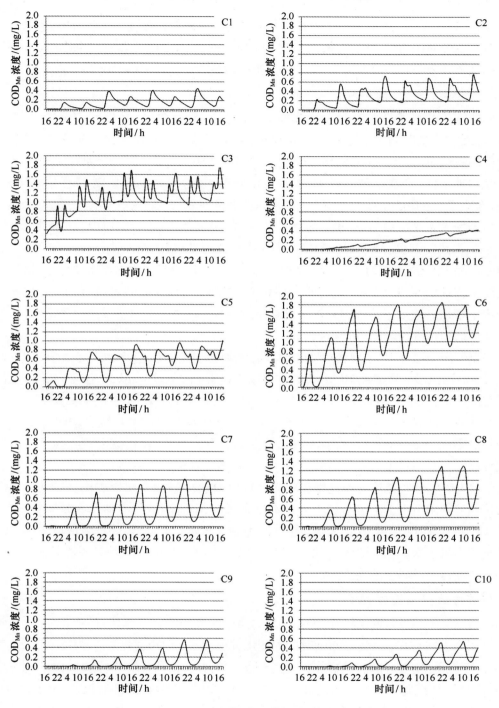

图 12.3　方案一曹娥江口外观察点 COD_{Mn} 浓度过程线

(6 月 21 日 16 时—6 月 25 日 19 时)

变化规律基本一致,浓度值随点位与曹娥江河口的距离的增大而减小。

综合 10 个观察点的 COD_{Mn} 浓度过程和 COD_{Mn} 计算浓度分布过程可以看出,曹娥江径流入湾对主要影响钱塘江下游水域,污染物随水流向杭州湾南岸上虞沿岸附近海域堆积,影响范围以该处为中心向湾内及北岸扩展,上游影响范围最远到闸口附近。

2)方案二:1 次开闸排涝

由曹娥江大闸建设后进行一次排涝,即落急排、涨急停时,曹娥江口外杭州湾水域 COD_{Mn} 浓度分布随时间的变化过程可知,COD_{Mn} 随着曹娥江河口水流进入杭州湾,随涨落潮有规律的向杭州湾上游、下游运移,并逐渐向外扩散(图 12.4)。因为曹娥江大闸在落急时刻才开始排水,直至涨急时刻结束,本方案排涝 1 次,时间持续 6 h,计算开始后 4 h 内,COD_{Mn} 随落潮流向杭州湾下游运移,范围逐渐扩大,4 h 后到达落憩,COD_{Mn} 随潮水回涨。6 h 后含污染物水体停止排放,COD_{Mn} 开始扩散稀释,最高浓度值随着 COD_{Mn} 的扩散而减小。11 h 后最大浓度不超过 5 mg/L,满足四类海水水质标准;19 h 后最大浓度不超过 4 mg/L,满足三类海水水质标准;31 h 后最大浓度不超过 3 mg/L,满足二类海水水质标准;43 h 后最大浓度不超过 2 mg/L,满足一类海水水质标准,符合海洋功能区划对曹娥江口外杭州湾水域的设定要求。浓度影响范围先扩大再减小,1 mg/L 影响范围向上游最远到达闸口附近,向下游最远到达澉浦附近。

根据曹娥江口外 10 个观察点处的 COD_{Mn} 浓度随时间变化过程线可以看出,C3、C6 两点浓度最大,C3 点最大浓度在 10 mg/L 左右,C6 点最大浓度在 9 mg/L 左右(图 12.5)。由于排涝时间较短,仅半个潮周期,高浓度在半个潮周期后马上被钱塘江上游来水稀释,COD_{Mn} 浓度迅速减小到满足一类海水水质标准的水平。其余观察点浓度均较小,COD_{Mn} 最大浓度均不超过 2 mg/L,其中以 C4 最小,COD_{Mn} 最大浓度不超过 1 mg/L,说明观察点所在水域水质始终满足一类海水水质标准。

综合 COD_{Mn} 计算浓度分布过程和观察点的 COD_{Mn} 浓度过程,可以看出曹娥江口排涝放水对杭州湾内闸口以上上游水域水质基本没有影响,下游高浓度水体存在时间较短,只在曹娥江口有水体外排时 COD_{Mn} 浓度会超过四类海水水质标准,停止外排后浓度值马上回落到满足四类海水水质标准的水平,说明曹娥江口排涝放水对杭州湾内闸口以下下游水域水质的影响在较短时间就能恢复。

3)方案三:2 次开闸排涝

由曹娥江大闸进行两次排涝,即在相邻的两个潮周期内进行落急排、涨急停时,曹娥江口外杭州湾水域 COD_{Mn} 浓度分布随时间的变化过程可知。COD_{Mn} 随着曹娥江河口水流进入杭州湾,随涨落潮有规律的向杭州湾上游、下游运移,并逐渐向外扩散(图 12.6)。本方案进行两次排涝,持续时间均为 6 h,所以 COD_{Mn} 高浓度出现在两个时间段中。计算开始后,COD_{Mn} 随落潮流向杭州湾下游运移,范围逐渐扩大,4 h 后到达落憩,COD_{Mn} 随潮水回涨。13 h 时第二次排涝开始,含污染物水体推动水中污染物继续向外扩散,COD_{Mn} 分布范围变大,污染物水体在曹娥江口水域逗留时间也继续增加。19 h 后第二次排涝结束,COD_{Mn} 扩散稀释,35 h 后曹娥江口外杭州湾水域水质开始满足四类海水水质标准,约 4 d(99 h)之后浓

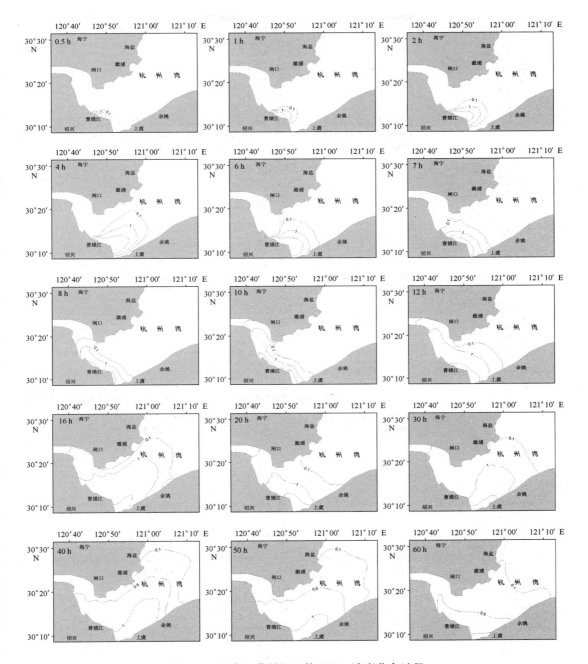

图 12.4　方案二曹娥江口外 COD_{Mn} 浓度分布过程

度影响基本消除。超过 2 mg/L 的水域面积最大时约为 248 km^2,占杭州湾水域总面积的
4.6%。浓度影响范围先扩大再减小,1 mg/L 影响范围向上游最远到达闸口附近海域,约
5 km,向下游最远到达秦山附近海域,约 10 km。

　　根据曹娥江口外 10 个观察点处的 COD_{Mn} 浓度随时间变化过程线可以看出,C3、C6 两点
浓度最大,且出现两个峰值,这是因为曹娥江大闸在连续的两个潮周期内进行了排涝放水,

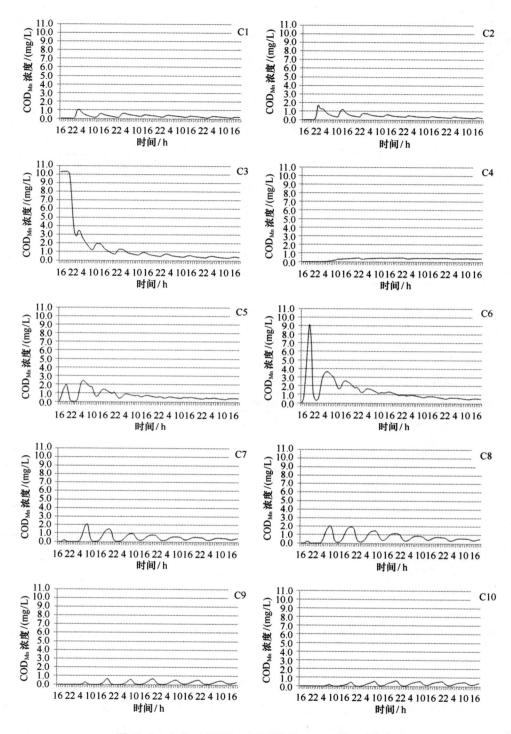

图 12.5　方案二曹娥江口外观察点 COD_{Mn} 浓度过程线

（6 月 21 日 16 时—6 月 25 日 19 时）

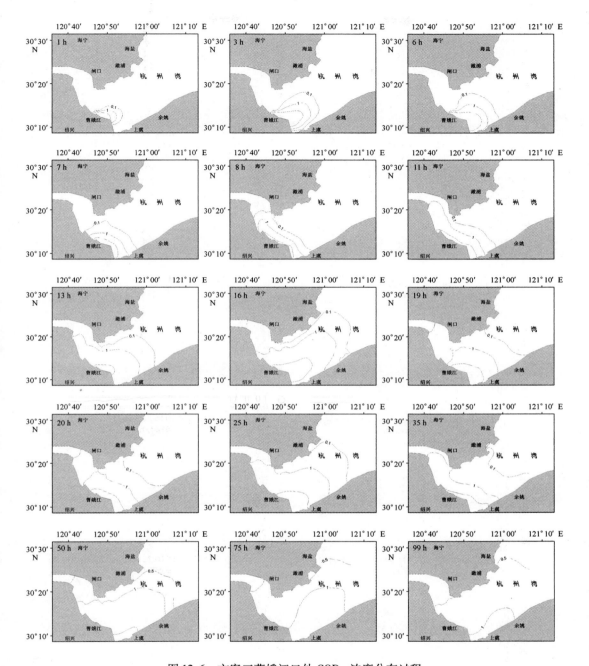

图 12.6　方案三曹娥江口外 COD_{Mn} 浓度分布过程

C3 点最大浓度在 11 mg/L 左右,C6 点最大浓度在 10 mg/L 左右,两点最大浓度均出现在第二次排涝后(图 12.7)。由于排涝时间较短,高浓度在排涝结束后马上被钱塘江上游来水稀释,COD_{Mn} 浓度迅速减小到满足四类海水水质标准的水平,C3 点在 C6 点上游,浓度降低较快。其余观察点浓度均较小,COD_{Mn} 最大浓度均不超过 5 mg/L,其中以 C4 最小,COD_{Mn} 最大浓度不超过 2 mg/L,说明观察点所在水域水质始终满足四类海水水质标准,部分满足一类

273

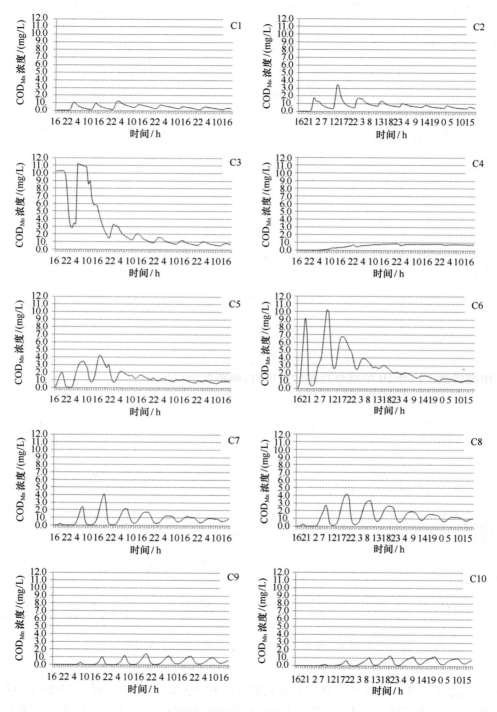

图 12.7 方案三曹娥江口外观察点 COD_{Mn} 浓度过程线

(6月21日16时—6月25日19时)

海水水质标准。

曹娥江口排涝放水对杭州湾内闸口以上上游水域水质基本没有影响；下游高浓度水体存在时间较短，只在曹娥江口有水体外排时 COD_{Mn} 浓度会超过四类海水水质标准，停止外排后浓度值马上回落到满足四类海水水质标准的水平，说明曹娥江口排涝放水对杭州湾内闸口以下下游水域水质的影响在较短时间就能恢复。

12.2.4.2　无机氮

1）方案一：曹娥江径流入湾

由曹娥江口外杭州湾水域无机氮计算浓度分布随时间变化过程可以看出，随着曹娥江径流流入杭州湾内水域，无机氮逐渐向杭州湾内扩散，并随涨、落潮流在钱塘江南岸附近水域徘徊扩散（图12.8）。曹娥江径流带来的无机氮进入杭州湾后，主要随流扩散，首先随落潮流向杭州湾内输送，范围逐渐扩大，涨潮时无机氮随涨潮流回涨，扩散范围向钱塘江上游延伸。涨、落潮流的交替反复使无机氮向钱塘江上、下游扩散，且随着时间的延长，浓度和范围均逐渐增大。无机氮最大浓度值约为 0.2 mg/L，且仅在曹娥江口门附近处出现，进入杭州湾内无机氮浓度得到稀释，湾内水域无机氮浓度均在 0.1 mg/L 以下，超过 0.1 mg/L 的水域面积最大时约为 18 km²，占杭州湾水域总面积的 0.33%。至计算结束时刻，扩散范围达到最大，0.05 mg/L 浓度影响区域向上游扩散约 2.5 km，向下游扩散到上虞余姚交界处附近，约 6 km，超过 0.05 mg/L 的水域面积约为 208 km²。

根据曹娥江口外 10 个观察点的分布位置，高浓度应该出现在曹娥江口门附近的 C3 点和钱塘江下游南岸附近的 C6、C8 点。观察计算结果，基本符合预计结果，根据各点浓度过程线可以看出，C3、C6 两点浓度最大，最大浓度均在 0.11 mg/L 左右。C1、C2 规律基本相同，无机氮浓度涨潮增大、落潮减小，且增大时间明显小于减小时间，满足于钱塘江上游落潮历时远大于涨潮历时的优点，根据两点与曹娥江河口的距离，C2 浓度较大与 C1，符合越向上游扩散稀释程度越大的特点（图12.9）。C3 点无机氮浓度是在一个潮周期内出现两次峰值，分析原因，是因为 C3 点选取在曹娥江中线正对的口外水域，当落潮时急流或涨潮急流时，携带污染物的水流可能在未流到 C3 点处就被潮流带着向钱塘江下游或上游流动了，所以此时 C3 点会暂时出现无机氮浓度较小的情况，当急流过去流速下降，无机氮浓度再次增大。C4 点无机氮浓度最小，浓度随时间变化缓慢增大，最大浓度仅在 0.02 mg/L 左右。C6 点浓度值随涨落潮有规律的变化，呈现一种涨潮减小、落潮增大的规律，即一个潮周期内出现一次峰值，且增大时间大于减小时间，符合杭州湾潮流落潮历时大于涨潮历时的特点，但总体保持增大的趋势，并在计算开始 4 d 后开始趋于稳定变化。C5、C7、C8、C9、C10 五点无机氮浓度变化规律基本一致，浓度值随点位与曹娥江河口的距离的增大而减小。

综合 10 个观察点的无机氮浓度过程和无机氮计算浓度分布过程，可以看出，曹娥江径流入湾主要影响钱塘江下游水域，污染物随水流向杭州湾南岸上虞沿岸附近海域堆积，影响范围以该处为中心向湾内及北岸扩展，上游影响范围最远到闸口附近。

2）方案二：1 次开闸排涝

由曹娥江大闸进行一次排涝，即落急排、涨急停时，曹娥江口外杭州湾水域无机氮浓度

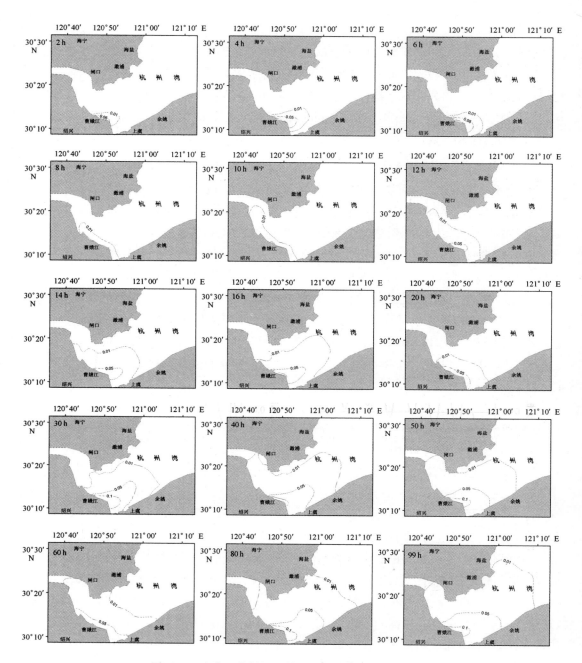

图 12.8　方案一曹娥江口外无机氮计算浓度分布过程

分布的计算结果(图 12.10),可以知道,无机氮随着曹娥江河口水流进入杭州湾,随涨落潮有规律地向杭州湾上游、下游运移,并逐渐向外扩散。本方案进行一次排涝,落急时刻开始排水,直至涨急时刻结束,计算开始后 4 h 内,无机氮随落潮流向杭州湾下游运移,范围逐渐扩大,4 h 后到达落憩,无机氮随潮水回涨。6 h 后含污染物水体停止排放,无机氮扩散稀释,最高浓度值对无机氮的影响范围增大而减小;8 h 后开始满足四类海水水质标准,最大

276

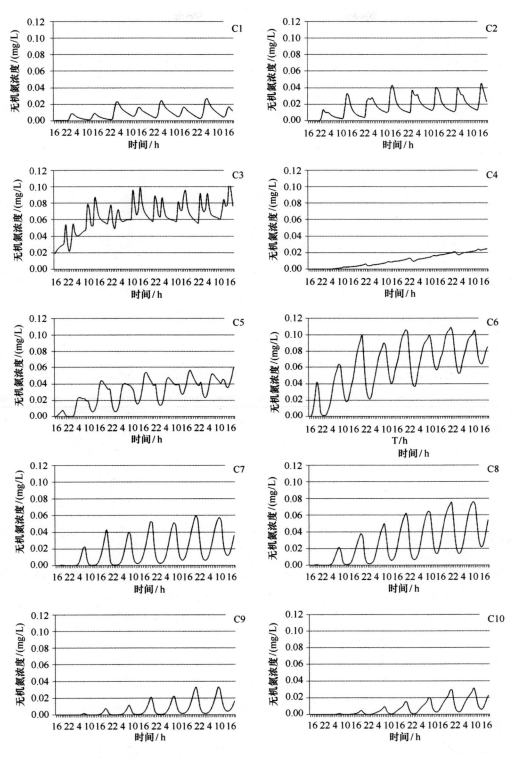

图 12.9　方案一曹娥江口外观察点无机氮浓度过程线

（6 月 21 日 16 时—6 月 25 日 19 时）

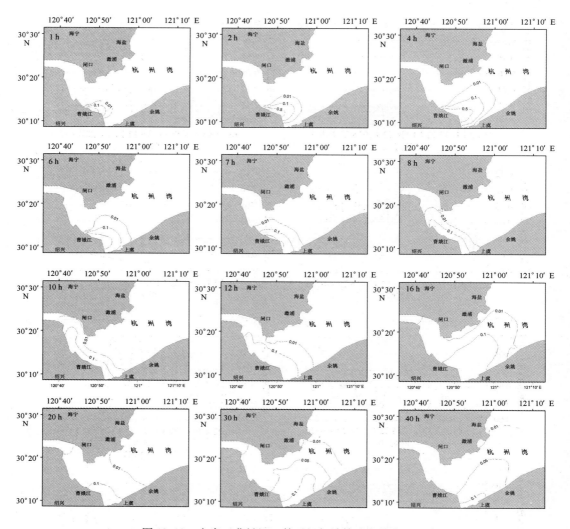

图 12.10　方案二曹娥江口外无机氮计算浓度分布过程

浓度不超过 0.5 mg/L;10 h 后最大浓度不超过 0.3 mg/L,满足二类海水水质标准;40 h 后浓度影响基本消除。超过 0.5 mg/L 的水域面积最大时约为 36 km²,占杭州湾水域总面积的 0.67%。浓度影响范围先扩大再减小,0.1 mg/L 影响范围向上游最远到达闸口附近海域,约 5 km,向下游最远到达澉浦附近海域,约 6.6 km。

　　根据各点浓度过程线可以看出,C3、C6 两点浓度最大,C3 点最大浓度在 0.6 mg/L 左右,C6 点最大浓度在 0.55 mg/L 左右(图 12.11)。由于排涝时间较短,仅半个潮周期,高浓度在半个潮周期后马上被钱塘江上游来水稀释,无机氮浓度迅速减小到满足一类海水水质标准的水平。其余观察点浓度均较小,无机氮最大浓度均不超过 0.2 mg/L,其中以 C4 最小,无机氮最大浓度不超过 0.1 mg/L,说明观察点所在水域水质始终满足海水一类水质标准。

　　综合无机氮计算浓度分布过程和观察点无机氮浓度过程,可以看出曹娥江口排涝放水对杭州湾内闸口以上上游水域水质基本没有影响、下游高浓度水体存在时间较短,只在曹

278

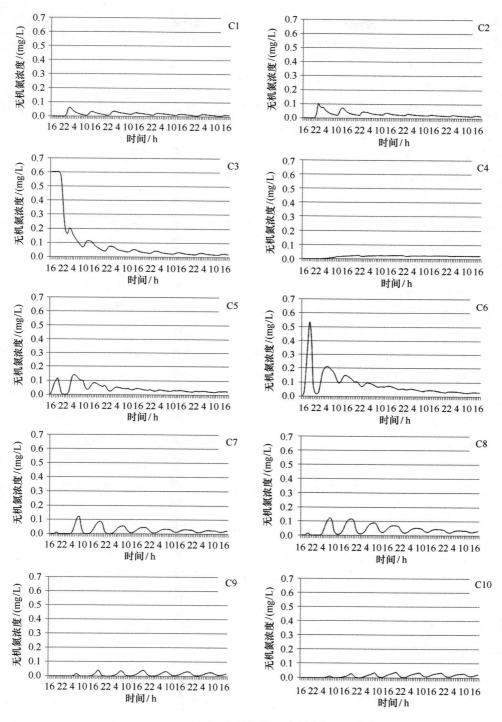

图 12.11 方案二曹娥江口外观察点无机氮浓度过程线

（6 月 21 日 16 时—6 月 25 日 19 时）

娥江口有水体外排时无机氮浓度会超过四类海水水质标准,停止外排后浓度值马上回落到满足四类海水水质标准的水平,说明曹娥江口排涝放水对杭州湾内闸口以下下游水域水质的影响在较短时间就能恢复。

3)方案三:2次开闸排涝

由曹娥江大闸进行两次排涝,即在相邻的两个潮周期内进行落急排、涨急停时,曹娥江口外杭州湾水域无机氮浓度分布的计算结果可以知道,无机氮随着曹娥江河口水流进入杭州湾,随涨、落潮有规律的向杭州湾上游、下游运移,并逐渐向外扩散。本方案进行两次排涝,持续时间均为6 h,所以无机氮高浓度出现在两个时间段中(图12.12)。计算开始后,无机氮随落潮流向杭州湾下游运移,范围逐渐扩大,4 h后到达落憩,无机氮随潮水回涨。13 h时第二次排涝开始,含污染物水体推动水中污染物继续向外扩散,无机氮分布范围变大,污染物水体在曹娥江口水域逗留时间也继续增加。19 h后第二次排涝结束,无机氮扩散稀释,25 h后曹娥江口外杭州湾水域水质开始满足四类海水水质标准($\leqslant 0.5$ mg/L),约3 d(75 h)之后浓度影响基本消除。超过0.5 mg/L的水域面积最大时约为45 km²,占杭州湾水域总面积的0.33%。浓度影响范围先扩大再减小,0.1 mg/L影响范围向上游最远到达闸口附近海域,约4.8 km;向下游最远到达澉浦附近海域约7 km。

根据曹娥江口外10个观察点的无机氮浓度随时间变化过程线可以看出,C3、C6两点浓度最大,且出现两个峰值,这是因为曹娥江大闸在连续的两个潮周期内进行了排涝放水,C3点最大浓度在0.65 mg/L左右,C6点最大浓度在0.6 mg/L左右,两点最大浓度均出现在第二次排涝后(图12.13)。由于排涝时间较短,高浓度在排涝结束后马上被钱塘江上游来水稀释,无机氮浓度迅速减小到满足四类海水水质标准的水平,C3点在C6点上游,浓度降低较快。其余观察点浓度均较小,无机氮最大浓度均不超过0.3 mg/L,其中以C4最小,无机氮最大浓度不超过0.1 mg/L,说明观察点所在水域水质始终满足二类海水水质标准,部分满足一类海水水质标准。

综合无机氮计算浓度分布过程和观察点无机氮浓度过程,可以看出曹娥江口排涝放水对杭州湾内闸口以上上游水域水质基本没有影响;下游高浓度水体存在时间较短,只在曹娥江口有水体外排时无机氮浓度会超过四类海水水质标准,停止外排后浓度值马上回落到满足四类海水水质标准的水平,说明曹娥江口排涝放水对杭州湾内闸口以下下游水域水质的影响在较短时间就能恢复。

12.2.4.3 活性磷酸盐

1)方案一:曹娥江径流入湾

由曹娥江口外杭州湾水域活性磷酸盐计算浓度分布随时间变化过程可以看出,随着曹娥江径流流入杭州湾内水域,活性磷酸盐逐渐向杭州湾内扩散,并随涨、落潮流在钱塘江南岸附近水域徘徊扩散(图12.14)。曹娥江径流带来的活性磷酸盐进入杭州湾后,主要随流扩散,首先随落潮流向杭州湾内输送,范围逐渐扩大,涨潮时活性磷酸盐随涨潮流回涨,扩散范围向钱塘江上游延伸。涨、落潮流的交替反复使活性磷酸盐向钱塘江上、下游扩散,且

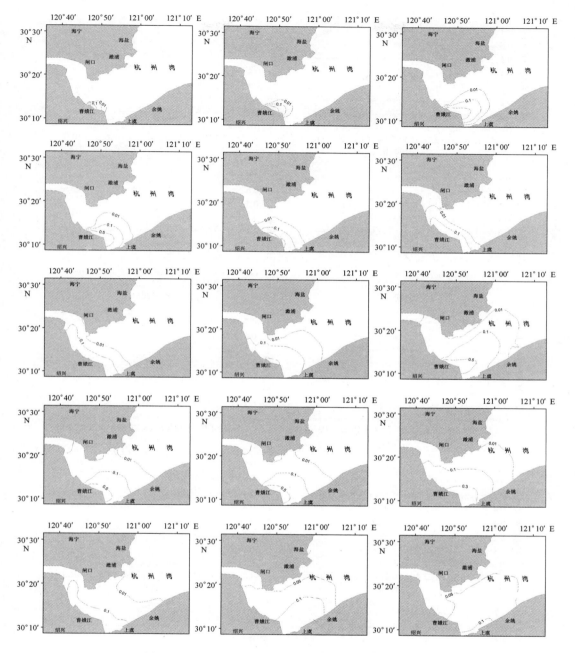

图 12.12 方案三曹娥江口外无机氮计算浓度分布过程

随着时间的延长,浓度和范围均逐渐增大。活性磷酸盐最大浓度值约为 0.025 mg/L,且仅在曹娥江口门附近处出现,进入杭州湾内活性磷酸盐浓度得到稀释,湾内水域活性磷酸盐浓度均在 0.015 mg/L 以下,超过 0.015 mg/L 的水域面积最大时约为 17 km²,占杭州湾水域总面积的 0.31%。至计算结束时刻,扩散范围达到最大,0.005 mg/L 浓度影响区域向上游扩散约 2.7 km,向下游扩散到余姚附近,约 6 km,超过 0.005 mg/L 的水域面积约为 384 km²。

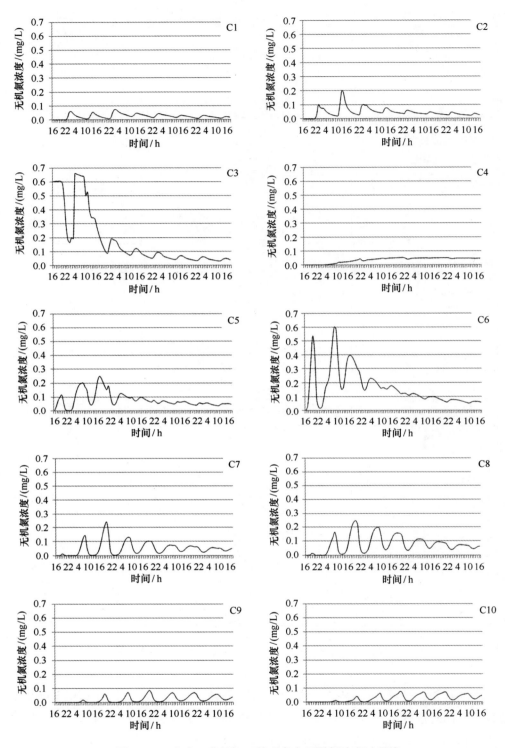

图 12.13　方案三曹娥江口外观察点无机氮浓度过程线

（6 月 21 日 16 时—6 月 25 日 19 时）

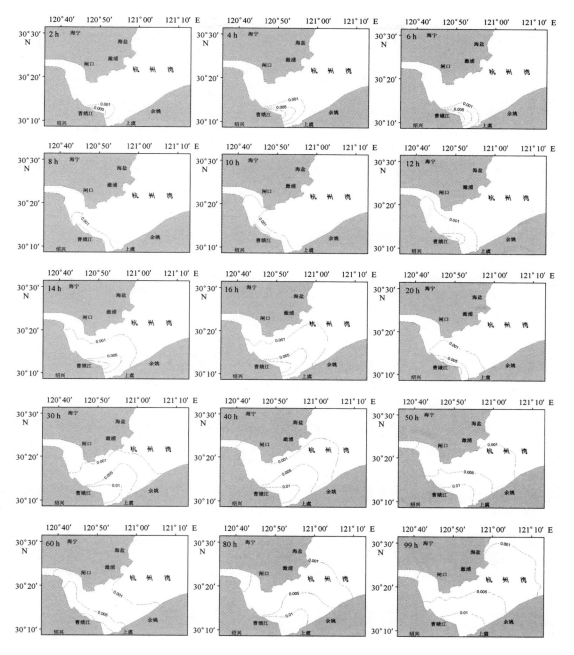

图 12.14　方案一曹娥江口外活性磷酸盐计算浓度分布过程

根据曹娥江口外 10 个观察点的分布位置,高浓度应该出现在曹娥江口门附近的 C3 点和钱塘江下游南岸附近的 C6、C8 点。观察计算结果,基本符合预计结果,根据各点浓度过程线可以看出,C3、C6 两点浓度最大,最大浓度均在 0.015 mg/L 左右(图 12.15)。C1、C2规律基本相同,活性磷酸盐浓度涨潮增大、落潮减小,且增大时间明显小于减小时间,满足于钱塘江上游落潮历时远大于涨潮历时的优点,根据两点与曹娥江河口的距离,C2 浓度较

283

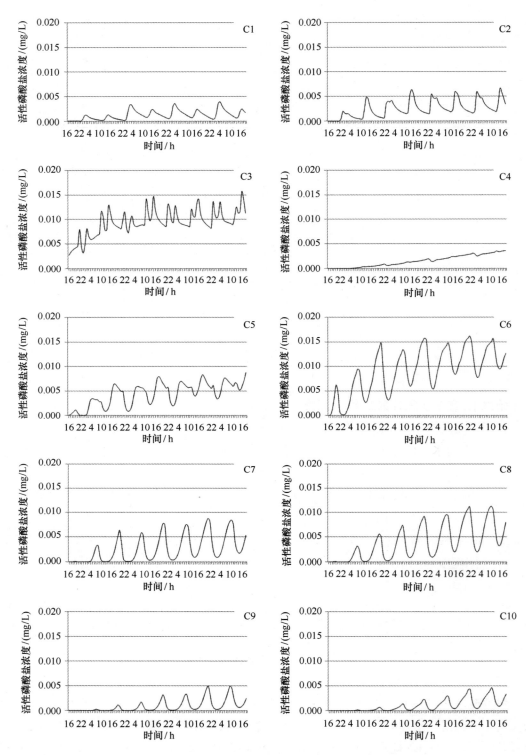

图 12.15 方案一曹娥江口外观察点活性磷酸盐浓度过程线

（6 月 21 日 16 时—6 月 25 日 19 时）

大与 C1,符合越向上游扩散稀释程度越大的特点。C3 点活性磷酸盐浓度是在一个潮周期内出现两次峰值,分析原因,是因为 C3 点选取在曹娥江中线正对的口外水域,当落潮时急流或涨潮急流时,携带污染物的水流可能在未流到 C3 点处就被潮流带着向钱塘江下游或上游流动了,所以此时 C3 点会暂时出现活性磷酸盐浓度较小的情况,当急流过去流速下降,活性磷酸盐浓度再次增大。C4 点活性磷酸盐浓度最小,浓度随时间变化缓慢增大,最大浓度仅在 0.005 mg/L 左右。C6 点浓度值随涨落潮有规律的变化,呈现一种涨潮减小、落潮增大的规律,即一个潮周期内出现一次峰值,且增大时间大于减小时间,符合杭州湾潮流落潮历时大于涨潮历时的特点,但总体保持增大的趋势,并在计算开始 4 d 后开始趋于稳定变化。C5、C7、C8、C9、C10 五点活性磷酸盐浓度变化规律基本一致,浓度值随点位与曹娥江河口的距离的增大而减小。

综合 10 个观察点的活性磷酸盐浓度过程和活性磷酸盐计算浓度分布过程,可以看出,曹娥江径流入湾主要影响钱塘江下游水域,污染物随水流向杭州湾南岸上虞沿岸附近海域堆积,影响范围以该处为中心向湾内及北岸扩展,上游影响范围最远到闸口附近。

2)方案二:1 次开闸排涝

由曹娥江大闸进行一次排涝,即落急排、涨急停时,曹娥江口外杭州湾水域活性磷酸盐浓度分布的计算结果可以知道,活性磷酸盐随着曹娥江河口水流进入杭州湾,随涨、落潮有规律地向杭州湾上游、下游运移,并逐渐向外扩散(图 12.16)。因为曹娥江大闸在落急时刻才开始排水,直至涨急时刻结束,本方案排涝一次,时间持续 6 h,计算开始后 4 h 内,活性磷酸盐随落潮流向杭州湾下游运移,范围逐渐扩大,4 h 后到达涨憩,活性磷酸盐随潮水回涨。6 h 后含污染物水体停止排放,最高浓度值随着活性磷酸盐的扩散而减小;10 h 后曹娥江口外杭州湾水域活性磷酸盐已满足四类海水水质标准,最高浓度不超过 0.045 mg/L;20 h 后最高浓度不超过 0.030 mg/L;40 h 后浓度影响基本消除。超过 0.045 mg/L 的水域面积最大时约为 60 km²,占杭州湾水域总面积的 1.11%。浓度影响范围先扩大再减小,0.015 mg/L 影响范围向上游最远到达闸口附近海域,约 5 km,向下游最远到达澉浦附近海域约 6.9 km。

根据曹娥江口外 10 个观察点处的活性磷酸盐浓度随时间变化过程线可以看出,C3、C6 两点浓度最大,C3 点最大浓度在 0.090 mg/L 左右,C6 点最大浓度在 0.080 mg/L 左右(图 12.17)。由于排涝时间较短,仅半个潮周期,高浓度在半个潮周期后马上被钱塘江上游来水稀释,活性磷酸盐浓度迅速减小到满足一类海水水质标准的水平。其余观察点浓度均较小,活性磷酸盐最大浓度均不超过 0.030 mg/L,其中以 C4 最小,活性磷酸盐最大浓度不超过 0.015 mg/L,说明观察点所在水域水质始终满足二类海水水质标准,部分水域满足一类海水水质标准。

综合活性磷酸盐计算浓度分布过程和观察点活性磷酸盐浓度过程,可以看出曹娥江口排涝放水对杭州湾内闸口以上上游水域水质基本没有影响;下游高浓度水体存在时间较短,只在曹娥江口有水体外排时活性磷酸盐浓度会超过四类海水水质标准,停止外排后浓度值马上回落到满足四类海水水质标准的水平,说明曹娥江口排涝放水对杭州湾内闸口以下下游水域水质的影响在较短时间就能恢复。

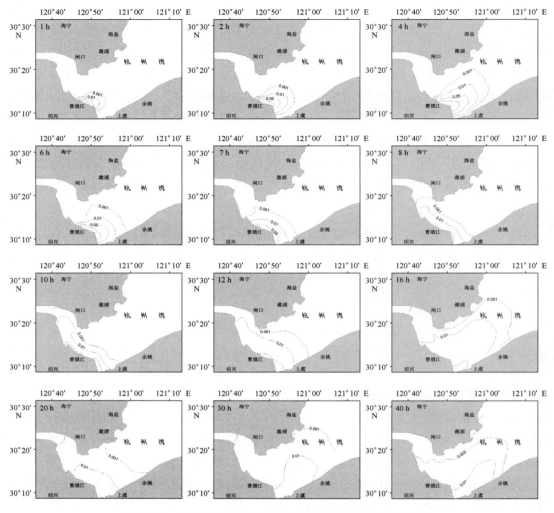

图 12.16　方案二曹娥江口外活性磷酸盐计算浓度分布过程

3）方案三：2 次开闸排涝

由曹娥江大闸进行两次排涝,即在相邻的两个潮周期内进行落急排、涨急停时,曹娥江口外杭州湾水域活性磷酸盐浓度分布的计算结果可以知道,活性磷酸盐随着曹娥江河口水流进入杭州湾,随涨、落潮有规律地向杭州湾上游、下游运移,并逐渐向外扩散(图 12.18)。本方案进行两次排涝,持续时间均为 6 h,所以活性磷酸盐高浓度出现在两个时间段中。计算开始后,活性磷酸盐随落潮流向杭州湾下游运移,范围逐渐扩大,4 h 后到达落憩,活性磷酸盐随潮水回涨。13 h 时第二次排涝开始,含污染物水体推动水中污染物继续向外扩散,活性磷酸盐分布范围变大,污染物水体在曹娥江口水域逗留时间也继续增加。19 h 后第二次排涝结束,活性磷酸盐扩散稀释;25 h 后曹娥江口外杭州湾水域水质开始满足四类海水水质标准(≤0.045 mg/L),约 3 d(75 h)之后浓度影响基本消除。超过 0.045 mg/L 的水域面积最大时约为 86 km²,占杭州湾水域总面积的 1.59%。浓度影响范围先扩大再减小,0.015 mg/L

286

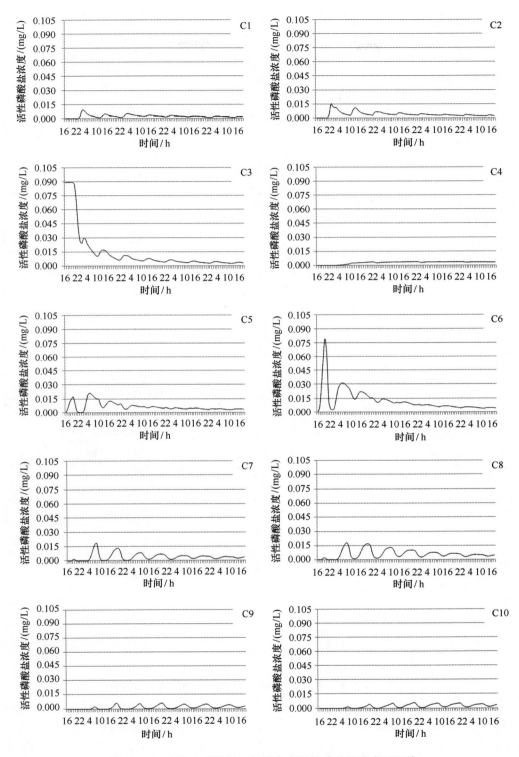

图 12.17　方案二曹娥江口外观察点活性磷酸盐浓度过程线

（6 月 21 日 16 时—6 月 25 日 19 时）

影响范围向上游最远到达闸口附近海域,约5 km;向下游最远到达澉浦附近海域,约6.7 km。

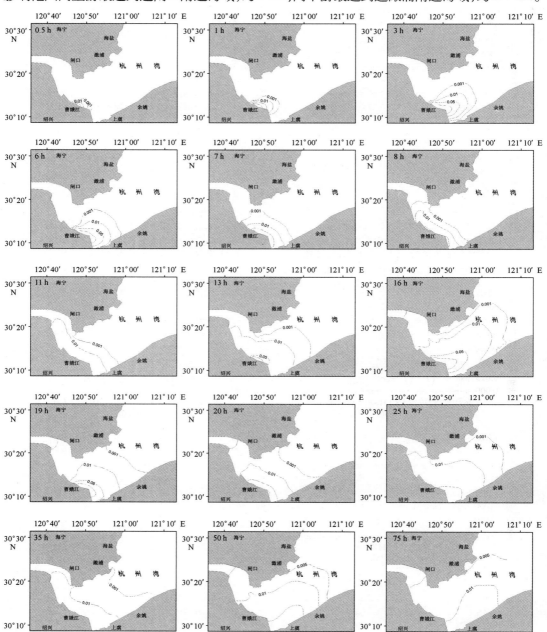

图 12.18　方案三曹娥江口外活性磷酸盐计算浓度分布过程

　　根据曹娥江口外 10 个观察点的活性磷酸盐浓度随时间变化过程线可以看出,C3、C6 两点浓度最大,且出现两个峰值,这是因为曹娥江大闸在连续的两个潮周期内进行了排涝放水,C3 点最大浓度在 0.100 mg/L 左右,C6 点最大浓度在 0.090 mg/L 左右,两点最大浓度均出现在第二次排涝后(图 12.19)。由于排涝时间较短,高浓度在排涝结束后马上被钱塘

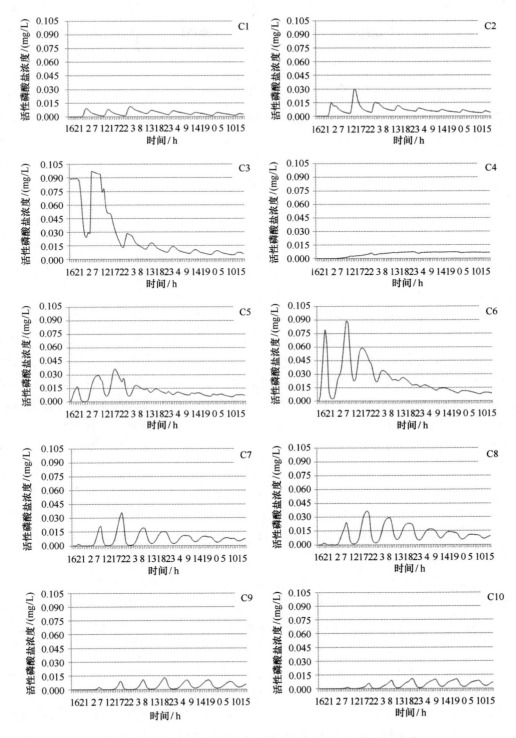

图 12.19　方案三曹娥江口外观察点活性磷酸盐浓度过程线

（6 月 21 日 16 时—6 月 25 日 19 时）

江上游来水稀释,活性磷酸盐浓度迅速减小到满足四类海水水质标准的水平,C3 点在 C6 点上游,浓度降低较快。其余观察点浓度均较小,活性磷酸盐最大浓度均不超过 0.045 mg/L,其中以 C4 最小,活性磷酸盐最大浓度不超过 0.015 mg/L,说明观察点所在水域水质始终满足四类海水水质标准,部分满足一类海水水质标准。

综合活性磷酸盐计算浓度分布过程和观察点活性磷酸盐浓度过程,可以看出曹娥江口排涝放水对杭州湾内闸口以上上游水域水质基本没有影响;下游高浓度水体存在时间较短,只在曹娥江口有水体外排时活性磷酸盐浓度会超过四类海水水质标准,停止外排后浓度值马上回落到满足四类海水水质标准的水平,说明曹娥江口排涝放水对杭州湾内闸口以下下游水域水质的影响在较短时间就能恢复。

12.3　小结

综合 3 个方案的曹娥江口外杭州湾水域污染物浓度等值线分布变化过程及曹娥江口外 10 个观察点的 COD_{Mn} 浓度随时间变化过程线,可以得到以下结论:

(1) COD_{Mn} 随着曹娥江径流流入杭州湾内水域,逐渐向杭州湾内扩散,并随涨、落潮流在钱塘江南岸附近水域徘徊。在同样的入海浓度条件下,无闸时径流入海使曹娥江口门附近处出现约 3 mg/L 的最大浓度,湾内水域浓度均在 2 mg/L 以下,主要影响钱塘江下游水域,污染物随水流向杭州湾南岸上虞沿岸附近海域堆积,影响范围以该处为中心向湾内及北岸扩展,上游影响范围最远到闸口附近。一次排涝和两次排涝在短时内会使杭州湾内曹娥江口门附近出现较大的 COD_{Mn} 浓度,但随着排涝的停止,浓度随即下降。一次排涝在 31 h 后最大浓度不超过 3 mg/L,满足二类海水水质标准,43 h 后最大浓度不超过 2 mg/L,满足一类海水水质标准,1 mg/L 影响范围向上游最远到达闸口附近,向下游最远到达澉浦附近;两次排涝在 35 h 后曹娥江口外杭州湾水域水质开始满足四类海水水质标准,约 4 d(99 h)之后浓度影响基本消除,1 mg/L 影响范围向上游最远到达闸口附近海域,向下游最远到达秦山附近海域。排涝对杭州湾内闸口以上上游水域水质基本没有影响,对闸口以下下游水域水质的影响在较短时间就能恢复。

(2)随着曹娥江径流流入杭州湾内水域,无机氮逐渐向杭州湾内扩散,并随涨、落潮流在钱塘江南岸附近水域徘徊扩散。在同样的入海浓度条件下,无闸时径流入海使曹娥江口门附近处出现约 0.2 mg/L 的最大浓度,进入杭州湾内无机氮浓度得到稀释,湾内水域无机氮浓度均在 0.1 mg/L 以下,主要影响钱塘江下游水域,污染物随水流向杭州湾南岸上虞沿岸附近海域堆积,影响范围以该处为中心向湾内及北岸扩展,上游影响范围最远到闸口附近。一次排涝两次排涝的对杭州湾水质的影响主要集中在排涝期间会形成较高浓度的污染水体,排涝结束后污染物便扩散稀释。一次排涝的高浓度在半个潮周期后马上被钱塘江上游来水稀释,8 h 后无机氮最大浓度不超过 0.5 mg/L,40 h 后浓度影响基本消除;两次排涝时无机氮高浓度出现在两个排涝时段中,排涝结束后无机氮扩散稀释,25 h 后曹娥江口外杭州湾水域水质开始满足四类海水水质标准(≤0.5 mg/L),约 3 d(75 h)之后浓度影响基本消除。曹娥江口排涝放水对杭州湾内闸口以上上游水域水质基本没有影响、下游高浓度水体存在时间较短,只在曹娥江口有水体外排时无机氮浓度会超过四类海水水质标准,停止外排后浓度值马上回落到满足四类海水水质标准的水平,曹娥江口排涝放水对杭州湾内闸口以下下游水域水质的影响在较短时间内就能恢复。

(3)随着曹娥江径流流入杭州湾内水域,活性磷酸盐逐渐向杭州湾内扩散,并随涨、落潮流在钱塘江南岸附近水域徘徊扩散。在同样的入海浓度条件下,无闸时径流入海使活性磷酸盐最大浓度值约为 0.025 mg/L,且仅在曹娥江口门附近处出现,进入杭州湾内活性磷酸盐浓度得到稀释,湾内水域活性磷酸盐浓度均在 0.015 mg/L 以下,主要影响钱塘江下游水域,污染物随水流向杭州湾南岸上虞沿岸附近海域堆积,影响范围以该处为中心向湾内及北岸扩展,上游影响范围最远到闸口附近。一次排涝的最高浓度值在排涝停止后随着活性磷酸盐的扩散而减小,10 h 后已满足四类海水水质标准,最高浓度不差过 0.045 mg/L,40 h 后浓度影响基本消除;两次排涝的活性磷酸盐高浓度出现在两个排涝时段中。排涝结束,活性磷酸盐扩散稀释,25 h 后曹娥江口外杭州湾水域水质开始满足四类海水水质标准(≤0.045 mg/L),约 3 d(75 h)之后浓度影响基本消除。由于排涝时间较短,高浓度在排涝结束后马上被钱塘江上游来水稀释,活性磷酸盐浓度迅速减小到满足四类海水水质标准的水平。曹娥江口排涝放水对杭州湾内闸口以上上游水域水质基本没有影响、下游高浓度水体存在时间较短,只在曹娥江口有水体外排时活性磷酸盐浓度会超过四类海水水质标准,停止外排后浓度值马上回落到满足四类海水水质标准的水平,曹娥江口排涝放水对杭州湾内闸口以下下游水域水质的影响在较短时间内就能恢复。

参考文献

国家环境保护局 . 1997. 海水水质标准(GB3097 – 1997)[S]. 北京:中国标准出版社 .

卢中伟,李德康,黄庆良 . 2006. 曹娥江上游"050912"暴雨洪水分析[J]. 浙江水利科技,(4):61 – 62.

潘存鸿,蔡军,施祖蓉,等 . 2000. 曹娥江径流特性及其对河口冲淤的影响[J]. 浙江大学学报(理学版),27(6):671 – 676.

潘存鸿,蔡军,王文杰,等 . 2000. 山溪性可冲性强潮河口曹娥江潮汐特征[J]. 东海海洋,18(1):7 – 14.

潘存鸿,蔡军 . 1999. 曹娥江河口水文特征[J]. 河口与海岸工程,(1):32 – 39.

钱塘江志编纂委员会 . 1998. 钱塘江志[M]. 北京:方志出版社 .

钟哲 . 2007. 曹娥江流域水文特性分析[J]. 浙江水利水电专科学校学报,19(2):33 – 35.

朱军政,韩曾萃,潘存鸿,等 . 2004. 曹娥江绍兴排污工程水环境模拟[J]. 水科学进展,15(3):318 – 323.

第13章 排污权交易及生态补偿机制探讨

近年来,杭州湾流域的经济社会发展取得了令人瞩目的成就,但资源消耗过大,环境成本透支,已经成为制约可持续发展的最大瓶颈,故越来越受到政府和社会各界的重视。因此,有必要开展杭州湾流域的排污权交易及生态补偿机制的探讨和研究,从而实现环境容量资源的有效配置,减少环境污染,保护生态环境,达到经济发展与生态保护的平衡协调,同时也为杭州湾海域入海污染物总量控制的全面实施和减排工作提供借鉴。

13.1 排污权交易

13.1.1 国内外研究现状

排污权是对环境容量实行分配的一种经济手段,也是对污染物排放进行管理和控制的重要方式。"排污权"即排放污染物的权利,排污权实质是经济主体使用环境容量资源的权利。排污权交易就是以"排污权"的形式对环境容量资源进行产权划分,从而建立起来的配置环境容量资源、实现环境管理目标的一种市场机制。它体现了这样一种环境管理思想,即在满足环境要求的条件下,建立合法的污染物排放权利(简称"排污权"),并允许这种权利像商品一样被买入和卖出,以此来控制污染物的排放,实现环境容量的优化配置。排污权交易通过为排污者确立排污权(这种权利通常以排污许可证的形式表现),建立起排污权的市场,利用价格机制引导排污者的决策,实现污染治理责任以及相应的环境容量权利的分配。在整个过程中,市场成为配置相关资源的主要手段,从而改变了以政府配置环境容量资源为主的环境管理传统。因此,所谓排污权交易,就是指政府环境部门评估某地区的环境容量所允许的最大排污量,然后根据排污总量控制目标将其分解为若干规定的排污份额,即排污权,并允许这种权利像其他商品一样被自由买卖,以此来控制污染物的排放,实现环境容量的优化配置(张优优,2007)。在水环境管理中推行排污交易政策,实行水环境容量资源的有偿使用是必不可少的(田贵权,1994)。

排污交易权最早由美国经济学家戴尔斯于20世纪70年代提出,美国联邦环保局将其应用于大气以及河流污染的治理。在长达10年广泛深入的研究基础上,美国国会在1990年通过了《清洁空气法》修正案并开始实施酸雨计划。随后,德国、澳大利亚、英国都相继进行了排污权交易的研究与实践。现在排污权交易制度已成为发达国家控制排污总量的重要措施(朱锡平等,2007)。我国自1987年陆续在城市推行了排污许可证制度,1989年在排污许可证制度的基础上,结合黄浦江的治理,针对许可证制度的不足,对部分污染源尝试性地实行了排污交易政策,取得了一定的环境和经济效益(叶闯等,2008)。

英国经济学家庇古(A. C. Pigou)1912年在《福利经济学》一书中提出了传统解决外部不经济性问题的办法。他对排污企业进行惩罚性收费或者奖励来控制污染、保护环境,更有效地配置稀缺环境资源。这一思路表现在经济政策上,被称为"污染者付费原则",简写为"PPP"。

科斯在对非市场关系的"庇古税"提出质疑的同时,指出通过产权界定、市场交易来纠正环境资源市场价格与相对价格的偏差。科斯思想可以概括为两条定理,即"科斯第一定理"和"科斯第二定理"。"科斯第一定理"可表述为:若交易费用为零,无论初始权利如何界定,都可以通过市场交易达到资源的最佳配置。"科斯第二定理"可表述为:在交易费用为正的情况下,不同的权利初始界定,会带来不同效率的资源配置。由于交易费用的存在,使得权利的初始分配结构有可能影响最终的效率结果,故交易费用对环境资源的配置具有重要意义。

基于科斯定理,美国经济学家戴尔斯在《污染、财富和价格》一书中提出了"排污权交易"的一般概念。其基本思想是排入废物的权力像股票一样出卖给最高的投标者,这种污染权的发放是严格由政府有关管理部门控制的。政府作为社会的代表及环境资源的所有者,可以出售排放一定污染的权力,污染者可以从政府那里购买这种权力,也可以从某种利益出发,在持有污染权的污染者之间彼此交换。这样,通过购买实际或潜在的"排污权"或者出售"排污权",就建立起了排污权交易市场。

Montgomery(1972)证明了在一定的条件下,排污权交易市场的均衡是存在的,并且在竞争均衡中整个区域都达到了联合成本的最小化。Montgomery从理论上证明了基于市场的排污权交易系统明显优于传统的环境治理政策。他认为排污权交易系统的优点是污染治理量可根据治理成本进行变动,这样可以使总的协调成本最低。因此如果用排污权交易系统代替传统的排污收费体系,就可以节约大量的成本。Hahn(1984)对排污权的垄断问题进行了研究,得出垄断的排污权交易市场可能比指令控制更缺乏效率。Tietenberg(1985)认为政府管制增加了排污交易成本,从而降低了排污交易的成本效益性。Spence(1984)把研究领域扩展到包括排他性操纵等问题,揭示了战略性价格操作对排污权在污染者之间分配的影响,并且讨论了其如何影响污染控制的效率。

也有很多学者对排污权交易成本进行了研究。Stavins(1995)认为交易成本的存在可能会使整个交易体系受到影响,当边际治理成本与排污权的市场价格不直接相等,有可能形成一个新的成本效率均衡点,因而排污权的初始分配是决定治理效率的重要因素。Gangadharan(2000)认为在排污权交易的初期,交易成本有重要的作用,随着排污权交易市场的成熟,交易成本的作用会逐渐下降,解释了在排污权交易的初期阶段市场交易不活跃的原因。

除了市场垄断、交易成本以外,不协调行为问题也成为排污权交易中的一个新热点。Malik(1996)的研究表明,在实施基于政策的环境标准时遇到的问题通常与污染物连续监控中遇到的技术困难和由于缺乏完善的机构来评估而产生的不协调问题等有关。在存在不协调行为的情况下,排污权交易体系中的参加者不能使治理成本最小化,因为排污权价格的变化会影响欺骗厂商的数目以及治理成本在厂商之间的分配。如果排污权交易市场中参加者的数目很少时,这时对厂商中的更小部门甚至一个厂商的不协调来说,则会通过均衡排污权价格来影响均衡结果。

Kjell(2001)指出,排污权拍卖是同质多物品拍卖形式的代表,而且采用密封拍卖和标准升钟拍卖的形式,即拍卖按照价高者得的方式。Cramton和Kerr(2002)指出,在没有明显的市场势力的情况下,单价拍卖的效率与维克里拍卖相近,并得出拍卖方式比免费方式更有优势更加可行的结论。

国内对排污权初始分配也做了大量研究,吕忠梅(2000)认为免费分配更具有实际可操作性,其分析了美国1990年《清洁空气法》修正案中提出的三类初始分配方案,认为尽管不论是拍卖还是标价出售,均是对污染的外部成本内部化,是对市场价格扭曲的纠正,而且这种收入作为政府财源也是有益的,因为它不像所得税或营业税那样,不会对市场产生扭曲性影响,但人们对收费的抵触心理,使得这种有偿的初始分配遇到极大的政治阻力。胡春冬(2005)认为,在市场机制条件下,公正、公平地进行排污权初始分配,首先是要改无偿分配排污指标为有偿购买排污权。鲁炜等(2003)认为在比较分析免费分配、拍卖以及免费分配与拍卖混合制的基础上对我国排污权的初始分配提出建议,认为我国应当运用免费分配与公开拍卖的混合机制,但同时指出"由于免费分配存在着效率损失和长期内妨碍竞争、限制企业生产能力等负面效应,逐步淘汰免费分配的数量。"

近年来,我国对排污权交易体系和制度的研究也越来越多。马中和杜丹德的《总量控制与排污权交易》(1999);宋国君的《排污权交易》(2004);吴健的《排污权交易——环境容量管理制度创新》(2005);张安华的《排污权交易的可持续发展潜力分析——以中国电力工业SO$_2$排污权交易为例》(2005);杨展里等(2001)针对排污权市场交易的特殊性,研究了排污权交易市场的设立、交易技术规则和交易市场的运行,确定水污染物排污交易的技术方法;Xuejun Wang等(2004)建立太湖区域点源与非点源排污交易模型。

关于排污权厂商与政府行为和排污权定价问题也引起不少国内学者的关注。陈德湖等(2004)在国外学者研究的基础上,分析了存在交易成本的条件下,排污权交易市场中的厂商行为和政府管制问题。黄桐城和武邦涛(2004)从治理成本和排污收益的角度,构造了排污权交易市场的定价模型,并通过凸规划的库恩—塔克条件求出污染控制区的最佳污染削减方案和最优排污分配方案。沈满洪等(2005)研究表明,在有效市场条件下,通过对引进先进环保设施和技术的激励作用,使排污权的价格从长期看来有下降趋势。李赤林等(2005)研究了水污染中的排污权交易问题,构造了排污权的定价模型。唐浩阳等(2005)针对传统排污费制度和排污权交易存在的不足,在竞标制度基础上建立了单一行业污染排放物的定价机制。

尽管排污交易是一项很好的市场经济政策,我国经过多年尝试,在制定排污权交易的管理制度、运行机制等方面也取得了一些经验,但是由于政策体系本身仍不合理、配套体制机制不完善等原因,在进一步的深化试点和推广过程中,遇到了来自法律法规、行政、企业、环保观念等方面的阻力。首先是污染物排放总量控制方面的问题。实施排污权交易制度就是为了实现污染总量控制服务的。在中国实施排污权交易制度,由粗放型经济增长引发的总量控制问题是个大问题,让排污权交易市场积极为总量控制服务。同时让排污权交易市场的运行与社会经济发展的战略、国家的发展战略高度一致。其次是排污权的初始分配问题。最有效率的环境资源利用方式与其产权的初始配置状态无关,但是排污权是一种财产权,分配排污权意味着财产利益的分配,所以为社会公平以及保持初始分配的高效性起见,排污权的初始分配就成为排污权交易的一个热点问题。针对上述问题要进一步合理确定污染物排放总量,合理分配初始排污权,确保企业公平竞争,构建完善的排污权交易体系(叶闻等,2008)。

13.1.2 排污权交易体系框架和运行模式

13.1.2.1 排污权交易体系的框架

构建的排污权交易体系包括四个子系统:许可分配系统(Allowance Allocation system,AAS)、许可转让系统(Allowance Transfer System,ATS)、排放检查系统(Recording Emissions Tracking System,ETS)和排污权交易调控系统(Emissions Trading Adjustment System,ETAS)(图13.1)。

许可分配系统包括区域总量控制目标、排污许可初始分配模式、排污许可初始分配方法和排污权的核定。区域总量控制是将管理的地域或空间作为一个整体,采取措施使得所有污染源排入这一地域或空间内的污染物总量不超过可容纳的污染物总量的方法。排污权初始分配模式主要有政府免费分配、公开拍卖、固定价格出售等。排污许可初始分配方法,是指将已确定的区域排污权按照一定的规则分解给区域内的各个排污者或污染源。污染物排放权的核定,是指对排污者或相关组织所取得的排污权予以认可的一种形式,是对其污染物排放权限的具体描述。我国使用排污许可证,排污许可证应对污染物的种类、允许排污量、监测措施、报告制度和相关的法律责任做出规定。

许可转让系统中的污染物排放权交易市场主要由市场主体、市场客体和市场中介机构组成。排污权交易的主体是指有资格进行排污权买卖的个人和各种组织。排污权交易的市场客体是通过合法途径取得的污染物排放权。市场中介机构包括认证机构、仲裁机构、评估机构和交易所等。中介机构的具体业务包括提供交易信息,进行交易的经纪,为排污企业代理排污指标调整、排污许可证换发和排污许可权的储存和借贷等。

排放检查系统涉及污染物排放的监测和排污总量的审核。从总量管理、总量分配的需要和技术发展的状况来看,采用连续在线自动监测、计算机数据处理的自动在线监测方法是实施总量控制监测的最佳选择,是污染物排放总量监测技术发展的必然趋势。排污总量审核包括排污单位正常运行情况和非正常运行情况下的污染排放的全过程,也包括事故性排污的全过程。排污总量审核以排污单位的自审和环境保护行政主管部门的监测站审核相结合。排污单位以日(或监测日)为单位收集有关排污和生产资料,进行排污量自测结果的计算和审核。审核以实地审核和报表审核两种方式进行。

排污调控系统涉及对排污权交易全过程的监督、调控和管理。

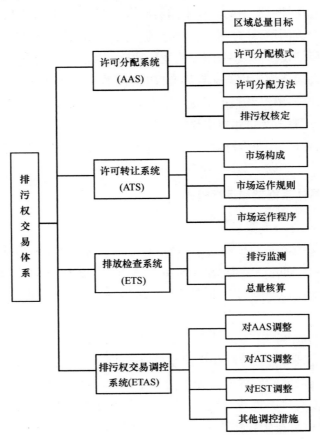

图 13.1 排污权交易体系

13.1.2.2 排污权交易体系的运行模式

排污权交易体系的运行模式借鉴 ISO14000 环境管理体系所用的 PDCA(P－plan,D－do,C－check,A－action)循环管理模式,从而保证交易体系的层次性、连续性、前进性、通用性和科学性。

将排污权交易体系的运行分为四个阶段,即计划阶段、实施阶段、检查和纠错阶段、管理评审阶段。各阶段的工作内容如下:

(1)计划阶段

①调查海湾环境现状,进行环境质量评价,进行水环境功能区划和基本控制单元(汇水区)划分;

②确定海湾重点控制的污染物,整个海湾、各功能区和基本控制单元(汇水区)的环境容量;

③建立汇水区乡镇和所属交易企业初始排污权分配方案;

④结合实际情况,因地制宜建立海湾排污权交易体系,制定相关交易规则和法律法规;

296

⑤建立详细的管理方案文件,为管理体系的持续改进提供科学依据。

（2）实施阶段

①设计组织结构和相关职能；

②对相关方的人员进行意识、知识和能力培训；

③建立并保持有关污染物总量控制工作中的信息交流程序；

④建立水环境污染物总量控制管理体系文件；

⑤文件控制；

⑥方案运行控制；

⑦应急准备和响应措施。

（3）检查和纠正措施阶段

①对有重大环境影响的排污权交易体系的运行和相关活动的主要特征进行定期监测、检测和记录；对各项指标合法性进行评价,并及时做出处理。

②对不符合的纠正,并采取预防措施,任何程序的更改,均应遵照实施并记录。

③建立便于表示、保存以及处置与环境管理有关的记录。

④对整个污染物总量控制管理体系进行审核,包括体系实施保持的正确性、审核计划和结果汇报等。

（4）管理评审阶段

①为了确保管理体系的持续适用性、充分性和有效性,于每年初至少进行一次管理评审；

②相关部门和企业要负责收集、分析和提供必要资料,以便环保部门评价管理体系运行效果。

③管理评审时应考虑体系的审核结果和不断改变的客观环境及可持续改进的承诺,指出环境管理体系中需要改进的问题,并提出纠正的方法。

排污权交易体系按照 PDCA 循环运行模式如下（图 13.2）。

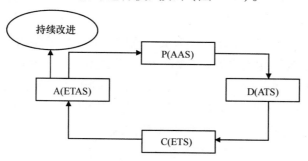

图 13.2　排污权交易体系 PDCA 运行模式

13.1.3　排污权交易制度的应用

13.1.3.1　国外实例

排污权交易有成功的实践,是对排污权交易制度优化进行分析的现实基础。排污权交易机制最早由美国提出,其进行的实践活动也最引人注目。"排污权交易"首先被美国国家环保局(EPA)用于大气二氧化硫污染源及河流污染源管理,取得了巨大的成功,而后作为《京都议定书》3 种减排机制之一。美国的排污权交易过程大体可分为两个阶段:第一阶段为 20 世纪 70—80 年代;第二阶段以 1990 年通过的《清洁空气法》修正案并实施酸雨计划为标志,直至今天。一般认为第一阶段为探索期,进行排污权交易的范围不广,实际节约的控污费用不明显,很多方面都不太成功,但为后来的排污权交易的有效实施奠定了基础。第二阶段主要集中在二氧化硫排污权交易,取得了令人满意的效果,并成为后来研究市场化环境政策的范例之一。

为了便于对大气污染进行控制,美国于 1969 年成立了直接由总统管辖的环境质量委员会,于 1971 年成立了美国环境保护局。1970 年最后一天通过了《清洁空气法》修正案,同时制定了国家环境空气质量标准。美国联邦环境保护局为了实现《清洁空气法》所规定的空气质量目标,1979 年试点执行"泡泡政策",泡泡政策使排污单位对污染物的治理有了选择。1986 年,扩大了泡泡政策的应用范围,允许不同工厂、企业间转让和交换排污削减量,这也为工厂和企业在如何进行费用最小的污染削减方面提供了新的选择。1986 年 12 月 4 日美国正式颁布排污权交易最终报告书,其中全面阐述了排污权交易政策及其一般原则。它给环境管理程序注入了更大的灵活性。截至 1983 年 12 月 31 日,EPA 共批准 61 个泡泡,与不实行泡泡政策的管理方法相比,估计节省的总费用超过 7 亿美元,同时,每年节约治理设备的运行费用 1 000 万美元。在 1990 年的《清洁空气法》修正案中,EPA 又大大扩展了排污权交易在空气质量治理中的应用范围。国会批准在削减 $1\ 000 \times 10^4$ t/a 硫氧化物的计划中,使用排污权交易节约硫氧化物排放治理费用。目前,EPA 仍在不断开发 NO_x 和挥发性有机化合物等排放物的交易规则,目的在于降低企业的达标成本。此外,臭氧前体物质的公开市场交易规则,已于 1995 年 6 月提出。到目前为止,美国二氧化硫排污权交易已经实施多年,排污权交易市场活跃,取得了显著的经济效益。

另外,为了有效地削减二氧化碳等温室气体的排放,英国政府决定从 2002 年开始,在国内各企业间实行自由买卖的二氧化碳排放交易制度。英国环境部的官员表示,希望即将启动的二氧化碳排放交易制度能成为《京都议定书》生效后建立国际性二氧化碳排污权交易制度的一个样板。根据该制度,对于申报削减二氧化碳排放量指标的企业,政府将予以奖励,对于完不成这一指标的企业将予以罚款。如果不想被罚款,可以从完成了削减二氧化碳排放量指标的企业购买富余的二氧化碳排放削减量。政府将为实行这一制度的企业逐一注册登记并建立账户,允许企业间相互买卖二氧化碳排放削减量。削减量与有价证券一样具有一定的价值,可以对削减量进行交易,从而形成二氧化碳排放交易市场。为了便于这一市场的运作,英国政府设立奖励基金,从 2003 年财政预算中开始列支,5 年间这一基金达到 2.15 亿英镑。奖金额度依企业削减二氧化碳排放量的难易程度而定,对于未能如期完成二氧化碳排放量削减目标的企业,除责令其退还申报指标时所获得的奖金和利息外,再次申报二氧化碳排放削减指标时,所获得的奖金则相应地减少。

大量的实践表明,20 世纪 60 年代以来,排污权交易在美国等发达国家取得了很大的成效,现在排污权交易制度已成为发达国家控制排污总量的重要措施,并取得了明显的经济效益和社会效益。

13.1.3.2 国内实例

我国实行排污权交易的尝试也较早,20 世纪 80 年代我国上海就开始了排污权交易的尝试,成为我国实行排污权交易的先驱。上海市环境保护局基于对黄浦江上游地区的纳污能力分析确定了允许排污总量,1986 年把总量指标分配给区域内 404 家企业并核发了排污许可证,1987 年闵行区进行了中国第一例排污指标有偿转让。

我国是一个燃煤大国,由燃煤产生的二氧化硫污染相当严重。据测算,每年仅因排放二氧化硫所形成的酸雨而导致的经济损失就高达 1 100 亿元人民币。为此,我国一直将防治二氧化硫污染作为环境保护工作的一项重要任务。据不完全统计,自 20 世纪 80 年代中期以来,中国至少在 10 个城市开展了排污权交易的试点工作。涉及的污染物包括大气污染物、水污染物以及生产配额,并建立了包括排污权交易内容的部门规章和地方性法规。

从 1991 年开始,国家环保总局污控司就开始组织在包头、柳州、开远、太原、平顶山、天津、本溪等各城市进行二氧化硫的排污交易试点工作,至目前已取得较大进展。排污权交易既培育了新的增长点,又促使了产业结构调整,据报道,上海、北京等城市也开展了大量试点工作。

1994 年,国家环保局宣布排污许可证试点阶段工作结束,同时开始在全国所有城市推行排污许可证制度。截至 1994 年底,试行水污染物排放许可证制度的城市已达到 240 个,共向 12 247 个工业企业发放了水污染物排放许可证。试行大气污染物排放许可证制度的城市 16 个,给 987 家企事业发放了排污许可证,控制大气污染源 6 646 个。到 1996 年,全国地级以上城市普遍推行了水污染物排放许可证制度,共向 42 412 个企业发放了 41 720 个排污许可证。江苏省已在全部市县实施了水污染物排放许可证制度。排污许可证的实施,为推行排污权交易政策做了前期准备。

1999 年 4 月,国家环保总局与美国环保局签署了包括"在中国利用市场机制减少二氧化硫排放的可行性研究"项目的合作协议,由美国环保协会提供技术、人员及资金等多方面的支持。目前,国家环保总局已选择山东、山西、江苏、河南、上海、天津、柳州七省市开展对改善空气质量有重要意义的"二氧化硫排放总量控及排污交易试点"项目。江苏南通与辽宁本溪市被列为该项目的试点城市,其中,南通天生港发电有限责任公司成为南通市的首批试点单位。2001 年 11 月南通天生港发电有限公司向南通另一家大型化工有限公司出售二氧化硫排污权,是我国首例二氧化硫排污权交易,标志着我国"运用市场机制控制二氧化硫排放取得阔性成果"。

江苏的南京、太仓由于完成了首例异地排污权交易而备受瞩目。在江苏省环保厅的协助下,两家企业经过几轮协商达成协议从 2003 年 7 月起至 2005 年,太仓港环保发电有限公司每年从南京市下关发电厂购买 1 700 t 的二氧化硫排污权,并以每千克 1 元的价格支付170 万元的交易费。双方还商定,到 2006 年之后,将根据市场行情重新决定交易价格。太仓经验为随后的各地交易实例起到了重要的"铺路"作用。2003 年,柳州木材厂和柳州化工集团公司之间日前已经签订了二氧化硫排污权交易合同,交易的标的为200 t,交易价格为400元/t。这使柳州成为继江苏后又一个出现排污权交易的试点城市。

2004年南通市环保局经过研究和协调,审核确认由泰尔特公司将排污指标剩余量出售给亚点毛巾厂,转让期限为3年,每吨COD交易价格为1 000元,这是中国首例成功的水污染物排放权交易。2007年11月江苏省环保厅正式宣布"自2008年1月1日起排污权交易制度将在太湖流域地区试点实施";2008年8月14日,财政部、环保部和江苏省政府在无锡市举行了太湖流域主要水污染物排污权有偿使用和交易试点启动仪式,标志着环境资源无偿使用时代的结束。江苏省这次试点范围为太湖流域内的无锡市、常州市、苏州市及镇江的句容、丹阳和南京的高淳县。试点对象选择重点监控的266家排污企业。在试点的基础上,2010年初步形成太湖流域主要排污权交易市场。

另外,江苏省还率先通过地方法规,确定排污权有偿使用和交易的法律地位,2007年制定的《江苏省太湖水污染防治条例》,该条例中明确,"太湖流域在科学确定区域排污总量、完成削减目标的基础上,通过试点逐步推行区域主要水污染物排放总量指标初始有偿分配和交易制度";2008年11月江苏省环保厅、财政厅和物价局联合出台的《太湖流域主要水污染物排污权有偿使用和交易试点方案细则》,此细则对什么单位要申购排污指标、排污指标如何确定以及新增排污指标如何获得等做了明确规定等,如COD排污权而言,其初始价格为,化工企业为10.5元/kg,印染企业为5.2元/kg,造纸企业为1.8元/kg,酿造企业为2.3元/kg,其他企业为4.5元/kg。

近年来,浙江省的排污权交易试点工作也走在了全国的前列。2001年浙江省嘉兴市秀洲区出台了《水污染物排放总量控制和排污权交易暂行办法》,实行水污染物排放权有偿使用;2002年6月,嘉兴市在秀洲区进行区内企业排污权有偿使用和交易制度的试点,2005年前全区所有排污指标初次分配实现有偿使用;至2005年底,秀洲区所有企业的排污权改制基本结束,回收废水排污指标初次有偿使用费700多万元;2007年嘉兴市制定了《嘉兴市主要污染物排污权交易办法(试行)》,并成立了国内首个排污权交易中心——"嘉兴市排污权储备交易中心",在全市范围全面实行排污权交易制度,它标志着中国的排污权交易开始逐步走向制度化;截至2008年8月,嘉兴市共交易102笔,交易金额5 769万元,取得了较大成效;2008年,杭州、绍兴也开始试行排污权交易机制;此外衢州、丽水、台州等市也在排污权交易方面做了一些尝试,取得了较好效果。

实践表明,从1988年在上海开始试点排污权许可证制度以及南通和本溪开始尝试排污权交易以来,到今天各地陆续涌现的交易案例,排污权交易已在部分省市取得了良好的效果,为全国范围内建立排污权交易提供了可借鉴的经验。

迄今为止,我国已进行了多起同城、同品种和跨行业、跨行政区域的排污权交易,主要集中在大气污染和水污染领域。随着排污权交易试点工作的逐步深化,排污权交易在中国开始落地生根,已经成为不争的事实。

13.1.4 杭州湾流域排污权交易应用探讨

随着经济社会的快速发展,生态环境问题越来越突出,成为可持续发展的重要制约。国家在"十二五"期间制定了严格的污染减排政策,对杭州湾流域周边县市区而言,是一个非常艰巨的任务。一方面需要政府、社会投入大量资金建设污染减排设施,加快产业结构调整,同时需要优化环境资源的配置,从老企业中腾出排污指标,提高有限环境资源的利用率。如何通过减排量的交易来降低整个社会的减排成本,排污权交易是实现这些目标的有效手段。

13.1.4.1 排污权交易实施条件

通过排污权交易在全国多地的试点和配套建设,目前杭州湾流域推行水污染物排污权交易制度具备了良好条件。首先,社会主义市场经济体制的不断完善,市场机制和经济手段正逐步引入环境管理领域,杭州湾流域市场经济体制改革走在全国前列,为排污权交易实施提供了政策保证。其次,我国已经制定了一系列有关总量控制、排污许可证、申报登记等规章制度和法律法规,杭州湾流域也建立了《浙江省排污许可证管理暂行办法》、《浙江省排污权有偿使用和交易试点工作暂行办法》等法律法规,为排污权交易奠定了法律基础。第三,长期积累的历史资料和实践经验,为界定流域排污权提供保障。第四,目前杭州湾流域地区经济发展迅速,经济部门对水污染物排放指标的需求十分旺盛,而污染严重的企业治理技术还没有达到最佳的程度,有削减污染物的潜力,可向排污交易市场投放"富裕"的排污指标,可见杭州湾流域的排污交易市场前景广阔。最后,杭州湾流域发展情况为排污权交易提供现实条件。

13.1.4.2 排污权交易体系初步构建

在入海污染物总量分配工作中,往往存在由于部分污染源削减率或增加率过高导致分配模型得到的分配结果在实际中难以操作,因此有必要引入排污权交易制度,通过市场上排污权的供求关系来自发调整各污染源的允许排污权。

杭州湾流域水污染物的交易分为三个阶段,即排污分配、污染控制以及排污交易阶段(图13.3)。

1)第一阶段为排污分配阶段

根据杭州湾流域污染物排放总量研究技术成果将杭州湾流域划分为若干区域(如按入湾河流等),然后基于各区域的环境容量进行排污量的分配,确定各排污指标的初始份额。

鉴于杭州湾流域治污费用不足以及短时间内各种政策匹配还不能到位的现实,实行排污权初始分配有偿化能确保排污权初始分配的公平性,同时也符合我国环境法"污染者付费"的基本原则;其次,现有的企业如此众多,环境管理部门难以深入了解每个企业的具体情况,若免费分配很难确保公平性;再次,有偿分配还能在保障公平的同时有效地节约政府资源,降低环境管理部门调查的成本。

浙江省和上海市在制定总量削减方案时,各区域可按一定条件申请购买有偿使用指标,然后各区域再考虑按严格的控制条件把总量控制指标分解给各个排污单位,排污指标初始分配方法应当体现程序公正,既考虑老企业的现实状况,又兼顾对新企业的公平,提高分配效率。

2)第二阶段为污染控制阶段

当前乃至未来,需要政府部门特别是环境保护行政主管部门的积极作为,切实做好对

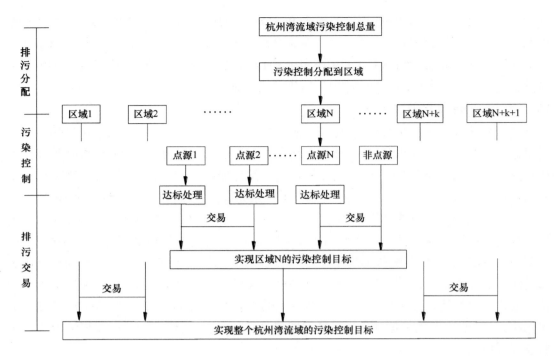

图 13.3　排污权交易技术路线图

企业排污行为的监测,建立全面的污染排放监测管理系统,约束企业的交易行为。首先,需做好污染排放的日常监督管理,建立主要区域的污染排放连续监测系统和排污总量在线监控系统,对企业排放总量进行监测,地方环境保护行政主管部门还应当健全本地区各污染物的排放跟踪系统,同时借助社会的力量对企业的超量排放进行监控;同时,建立排污数据信息系统管理,记录日常监督中的污染源排放基础数据,根据排污权交易中心的排污权交易动态信息,建立许可排放跟踪系统,真实反映区域的实际污染排放情况;最后,还要做好污染排放考核的奖惩管理,建立定期排污绩效考核机制,对于排污企业所购买的不同类别污染物的排污指标,在一定期限内(如每年)与污染监测管理系统所监控的实际排污数额和年度环境统计数据进行比较,对企业排污指标的实际运作绩效进行考核和奖惩。

　　3)第三阶段为排污交易阶段

　　排污权有偿使用和交易应坚持试点先行、循序渐进,统一政策、属地管理,新老划断、区别对待,依法依规、促进减排,公开公平、社会监督的原则。交易首先在划分的区域内进行,交易的方式既可以在点源与点源之间、点源与非点源之间,也可以在非点源与非点源之间,只要交易的指标是经核定"富裕"的,满足总量控制的要求。

　　(1)初始分配价格的确定

　　排污权有偿使用的初始价格制定应以流域和区域为主导。在排污指标初始分配价格的核定方面,建议根据不同行业、不同污染物治理成本,参照环境容量资源的稀缺性确定。初始分配价格可以针对不同地区和行业技术水平、污染处理成本、生态环境和经济社会可

302

承受能力等方面存在的差异,按平均治理成本、地区差异系数核定(初始分配价格＝平均治理成本×地区差异系数)。此外,目前只有环境保护、物价、发展和改革委员会等行政部门参与初始分配价格的确定,作为分配客体的企业等对定价没有发言权,为了使排污权交易更加透明化和规范化,可以使用价格听证等方式增强公众对定价的影响力。

（2）交易主体的确定

排污权交易的主体是指有资格进行排污权买卖的人。排污权交易的主体除了排污者外,政府、社会组织和个人等非排污者同样也应包括其中。政府直接以民事主体的身份购买排污权,调节排污权市场的供求变化,避免控制模式的僵化。热心公益事业的环保组织和个人进入排污权交易市场购买排污权,不仅有利于排污权市场的发育,且有利于环保组织和个人参与环保事业积极性的提高。

（3）交易对象的确定

筛选排污权交易对象要遵循效率原则,即选取那些对环境危害和影响大,并且符合现阶段社会经济和技术水平,在现有技术下能够有效实施控制的污染物。参考国内外排污权交易的经验,现阶段浙江省排污权交易对象中,水污染物以化学需氧量为主,大气污染物以二氧化硫为主,杭州湾流域未来可在此基础上考虑扩大到氨氮、总磷(水体)和二氧化碳、氮氧化物(大气)等。此外,为了保证排污权交易制度功能的充分发挥,排污单位之间交易的对象必须是富余的排污指标。企业通过深化治理、调整产品结构、技术改造等措施减排空出的排污指标可以自由转让,而当企业发生转产、破产、自行关闭等情况时,其空出的排污指标应该由政府以一定价格统一回购。

（4）交易程序的确定

为了降低运行成本,提高效率,应尽可能简化排污权交易程序。排污权交易程序主要包括申请、审核、协商、交割、变更登记等环节,排污权交易中心和环境保护行政主管部门应做好审核、交割、变更登记等环节的工作。首先是审核工作,交易中心应对交易主体的资格、排污权限进行审核,核定供需双方的具体排污指标数额,并确认是否同意排污权交易的实施。审核时还需注意排污权在时间和空间上是否过分集中,避免造成局部地区污染过重的现象。其次是交割工作,根据排污权交易合同的内容,为合同双方办理具体的资金与排污指标的交割手续。最后是变更登记工作,排污权交割后,买卖双方必须到环境保护行政主管部门办理排污权变更登记手续。

13.2 生态补偿

13.2.1 生态补偿概念

对于生态补偿的概念,最初起源于自然生态补偿(Natural Ecological Compensation),指自然生态系统对干扰的敏感性和恢复能力。《环境科学大辞典》曾将自然生态补偿定义为“生物有机体、种群、群落或生态系统受到干扰时,所表现出来的缓和干扰、调节自身状态使生存得以维持的能力,或者可以看作生态负荷的还原能力”。后来,逐步演变成促进生态环境保护的经济手段和机制。生态补偿通常是生态环境加害者付出赔偿的代名词,而20世纪90年代后期,随着森林生态效益补偿基金在法律上的确定,生态补偿更多的指对生态环境保护者、建设者的财政转移,物质性的补偿机制。到今天,生态补偿已经不是单纯意义上对环境负面影响的一种补偿,它也包括到政策、规划、生态保护等多个方面,形成一套相互关联的体系。

在我国,生态补偿至少具有四个层面上的含义:第一是资源补偿(Resource based EC),自然资源意义上的生态补偿,对自然资源"占一补一",即对生态环境本身的补偿;第二是破坏补偿(Damage Based EC),将破坏生态环境的经济活动外部成本内部化,征收的生态环境补偿费,是对个人和企业破坏生态环境行为和后果的一种经济惩罚;第三是保护补偿(Conservation Based EC),对具有重大生态价值的区域或对象进行保护性投入等;第四是发展补偿(Development Based EC),对个人或区域保护生态环境或放弃发展机会的行为予以补偿。

总体上,生态补偿可以定义为"生态环境和自然资源利用的受益者支付代价,向生态环境和自然资源的保护者提供补偿的社会经济活动",其实质就是通过一定的手段实现生态保护外部性的内部化。生态补偿机制也是一种经济制度,旨在通过经济、政策和市场等手段,通过对损害或保护资源环境的行为进行收费或补偿,提高该行为的成本或收益,从而激励损害或保护行为的主体减少或增加因其行为带来的外部不经济性或外部经济性,使资源和环境被适度、持续的开发、利用和建设,保护环境,从而达到经济发展与保护生态平衡协调,促进可持续发展的最终目标。

13.2.2　国内外相关工作进展

由于生态补偿是个比较新的课题,生态补偿在国内外研究中尚处于早期阶段,各国都正在努力进行广泛而有益的尝试。

自20世纪以来人们认识到公共物品和外部性问题是造成生态和环境的原因,以及政府直接管制在解决这一问题的低效性,世界各国采用了不同的方法对生态补偿问题加以研究。法国早在1960年就通过一项法律,授权在自然区域和敏感性区域征收一种部门费,收取的费用与公众的捐助一起作为土地管理方面的费用。美国为解决露天采煤造成的植被、土壤破坏问题,征收煤炭开采税用于复垦,还对采矿业征收消费税,纳入黑肺疾病信用基金,资助受害的煤炭工人(王晶,2006);19世纪70年代,美国麻省马赛诸塞大学提出了第一个帮助政府颁发湿地开发补偿许可证的湿地快速评价模型,美国、英国、德国建立矿区的补偿保证金制度(Larson,1994);21世纪,有学者对因高速公路的修建产生的生态补偿进行了研究(Cuperus,2001)。

1992年联合国《里约环境与发展宣言》中对生态补偿做了这样的描述:在环境政策制定上,价格、市场和政府财政及经济政策应发挥补充性作用;环境费用应该体现在生产者和消费者的决策上,价格应反映出资源的稀缺性和全部价值,并有助于防止环境恶化。由此,生态补偿问题开始被更多国家认识并付诸实施。

在理论研究和实践探讨方面,哥斯达黎加1995年就开始进行环境服务支付项目(Payments for Environmental Services Program),成为全球环境服务支付项目的先导。英国伦敦的国际环境与发展研究所(International institute of environment and development, IIED)、美国的森林趋势组织(Frest trends)分别就环境服务市场及其补偿机制在世界范围内对自发或政府组织推动的案例进行研究和诊断,以作为理论的探讨和市场开发的依据。

在我国,生态补偿在某些地区、某些部门也已经开始实施。整体而言,对森林资源生态补偿的理论研究进行得相对较多,实践效果也较好。1953 年,建立的育林基金制度,对我国用材林的发展起到了积极的促进作用。1993 年,国务院《关于进一步加强造林绿化工作的通知》指出:"改革造林绿化资金投入机制,逐步实行征收生态效益补偿费制度"。1998 年 7 月旧新修改的森林法第八条规定:"国家建立森林生态效益补偿基金,用于提供生态效益的防护林和特种用途林的森林资源,林木的营造,抚育,保护和管理森林生态效益补偿基金必须专款专用,不得挪作他用",这标志着森林生态效益补偿有了法律依据。1999 年,财政部和国家林业局向国务院递交了关于报请审批"林生态效益补偿基金筹集和使用管理办法"的请示,并提出了建立"有偿使用、全民受益、政府统筹、社会投入"的生态补偿机制,这有利于从根本上改变森林生态效益"多数人受益、少数人负担"的状况,逐步确立"谁受益、谁负担"的生态补偿机制。2000 年,国家发布的《森林法实施条例》第十五条规定:防护林、特种用途林的经营者有获得森林生态效益补偿的权利,从法律上确保了生态补偿制度的实行,国家决定这项生态效益补偿基金由国家财政预算直接拨款的方式建立。从 2001 年起,国家财政拿出 10 亿元在 11 个省进行试点,还拿出 300 亿元用于公益林建设、天然林保护、退耕还林补偿、防沙治沙工程等。2004 年,国家林业局宣布从我国每年将拿出 20 亿元,对全国 4 亿亩重点公益林进行森林生态效益补偿,补偿基金是对重点公益林进行营造、抚育、保护和管理的管护者给予一定的资金补偿,补偿标准是平均每年每亩 5 元,这也意味着我国从无偿使用森林生态效益进入到有偿使用的新阶段。

近年来,随着各界对生态补偿研究的不断深入,在生态补偿的理论基础、补偿的主体和对象、补偿的方式、补偿资金的筹集、生态补偿效果评价等理论研究上也逐渐成熟。如曹明德(2004)在《试论建立我国生态补偿制度》中指出:生态补偿是自然资源有偿使用原则的具体体现,并从流域生态补偿、森林资源生态补偿等领域论述了流域上下游之间的利益冲突及其对此项制度的不同立场,同时也分析了我国关于生态补偿机制的立法及其缺陷,提出了一些建设性意见。洪尚群等(2001)则提出:完善的强有力的补偿制度,能提供大量资金,解决利益冲突,促进生态建设和环境保护顺利开展,成为环境保护的动力机制、激励机制和协调机制。钟瑜等(2002)就生态补偿中谁补偿谁,补偿多少和怎样补偿做了初步研究。另外,徐中民等(2003)开展了生态系统恢复经济价值的补偿研究等。

对生态补偿机制研究也取得了一定的进展,不少学者运用生态补偿的相关理论与方法对不同地域类型、不同领域的生态补偿机制进行了探索,提出了生态补偿机制框架。宋先松(2006)在《黑河流域生态保护和建设的补偿机制研究》中对流域生态补偿的机制进行了探索性研究,提出了在流域生态建设的初期应以国家补偿、社会补偿为主,流域自我补偿为辅:在流域自我建设能力提高后以流域自我补偿为主的生态补偿机制构想。万军等(2006)在《广东省生态补偿机制研究》中针对区域、流域和资源环境要素提出了广东省生态补偿机制框架,提出了实行分区指导财政政策和激励生态建设的区域补偿政策,针对建立水权交易、流域环境协议等流域生态补偿政策及针对促进资源有偿使用的补偿政策。张鸿铭(2005)在《建立生态补偿机制的实践与思考》中提出了统筹运用政府财政资金,充分发挥政府宏观调控和市场机制在生态补偿中的作用,建立保障建设,完善生态补偿机制的构想。这些对不同情况下的生态补偿机制框架的研究,为最终建立生态保护与建设的补偿机制提供了有益的参考。一些地方政府也在生态补偿建设方面做了很多尝试,其中较为领先的是浙江省。浙江省积极探索建立生态补偿机制,于2005年8月浙江省出台了《浙江省人民政府关于进一步完善生态补偿机制的若干意见》,这是全国范围内第一个由省一级政府制定出台生态补偿的政策性文件。该文件对生态补偿的基本原则、建立和完善生态补偿机制的主要途径和措施及建立健全区域生态环境保护标准体系提出了指导性意见。文件中明确提出了:健全公共财政体制,加大财政转移支付力度;加强资源费征收,增强生态补偿功能;加强环境污染整治,逐步健全生态环境破坏者经济赔偿制度。同时,对区域间生态补偿,支持欠发达地区加快发展;对生态补偿的市场化模式等进行了积极的探索。杭州、宁波等市也正式出台了建立健全生态补偿机制的具体实施意见。

综合以上分析,国内外关于生态补偿方面的研究主要集中在森林资源、水资源等某一方面的探索和实践研究。目前,我国虽然已初步建立了一些生态环境补偿资金和渠道,但由于机制不到位,补偿不能完全依理、依法进行,出现了补偿受益者与需要补偿者相脱节的问题;区际环境变化对相邻地区经济和社会财富增长的影响与作用得不到清晰表达,对环境影响的量化技术和货币化技术还不成熟,生态补偿缺乏强有力的技术支持,特别是在因生态建设需要而放弃发展机会的区域生态补偿还缺乏系统研究。此外,在生态补偿的法律依据和政策依据方面,还没有形成统一、规范的体系。因此,还需要进一步完善区域生态补偿机制,为促进经济发展和环境保护提供长效机制。

13.2.3 杭州湾庵东湿地生态补偿机制应用研究

建立生态补偿机制需要科学的理论和方法,既要借鉴国际经验,又要从我国社会主义初级阶段的基本国情出发,按照"谁开发、谁保护,谁破坏、谁恢复,谁受益、谁补偿,谁污染、谁付费"的原则,确定生态补偿范围。建立生态补偿机制,还要根据不同地区内不同的资源、人口、经济、环境总量来制定不同的发展目标与考核标准,让生态脆弱的地区更多的承担保护生态而非经济发展的责任,建立下游地区对上游地区、开发地区对保护地区、受益地区对受损地区、城市对乡村、富裕人群对贫困人群的生态补偿机制可以平衡各方利益。以杭州湾典型生态系统——庵东湿地为例对生态补偿机制进行应用研究。

13.2.3.1 庵东湿地概况

庵东湿地地处浙江省宁波慈溪市北部,杭州湾跨海大桥西侧,位于121°02′—121°43′E、30°20′—30°34′N 之间,总面积43.5 km²,是中国八大盐碱湿地之一,是杭州湾南岸湿地的主要组成部分,占杭州湾南岸湿地的90%以上。海岸线东自慈东闸,西至曹娥九塘闸,全长82.3 km。吴淞高程零米以上滩涂面积为 4.3×10^4 hm²,为我国长江口以南最大的连片淤积型滩涂,并以每年20～30 m的淤张速率向外推进。庵东湿地优势植物为芦苇群落、海三棱藨草群落和互花米草群落等。根据李加林等(2005)研究,自1997年杭州湾南岸湿地开始有稀疏互花米草分布,至今已形成面积达38.38 km²的互花米草盐沼。

滩涂湿地中生长栖息的动物资源主要为滩涂野生底栖动物和鱼类。底栖动物包括软体动物、节肢动物、环节动物和少量软骨鱼类,主要种类有:弧边招潮蟹、尖锥拟蟹守螺、泥螺、光滑狭口螺、小夹蛏、圆锯齿吻沙蚕、缢蛏、长足长方蟹、脊尾白虾、绒毛大眼蟹、伍氏厚蟹、口虾蛄、彩虹明樱蛤、竹蛏、绯似沼螺、中国绿螂、锯缘青蟹。鱼类以河口半咸水生态环境的适生种类为主,有鲻鱼、斑尾复鰕虎鱼、弹涂鱼、红狼牙鰕虎鱼、四指马鲅等。

庵东湿地是世界级观鸟胜地,同时为我国14个全球迁徙候鸟栖息湿地区域之一,是迁徙雁鸭类和鸻鹬的重要驿站和越冬地。鸟类资源丰富,记录鸟类131种,隶属于12目33科,包括近危鸟种罗纹鸭、黑尾塍鹬、白腰杓鹬、大杓鹬和震旦鸦雀,脆弱鸟种卷羽鹈鹕、遗鸥和黄胸鹀;还有被列入国家重点保护野生动物名录的普通鵟、红隼、环颈雉和小杓鹬。除鸻鹬等少数种类外,大部分鸟类栖息在围垦堤外自然滩涂上。在堤内芦苇群落、杂草地中栖息的鸟类主要是雀形目的种类如麻雀。

庵东湿地除了景观娱乐、滩涂养殖等直接利用价值外,对杭州湾来说日益重要的是间接生态服务功能价值,包括调蓄洪水功能价值、稳定滨海岸线功能价值、净化水质功能价值、固定营养物功能价值、提供重要物种栖息地功能价值、调节气候功能价值等。

13.2.3.2 庵东湿地生态系统功能分析

参考Costanza等(1997)对湿地生态系统服务功能的研究,庵东湿地生态系统所提供的生态系统服务功能主要有①资源功能:成陆造地、物质生产(包括水产和原材料生产)等;②环境功能:大气调节、净化水体、提供栖息地等;③人文功能:教学科研和旅游等。

1)资源功能

(1)成陆造地

杭州湾是钱塘江河口的口外海滨,通常情况下钱塘江水沙对其影响甚小,而强劲的潮流是其主要动力因子。杭州湾与长江口相毗为邻,长江年径流总量约为9.25×10^{11} m³,年输沙量达4.86×10^{11} kg,大量的径流和丰富的泥沙在河口扩散入海,部分水沙进入杭州湾参与其泥沙运移。据研究,杭州湾泥沙主要来自于长江口,对杭州湾尤其是北岸海域潮滩淤蚀有着重要的影响。杭州湾滩涂包括庵东湿地,一直处于不断的於涨状态,自然条件下岸滩外移平均每年20～30 m,最大可达40 m,岸滩宽而坡缓。根据宋立松等(2007)对杭州湾滩涂资源遥感动态监测分析结果,20世纪90年代以后,慈溪市新生陆地面积速率既庵东湿地面积增加速率达到5.7 km²/a。

(2)物质生产

慈溪水产养殖业自新中国成立以来至20世纪70年代,发展一直比较缓慢。80年代初,广大沿海群众利用杭州湾沿岸低洼盐碱地挖塘养鱼,发展了万亩精养鱼塘;90年代,广大渔民突破"杭州湾不能发展海水养殖"的思想束缚,积极利用滩涂发展海水养殖。逐步形成了以海淡水池塘养殖、海水滩涂养殖以及名特优水产品养殖为主的具有区域特色的规模化百里沿海养殖生产基地。1994年至2005年的十二年间,不断引进、试养和推广优新品种,从单一传统的"四大家鱼"为主发展到名特优新多品种养殖。养殖品种增加了20多个,并涌现出了一批南美白对虾、梭鱼、青蟹、彩虹明樱蛤、泥螺、脊尾白虾、弹涂鱼等优势产品,为当地居民创造了巨大的生产价值。

此外,庵东湿地的芦苇、海三棱藨草和互花米草均可作为饲料,芦苇还可用作造纸原料和建筑材料,钦佩等(1991)的研究表明,互花米草可提取具增强机体免疫功能的精制生物矿质液(BMT)和具有显著抗脑血栓等生理功能的米草总黄酮(TFS)。庵东湿地生态系统丰富的潮间带生物资源也为当地群众增加不少收益。

2)环境功能

(1)大气组分调节

生态系统通过光合作用和呼吸作用与大气交换二氧化碳和氧气,从而对大气中的二氧化碳和氧气动态平衡起着重要的作用。

(2)降解污染功能

湿地被称为"地球之肾",具有缓解环境污染的作用,尤其对氮、磷等营养元素以及重金属元素的吸收、转化和滞留有较高的效率,能有效降低其在水体中的浓度。湿地通过减缓水流,促进颗粒物沉降,从而使其上附着的有毒物质被从水体中去除。

湿地的降解污染功能主要是通过生物净化来实现的。过剩的营养物质和部分污染物质在生物体内累积、富集,转化为生物自身组织,可以通过收获湿地生物的方式从湿地中去除。在庵东湿地可以通过收割优势植物互花米草和海三棱藨草来实现。

(3)栖息地功能

庵东湿地具有丰富的动植物资源,其中高等维管束植物17种,浮游植物83种,浮游动物69种,底栖动物32种。庵东湿地为野生动植物的生存和繁衍提供了栖息地。

此外,鸟类资源丰富,记录鸟类131种,其中有97种列入世界自然保护联盟濒危物种红色名录,其中无危种89种,近危种5种,包括近危鸟种罗纹鸭、黑尾塍鹬、白腰杓鹬等;还有被列入国家重点保护野生动物名录的普通鵟、红隼、环颈雉和小杓鹬。

3)人文功能

(1)教育与科研功能

庵东湿地是我国八大盐碱湿地之一,其独特的湿地类型及丰富的自然资源具有较高的科研文化价值。全球环境基金(GEF)与世界银行,共同投资1.3亿美元用于"宁波—慈溪湿地项目",作为东亚各国建设湿地项目的样板,以及国际湿地、环境保护活动的重要交流中心。湿地中心于2010年6月19日正式对外开放,它是全球环境基金(GEF)和世界银行成立的东亚海洋陆源污染削减基金的第一个项目,湿地中心主要对区域内湿地进行生态恢复和保护,促进滩涂底栖生物种群恢复和创建良好的鸟类栖息地以吸引更多的鸟类,并利用工程湿地对受污染的水体进行净化,向公众展示湿地去除污染的功能。

(2)美学(旅游)功能

美学价值是指生态系统或景观为人类提供观赏旅游的场所,因此也常常被称为旅游价值。庵东湿地的旅游功能近年来得到了一定的开发。杭州湾湿地中心是集湿地恢复、湿地研究和环境教育于一体的湿地旅游区。区域内湿地类型丰富,包括沿海滩涂、离岸沙洲和塘内围垦湿地。湿地中心共分为湿地教育中心和展示区、涉禽和游禽活动区、处理湿地区域、水禽栖息地区域、鹭鸟繁殖地及有林湿地区域5个功能分区。

13.2.3.3 庵东湿地生态系统价值估算

根据生态补偿的含义,并结合庵东湿地实际,确定出庵东湿地生态系统功能及其价值评估指标,并通过生态补偿的量化价值评估方法,计算得出杭州湾庵东湿地的生态补偿额,具体如下。

1)成陆造地价值

成陆造地价值采用市场价值法进行评估。成陆造地价值($V1$)计算公式:

$$V1 = 当地土地使用权转让价格 × 每年造地面积$$

根据《浙江省人民政府关于调整耕地开垦费征收标准等有关问题的通知》(浙政发〔2008〕39号)要求,慈溪市耕地开垦费征收标准为28元/m²。庵东湿地面积增加速率为5.7 km²/a。则其成陆造地价值为15 960万元/a。

2)消浪护岸价值

生长于湿地的互花米草盐沼具有消浪护岸价值,主要通过对高潮位附近波浪的控制和对波能的消耗,来提高海堤抗浪标准,降低台风、风暴潮造成的海堤维修费用。消浪护岸价值计算可用降低海堤设计标准所节省的费用或海堤遭受破坏后所需的海堤修理费用来替代。浙江围垦局在对互花米草的观测、实验及其工程效能与应用的研究结果表示,互花米草带宽度在100~150 m时,其消浪效果在50%以上,可使原设计标准为20年一遇的海堤安全高度降低1 m左右;草带宽度超过200 m的消浪效果为90%以上,可使原设计标准为20年一遇的海堤安全高度降低2 m以上。其价值可用修建海堤节省的土方量来表示。本文直接引用李加林等(2005)对杭州湾南岸互花米草盐沼生态系统服务价值评估中,互花米草盐沼的消浪护岸的价值为1 540万元/a。

3)物质生产功能价值

根据2013年宁波慈溪市渔业经济统计数据,水产养殖总面积达1.34×10⁴ hm²,产量达5.12×10⁴ t,产值16.56亿元,每公顷养殖经济效益为123 481元。养殖面积按照总生产面积的50%计算,则庵东湿地的养殖功能价值为26 857万元/a。庵东湿地物质生产功能价值还包括其植物及生物资源价值,因而总价值大于26 857万元/a。

4)大气组分调节价值

(1)植物固碳价值

由植物光合作用反应方程式推算,每形成1 g干物质,需要吸收1.62 g的二氧化碳,并同时释放1.19 g的氧气。由于缺少庵东湿地各植物群落分布面积,本研究以杭州湾南岸互花米草群落作为代表进行估算。利用互花米草的初级生产力可求得其每年固定二氧化碳,根据李加林等(2005)对杭州湾南岸互花米草盐沼生态系统服务价值评估,杭州湾南岸互花米草的年生物量干重约为6.89×10⁴ t。可以估算出庵东湿地每年固碳约为3.04×10⁴ t。

植物的固碳价值,目前国际通常采用碳税法进行评估,碳税率以瑞典政府提议的 150 美元/t (以碳计)(即 1 050 元/t,按 1 美元 = 7 元人民币计)为标准,则庵东湿地植物固碳价值为 3 192 万元/a。

(2)氧气的释放及其价值

在固碳的同时,释放氧气约为 8.2×10^4 t。用造林成本法和工业制氧价格法估计其价值,按造林成本法可把释放氧气的价值折合为 352.93 元/t,总计为 2 880 万元。目前,工业氧的价格为 0.4 元/kg,以工业制氧价格法计算,该价值为 3 280 万元,取两者的平均值为 3 080 万元。

庵东湿地大气组分调节价值为 6 272 万元/a。

5)降解污染价值

生态系统的降解污染价值主要表现在易流失养分的再获取,过多外来养分、化合物的去除或降解。森林、河湖和滩涂生态系统均表现出较强的降解污染功能及价值,其单位面积降解污染价值分别为 731 元/($hm^2 \cdot a$)、5 586 元/($hm^2 \cdot a$)和 13 936 元/($hm^2 \cdot a$)。据谢高地的研究成果,我国森林、农田、湿地、水体生态系统单位面积降解污染价值分别为 1 159.2 元/($hm^2 \cdot a$)、1 451.2 元/($hm^2 \cdot a$)、16 086.6 元/($hm^2 \cdot a$)和 16 086.6 元/($hm^2 \cdot a$)。本文取二者的平均值来计算庵东湿地生态系统的降解污染价值为 64 548.5 万元/a。

6)栖息地价值

生物栖息地功能是指生态系统为野生动物提供栖息、繁衍、迁徙、越冬场所的功能。庵东湿地是众多物种的区域性栖息地、越冬场所、同时又是候鸟南来北往的主要迁徙通道和中途食物补给地。丰富的多样性使庵东湿地成为生物避难所和物种基因库。

庵东湿地的栖息地价值估算,采用美国经济生态学家罗伯特·康世坦的研究成果,即全球湿地生态系统中单位面积上的湿地功能和自然资本价值来推算。罗伯特·康世坦估算了每公顷湿地的避难所价值的价值量为 304 美元/($km^2 \cdot a$)。庵东湿地的面积为 4.3×10^4 hm^2,则庵东湿地的生物栖息地价值为 91.50 万元/a。

7)文化科研价值

采用我国单位面积生态系统的平均科研价值 382 元/hm^2 和康世坦等对全球湿地生态系统科研文化功能价值 861 美元/hm^2 的平均值 3 204.5 元/hm^2,来计算庵东湿地的科研价值。吴淞高程零米以上庵东湿地面积为 43.5 km^2,则其文化科研价值为 1 394 万元/a。

8)美学(旅游)价值

根据 2013 年慈溪市国民经济和社会发展统计公报,旅游总收入为 65.3 亿元,共接待国内外游客 802.8 万人次。平均人均花费 813 元,结合慈溪市旅游发展规划,本文按照人均花费 850 元计算。

杭州湾湿地中心为保护中心内的生态环境,游客人数每天会限制在 2 000 人左右,预计每年的游客量将达到 20 万人次。庵东湿地美学(旅游)价值则为 17 000 万元/a。

研究表明,庵东湿地的生态系统服务功能总价值达 133 663 万元/a,其中以降解污染价值最大,为 64 548.5 万元/a,占总服务功能价值的 48%;其次为物质生产功能价值,至少 26 857 万元/a,占总生态系统服务功能价值的 20% 以上;其他成陆造地价值、消浪护岸价值、大气组分调节价值、栖息地价值、文化科研价值、美学(旅游)价值分别为 15 960 万元/a、1 540 万元/a、6 272 万元/a、91.50 万元/a、1 394 万元/a、17 000 万元/a(表 13.1)。

表 13.1　杭州湾庵东湿地的生态补偿额

序号	生态系统服务功能 (价值评估指标)	评估方法	定量价值 /(万元/a)	备注
1	成陆造地价值	生产率变动法 (市场价值法)	15 960	公式:$V1=$当地土地使用权转让价格(28 元/m^2)×每年造地面积(5.7 km^2/a)
2	消浪护岸价值	防护费用法 (预防性支出法)	1 540	直接引用李加林等(2005)对杭州湾南岸互花米草盐沼生态系统服务价值数
3	物质生产功能价值	生产率变动法 (市场价值法)	大于 26 857	公式 = 每公顷养殖经济效益(123 481 元)×总生产面积(43.5 km^2×1/2)+植物及生物资源价值
4	大气组分调节价值	碳税法	6 272	公式 = 固定 CO_2 价值(3 192 万元)+ 释放 O_2 价值(3 180 万元)
5	降解污染价值	重置或恢复成本	645 48.5	根据谢高地的研究成果
6	栖息地价值	条件价值评估法 (CVM)	91.50	公式 = 价值量[304 美元/(km^2·a)]×湿地面积(4.3×10^4 hm^2)
7	文化科研价值	防护费用法	1 394	公式 = 湿地面积(43.5 km^2)×平均科研价值(3 204.5 元/hm^2)
8	美学(旅游)价值	旅行成本法	17 000	公式 = 人均花费(850 元)×年游客量将达到(20 万/人次)

在以往生态补偿额的确定问题研究中,只注重生态系统的物质生产功能,却忽视了其他各类生态服务功能提供的价值。生态系统服务功能价值估算只是一种近似模拟计算,还不能完全真实反映湿地本身所具有的价值,需要更深层次研究了解生态系统的过程机理,才能全面准确地反映出生态系统所提供的各项服务价值。

13.2.3.4　庵东湿地生态补偿机制构建

通过对庵东湿地生态系统服务功能的研究,发现庵东湿地的生态服务功能价值巨大,但是受政策和资源自身特点的限制,很大程度上是一种不能变现的资产,这种财富无法在 GDP 上直接反映出来,却是国家财富实实在在的增加,是绿色 GDP 的重要内容。从经济和法理上讲,国家和政府应该给予补偿,地方上应该享有根据所做出的贡献和牺牲,参与社会初次分配和再分配的权利。

加强杭州湾流域周边省市县的联系、协作和研究工作,实行大区域性保护利用湿地工程,建立湿地环境补偿制度。针对庵东湿地的具体情况,我们可以从征收湿地资源税、征收湿地资源使用费、建立财产权机制实施财政补贴等措施,来完善湿地环境补偿制度。具体如下。

(1)征收湿地资源税

资源税的计税方法有从量计征和从价计征两种。从保护资源、促使资源合理开发和有效利用看,从量计征方式更为适合。因为从量计征在税率既定的情况下,税额的大小直接取决于应税资源产品数量的多少,不受价格变动的影响,这就促使资源使用者从自身纳税负担的角度考虑尽可能地减少不必要的开发,使有限的资源得到有效的利用。

(2)征收湿地资源使用费

在湿地保护与恢复的工作中,使用费制度是一种值得利用的手段。只有当付出了使用的成本和代价,才会在使用过程中加以认真对待。然而人们对湿地的影响和使用的消耗却较难定量,可以参考发达国家的收费比例,或在更为完善的市场条件下进行使用。

(3)建立财产权机制

在湿地保护中应用财产权机制时要根据中国的实际情况加以实施。在我国,自然资源的所有权属于国家,但可以将代管权下放到社区,由社区代管,这样可以使一个社区所有成员拥有当地的资源,从而更为合理地加以运用。此外,还可以以开发权的形式实施财产权机制。政府可以将开发权以使用权租赁的形式全权为托给企业或开发商,由其决定湿地的开发利用方式,并承担由此带来的收益与损失。国家政府作为资源的所有者需要对开发或租赁者进行监督和指导,并且提供有关湿地合理利用项目的评估标准。

(4)实施财政补贴

保护和合理利用尚未开发的湿地和恢复被过度开发利用的湿地是我国目前湿地保护的两大任务。对于庵东湿地这类尚未开发的湿地,补贴可以用于鼓励可持续的湿地资源利用项目。在恢复过度开发的湿地方面,财政补贴的实施可以有效地引导该地区农民从事可持续性的生产,对湿地资源进行合理的利用。但同时要注意,这只是目前生态补偿机制不完善时的暂行措施,必须逐年减少补贴金额,增大生产者的投入,从而更好的鼓励和刺激生产者更加努力的进行生产,更为合理和有效的利用生态资源。

在现阶段,我国生态补偿机制存在很严重的问题,生态补偿政策尚不完善,生态系统服务功能的价值没有得到重视,现有的资源法和环境保护法缺乏对生态补偿的明确规定,国家重要生态区域生态保护与建设投入不足,生态税费制度尚未建立,扶贫工作与生态补偿脱节等一系列问题。在生态补偿额度的确定问题上,以往只注重生态系统的物质生产功能,忽视了它提供的各类生态服务功能价值。由于生态系统服务功能价值难以准确计量,并且生态补偿机制的价格体系尚不健全,因而补偿标准无法准确定量化。同时,在评估方法上,生态服务功能能否度量,则是进行生态补偿评估的重要前提。在计算生态系统带来的各类生态服务功能价值过程中,它们之间可能有重复或冲突的地方,要解决这些问题,必需详细地划定生态服务功能的类型,同时针对功能性的服务探索更合理的经济转换方法,更充分地了解生态系统的过程机理,力求全面准确地反映出生态系统提供的各项服务的价值。因此,需要建立一套令各方信服的、行之有效的补偿方法,努力在法律、财政制度、税费体制和市场机制等方面的突破和改革,加强政府的干预协调以及各部门的合作。

参考文献

《环境科学大辞典》编委会.1991.环境科学大辞典[M].北京:中国环境科学出版社.

蔡昱.2007.建立流域上下游生态科偿基金的思考[J].科教文汇(中旬刊),(10):167 – 168.

曹明德.2004.对建立我国生态补偿制度的思考[J].法学,(3):40 – 42.

陈宝敏.2002.科斯定理的重新解释——兼论中国新制度经济学研究的误区[J].中国人民大学学报,(2).

陈德湖,李寿德,蒋馥.2004.排污权交易市场中厂商行为与政府管制[J].系统工程,(3):44 – 46.

陈莉莉.2011.论长三角海域生态合作治理:缘起及策略[J].生态经济,(4):168 – 171.

洪尚群,马王京,郭慧光.2001.生态补偿制度的探索[J].环境科学与技术,(5):40 – 43.

胡春冬.2005.排污权交易的基本法律问题研究[C].环保法系列专题研究(第一辑),北京:科学出版社.

黄桐城,武邦涛.2004.基于治理成本和排污收益的排污权交易定价模型[J].上海管理科学,(6):34 – 36.

李赤林,马纪云.2005.城市水污染处理的排污权交易策略及定价机理研究[J].现代管理科学,(11):5 – 6.

李加林,徐继琴,童亿勤,等.2005.杭州湾南岸滨海平原生态系统服务价值变化研究[J].经济地理,25(6):804 – 809.

鲁炜,崔丽琴.2003.可交易排污权初始分配模式分析[J].中国环境管理,(5):8 – 9.

吕忠梅.2000.论环境使用权交易制度[J].政法论坛,(4):126 – 135.

马中,杜丹德.1999.总量控制与排污权交易[M].北京:中国环境科学出版社.

钦佩,谢民.1991.互花米草的初级生产力与类黄酮的生成[J].生态学报,4:293 – 298.

沈满洪,赵丽秋.2005.排污权价格决定的理论探讨[J].浙江社会科学,(2):26 – 30.

石浚哲,过炳峰.2010.生态区域补偿与排污权交易关联性的探索[C].中国环境科学学会学术年会论文集(第二卷),1513 – 1515.

宋国君.2004.排污权交易[M].北京:化学工业出版社.

宋立松,王新,向卫华,等.2007.杭州湾滩涂资源遥感动态监测分析[J].浙江水利科技,(1):11 – 17.

宋先松.2006.黑河流域生态保护和建设的补偿机制研究[C].见:生态补偿机制与政策设计国际研讨会论文集,北京:中国环境科学出版社,287 – 293.

唐浩阳,任玉珑,卢安文.2005.行业排污定价机制研究[J].生态经济,(12):73 – 75.

田贵权.1994.水环境容量资源的有偿使用探讨[J].山东环境,5(62):6 – 7.

万军,张惠远,葛察忠,等.2006.广东省生态补偿机制研究[C].见:生态补偿机制与政策设计国际研讨会论文集,北京:中国环境科学出版社,252.

王晶.2006.生态补偿问题的研究[C].天津大学硕士论文.

王军锋,侯超波,闫勇.2011.政府主导型流域生态补偿机制研究—对子牙河流域生态补偿机制的思考[J].中国人口资源与环境,21(7):101 – 106.

吴健.2005.排污权交易——环境容量管理制度创新[M].北京:中国人民大学出版社.

徐中民,张志强,程国栋.2003.生态经济学理论方法与应用[M].河南:黄河水利出版社.

亚瑟·赛斯尔·庇古.2009.何玉长,丁晓钦译.福利经济学[M].上海:上海财经大学出版社.

杨展里.2001.水污染物排放权交易的市场模式[J].环境导报,(4):11-13.

叶闻,肖彩,杨国胜,等.2008.浅论我国排污权交易机制的构建[J].人民长江,39(2):66-68.

张安华.2005.排污权交易的可持续发展潜力分析——以中国电力工业 SO_2 排污权交易为例[M].北京:经济科学出版社.

张鸿铭.2005.建立生态补偿机制的实践与思考[J].环境保护,(2):41-45.

张优优.2007.中国排污权交易的可行性分析[J].集团经济研究,7(235):177.

支海宇.2008.排污交易及其在中国的应用研究[C].大连理工大学博士论文.

钟瑜,张胜,毛显强.2002.退田还湖生态补偿机制研究——以鄱阳湖区为案例[J].中国人口资源与环境,12(4):46-49.

朱锡平,陈英.2007.浓度控制、总量控制与排污权交易[J].财经政法资讯,(6):15-25.

竺效.2011.我国生态补偿基金的法律性质研究——兼论《中华人民共和国生态补偿条例》相关框架设计[J].北京林业大学学报(社会科学版),10(1):1-9.

Costanza R,Arge R,Rudolf G,et al. 1997. The value of the world's ecosystem services and natural capital[J]. Nature,(387):253-260.

Cramton P, Kerr S. 2002. Tradeable carbon permit auctions:How and why to auction not grandfather[J]. Energy Policy,(30): 333-345.

Cuperus R,Bakermans M,Haes H. 2001. Ecological Compensation in Dutch Highway[J]. Environmental Management,(27):75-89.

Gangadharan L. 2000. Transaction Costs in Pollution Markets[J]. Land Economics, 76(4): 601-614.

Hahn R. W. 1984. Market power and transferable property right[J]. Journal of Economies, (3):753-765.

J. H. Dales. 1968. Pollution, Property and Price[M]. Toronto:University of Toronto Press.

Kjell. 2001. Auction design for the allocation of emission permits[Z]. Department of Economics, UCSB, Departmental Working Papers.

Larson J S. 1994. Rapid assessment of wetlands:history and application to management[C]. In:Mitsch W J eds. Global Wetlands:Old World and New Amsterdam:Elsevier,(6):625-636.

Malik. 1996. Enforcement costs and the choice of policy instruments for controlling pollution[J]. Economic Inquiry,(30): 161-173.

Montgomery, W. David. 1972. Markets in Licenses and Efficient Pollution Control programs[J]. Journal of Economic vol. 5, No. 3, (12):395-418.

Spence M. 1984. Cost reduction competiton and industry performance [J]. Journal of Economies, (52): 101-121.

Stavins R. N. 1995. Transaction Costs and Tradable Permits[J]. Journal of Environmental Economies and Management, (29): 133-148.

Tietenberg T H. 1985. Emissions Trading:an Exercise in reforming poilution Policy[M]. Resources for future (RFF), Washington. D. C.

Xuejun Wang,Wei Zhang, Ying na Huang. 2004. Modeling and simulation of point-non-point source effluent trading in Taihu Lake area:perspective of non-point sources control in China[J]. Science of the Total Environment,(325): 39-50.

第14章 结论与建议

杭州湾位于浙江省中、北部,上海市南部,东临东海,西有钱塘江注入,是一个典型的喇叭形强潮河口海湾。近年来,随着"长三角"经济的快速发展,排入杭州湾的陆源入海污染物日渐增多,加上人类无序无度的开发利用海洋资源,大规模围海造地兴建海洋工程和海岸工程等,导致杭州湾一直为重污染海域,富营养化严重,海洋自净能力减弱,生物群落结构趋于单一化,近5年来生态系统均处于不健康状态,生态系统极其脆弱。

14.1 结论

经过调查和分析,本研究形成的主要结论如下。

(1)杭州湾水域的潮流基本属于正规半日浅海潮,在湾内呈现明显的往复流性质,纵向流速分布自湾口向湾顶递增,涨潮流流速大于落潮流流速。杭州湾涨、落潮具有不对称性,涨潮流历时基本小于落潮流历时,大潮期间尤为明显,小潮期间相差较小,潮差自湾口向湾顶逐渐增大。根据计算模拟结果,涨潮流分成5股进入杭州湾,入湾潮波汇聚后,受杭州湾喇叭形地形约束,被迫转向西南。落潮时情况基本与涨潮流向相反,由杭州湾而来的自西向东的落潮流,大部分由舟山群岛之间的水道流出,流向为东南向;小部分沿杭州湾北岸深槽向东北流向湾口,最后受到长江口落潮流裹挟流向东南。湾内最大余流速度为50 cm/s左右,出现在湾顶附近,湾内其他区域的余流速在 10~30 cm/s;湾内余流走向主要是东北偏东向,湾外余流向以东南方向为主。

(2)杭州湾纳潮量较大,经过一个全潮,杭州湾的纳潮量在 $147 \times 10^8 \sim 297 \times 10^8 \text{ m}^3$ 之间,平均纳潮量约为 $220 \times 10^8 \text{ m}^3$。

(3)根据水体交换数值计算的结果,杭州湾水体半交换时间总体上呈现湾顶水域以及湾口短,湾中长,湾内北部大于南部的特点。水体半交换时间的变化大致以奉贤至慈溪一线为界,沿岸线走向分别向湾口、湾顶方向逐渐减小。其中,海盐至慈溪一线上游水域以及南汇至慈溪一线下游水域基本在 50 d 以内就可达到 50% 的水体交换率,湾内其他水域的水体交换相对较慢,但全湾的水体半交换时间最长不超过 90 d。

(4)杭州湾污染源(陆源和海水养殖污染)估算结果显示,COD_{Cr}入海总量为 187 544 t/a,总氮入海总量为 26 727 t/a,总磷入海总量为 4 018 t/a。COD_{Cr}的主要来源为工业和农业面源污染,分别占总量的48.59%和21.01%;总氮的主要来源为农业面源污染和畜禽养殖,分别占总量的34.46%和32.23%;总磷的主要来源为畜禽养殖和农业面源污染,分别占总量的 40. 22% 和 34. 72% 。

杭州湾周边 12 个县(市、区)中,COD_{Cr} 排放量最大的是萧山区,其次是金山区和绍兴县;总氮排放量最大的是萧山区,其次是上虞市和宁海县;总磷排放量最大的是萧山区,其次是海宁县和上虞市。各污染物排放量最小的县区为镇海区,占总量的 2% 以下。

(5)2008—2009 年杭州湾水质调查结果显示,海水中主要污染物为无机氮和活性磷酸盐,达四类、劣四类水平,pH、DO、COD_{Mn} 等指标符合二类海水水质标准。水体富营养化严重,3 次调查营养指数 E 值均大于 10($E \geq 1$ 即为富营养化)。富营养化程度从高到低基本呈现为湾内、湾中、湾口的趋势,造成杭州湾近岸海域富营养化的原因主要是钱塘江、甬江、曹娥江和沿岸排污所致。

沉积环境和生物质量现状良好,分别符合一类沉积物质量标准和一类生物质量标准。

2004—2009 年杭州湾海域水环境没有较大变化,DO 状况较好,可达到一类海水水质标准;COD 值变化不大,都符合一类、二类海水水质标准;悬浮物含量有先增加后减少的趋势,最高值出现于 2005 年;活性磷酸盐和无机氮含量一直居高不下,多为四类或劣四类;由丰水期营养指数变化看,2004 年到 2009 年富营养化有逐年增高的趋势。

(6)降解速率系数实验结果显示,杭州湾海域 COD 降解速率系数范围在参数 0. 016 ~ 0. 249 d^{-1} 之间,均值为 0. 124 d^{-1}。活性磷酸盐转化速率系数范围在参数 0. 005 ~ 0. 243 d^{-1} 之间,均值为 0. 062 d^{-1}。

(7)水质模型计算结果表明,杭州湾 COD_{Mn} 的浓度分布总体呈现自湾口到湾内浓度增大的趋势。外湾浓度较低,大部分区域浓度小于 1. 35 mg/L;南汇附近海域和宁波镇海附近海域浓度较高,基本大于 1. 35 mg/L;高浓度区域位于萧山、绍兴附近海域,最大浓度在 2. 25 mg/L 以上;无机氮分布总体呈现自湾口到湾内浓度增大的趋势。外湾浓度较低,大部分区域浓度小于 1. 25 mg/L;绍兴、上虞附近海域和宁波镇海附近海域浓度较高,基本大于 1. 25 mg/L;高浓度区域位于慈溪、镇海附近海域,最大浓度在 1. 60 mg/L 以上;活性磷酸盐外湾浓度较低,大部分区域浓度小于 0. 075 mg/L;绍兴、上虞附近海域和海盐、余姚附近海域浓度较高,基本大于 0. 075 mg/L;高浓度区域位于上虞附近海域,最大浓度在 0. 080 mg/L 以上。模型计算浓度分布与实测 COD_{Mn} 浓度等值线分布基本一致,仅局部区域略有偏差,水质调查站的实测值与模型计算结果之间相对误差小于 20% 的比例超过 75% ,水质模型在总体上较成功地模拟了杭州湾 COD_{Mn}、无机氮、活性磷酸盐的浓度分布。

(8)COD_{Mn} 经过水质模型计算响应系数及分担率结果并进行线性规划求解,得到在满足控制目标条件下,杭州湾 COD_{Mn} 的环境容量为 16. 62 kg/s。在现状源强的基础上,镇海、南汇分别可增加 10. 86 kg/s、5. 76 kg/s 的源强增量。

无机氮和活性磷酸盐经过水质模型计算响应系数及分担率结果并进行线性规划求解,无法得到满足条件的最优解,应对无机氮和活性磷酸盐做削减处理以改善海域水质。水质模型计算结果表明,无机氮源强削减 100% ,湾内所有水域无机氮浓度仍超过 0. 8 mg/L,活性磷酸盐源强削减 100% ,浓度大于 0. 045 mg/L 的水域面积约为 73% ,湾内所有水域活性磷酸盐浓度均超过 0. 03 mg/L。

（9）在杭州湾环境容量估算及自然条件分配结果的基础上，通过杭州湾各县(市、区)的环境、资源、经济和社会等指标优化杭州湾环境容量分配及总量控制方案，对 COD_{Mn}、无机氮、活性磷酸盐分别设计了3个分配方案。通过数学模型计算各方案的结果表明，COD_{Cr} 环境容量分配结果为方案二最优，总氮削减量为10%、20%和50%时其分配结果为方案二(削减20%)最优，总磷削减量为10%、20%和50%时其分配结果为方案一(削减10%)最优。

（10）曹娥江口建设水闸后排涝放水，曹娥江径流对杭州湾内水域水质的影响由持续的低浓度堆积转变成突发式的高浓度，短时间内对曹娥江口外水域的水质影响变大，污染物浓度均远远超过四类海水水质标准，但排涝停止后，曹娥江口外水域水质亦能在较短时间恢复至满足水质标准水平。排涝开闸放水对杭州湾内闸口以上上游水域水质基本没有影响。总的来说，曹娥江河口建设水闸对杭州湾内水域的水质不会有质的影响。

（11）庵东湿地的年服务功能总价值达13亿元，庵东湿地的降解污染价值占其总服务功能价值的48%，仅次于物质生产功能。湿地的减少和破坏将影响其降解污染价值，从而影响环境容量。

14.2　建议

杭州湾地处长江南翼，腹地为我国社会经济发达、人口密集的长江三角洲，跨区域、流域，污染来源复杂，尤其是随着"浙江海洋经济发展示范区"和"舟山群岛新区"的批准设立，使得杭州湾海洋经济战略地位更具突出，因此如何解决杭州湾污染物排放总量控制域管理问题，已成为有效落实总量控制制度的关键，这对于浙江省"十二五"海洋环境保护规划中总体目标"入海污染源和污染物总量得到有效控制，海洋污染程度减轻，严重污染面积减少"的实现也有着重要的意义。

1）加强区域合作，建立协同减排机制

污染物排放总量控制是将某一控制区域作为一个完整的系统，采取一定的措施，将这一区域内的污染物排放总量控制在一定数量之内，以满足该区域的环境质量要求。杭州湾行政区域比较特殊，从行政区域来看，杭州湾地处我国东南沿海、长江三角洲南翼，跨浙江省和上海市两大区域，包括南汇、金山、奉贤、嘉兴、杭州、绍兴、宁波等，东临舟山市。从流域来看，北部为长江流域，区域内有钱塘江流域、曹娥江流域及周边河网平原水系，沿岸陆源污染物除少部分以直排方式入海外，绝大部分通过地表径流、河流、水闸水系等途径排放入海。由于海洋具有流动性，因此局部控制是无法有效遏制海域环境污染的加剧和海域环境质量的改善。污染物排放总量控制是一项系统工程，尤其是在跨省、市行政区域以及不同流域内进行，更是涉及的领域、层次更为复杂与广泛，单靠某个部门或某个地方政府力量无法将其圆满完成。因此，在杭州湾海域实施污染物排放总量控制与管理，需要从一个区域、流域整体出发，加强合作，建立健全协同减排机制。

目前，已启动了浙沪苏区域海洋环境保护合作，组织实施宁波—舟山、乐清湾等区域性海洋环境保护统一行动计划，基本形成区域间环境保护合作机制，这些区域环境合作为"长三角"和跨区域、流域协同减排机制的建立奠定了良好开端。将杭州湾纳入"长三角"和跨区域、流域进行污染物总量控制以及协同减排,包括在污染物总量分配、排放源动态监控、排放申报登记、年度排放审核、违法行为协查、信息交流、上报制度等方面建立协调机制,推动浙江省与上海市、江苏省全方位、宽领域、多层次的协调和合作,同步治理、同步监控,突破"条块分割",实行统一政策、统一目标、统一治理,从而有效地控制污染物排放总量,确保杭州湾生态系统的健康,达到海洋环境容量资源的可持续利用。

2）实施陆海联动,强化管理

按照"河海统筹、陆海兼顾、以海定陆"的原则,实施海陆联动,加强近海污染防治,从而实现海洋环境保护的有效管理。工业污染源仍是杭州湾污染物总量控制的重点控制对象。从源头减少污染物新增量,进一步加大治理力度;加大监管力度,包括从源头控制、处理过程监控到末端治理全过程监管,防止未达标、偷排、禁排等违规排放行为的发生;落实陆源污染物排海控制和治理责任,加强陆源入海污染物总量控制及企业污水达标排放管理;加大公众监督力度和环境监管信息的公开化等。突出重点,逐步控制面源污染。氮、磷污染物主要来源为面源,因此应大力推广节约型农业技术,科学合理使用农药化肥;推行农村生活污染源排放控制,探索分散型污水处理技术的推广和应用;以集约化养殖场和养殖小区为重点,加快建设养殖场沼气工程和畜禽养殖粪便资源化利用工程,防治畜禽养殖污染;开展杭州湾面源污染物总量控制试点工作,以规模化畜禽养殖场和养殖小区为主要切入点,将农业污染源纳入污染物总量减排体系;推进农村环境综合整治等。

目前,在我国由于海陆污染物减排指标选取的不一致,如目前陆域减排指标为化学耗氧量（COD）和氨氮,而海域中的主要污染超标因子为无机氮和活性磷酸盐,而氨氮不是海域主要污染物且在无机氮中所占比例极小,同时减排指标 COD 由于在淡水和海水介质中分析方法存在较大差异,虽然也有相关的研究报告在计算海湾环境容量时,降低由于分析方法差异而带来的影响,但作为近似估算仍尚缺少科学依据,这些都导致在统筹考虑海洋纳污能力、陆源污染物排海量以及总量控制等研究时,无法实现入海污染源与海洋环境质量目标的有机统一,也给海域实行污染物排放总量控制和减排的操作与管理带来难度。因此,还应加强海陆污染物减排指标的进一步联动。

强化责任、狠抓落实,将减排目标纳入政府、企业绩效考核。要切实发挥政府主导作用,综合运用经济、法律、技术和必要的行政手段,加强节能减排统计、监测和考核体系建设,着力健全激励和约束机制,进一步落实地方各级人民政府对本行政区域节能减排负总责、政府主要领导是第一责任人的工作要求;进一步明确企业的节能减排主体责任,严格执行节能环保法律法规和标准,细化和完善管理措施,落实目标任务。

3）制定海域排污权交易制度,建立生态补偿机制

加大排放指标有偿使用力度,探索建立排污权交易市场,建立生态补偿机制。在入海污染物总量分配工作中,往往存在由于部分污染源削减率或增加率过高导致分配模型得到的分配结果在实际中难以操作,因此有必要引入排污权交易制度,即在总量控制的条件下,将环境容量作为一种有偿资源在杭州湾区域内进行交易,通过市场上排污权的

供求关系，运用污染物排放指标分配办法和排污权使用方式，来自发调整各污染源的允许排污权，逐步实现排污权无偿取得转变为市场有偿占有，以此来控制污染物的排放，实现环境容量的优化配置。如欠发达区域、流域可通过出售容量权获取资金进行经济建设，而发达地区可通过购买容量权以减轻因环境压力造成对经济发展的影响。同时，排放指标有偿使用范围应将由化学需氧量逐步扩大到总磷和总磷，以便有效地解决杭州湾现有的生态环境问题。

海洋生态补偿的目的是通过经济手段来激励海洋生态保护与建设行为，抑制生态破坏和过度利用行为。建立和完善海洋生态补偿机制，推进陆域排污对海洋生态补偿机制，包括损害补偿办法的制定和实施，建立海洋生态损害评估和海洋生态损害跟踪监测机制。杭州湾生态功能区域补偿以政府补偿为主，主要有政府主导实施的重大生态建设工程、生态移民和政府补偿的生态功能区域的生态建设；资源开发利用补偿宜采取市场补偿机制，按照"谁受益、谁补偿"原则进行生态修复治理，改善杭州湾海域生态环境，促进海域生态系统健康发展。

4）科学规划，分期分批落实减排

环境容量是一种有限的资源，应科学合理规划。在杭州湾当前管理目标的基础上，尚有一定的 COD 污染物排放空间可供利用，其分配主要也是从优化产业结构、合理引导产业发展方向，促进社会经济全面、协调发展，改善生态环境等方面进行综合考虑，将区域社会经济发展和环境保护目标有机结合起来。同时，又由于存在着对自然认识的局限性，为确保环境承载能力能承受的情况下，应分期分批落实减排，如分别制定污染物排放总量控制和减排的近期、中期和远期目标等。

5）加大资金投入，设立环保专项基金

在杭州湾及其"长三角"区域，进一步加大环保资金投入和支持力度，设立更加有利于的环保专项基金。逐年增加部门预算，切实保障环境保护部履行职责，重点支持了海洋环境监测、海洋环境监察执法、污染源普查、海域环境宏观战略研究等专项工作；设立节能减排专项资金，重点支持重点流域治理、农村环境保护、重金属污染防治等；支持生态保护与建设，重点支持天然林保护、水土保持等生态工程，鼓励秸秆还田和有机肥，切实减轻农村面源污染；支持环境科技创新，对环境领域前沿技术研究、基础研究、应用技术研究等逐步建立稳定的环境保护科研投入机制，重点开展排污权交易生态补偿机制研究、减排成效评估以及水体污染控制与治理重大科技专项等。

设立生态补偿基金，包括区域（流域）性生态补偿基金、地方性生态补偿基金以及行业性生态补偿基金等多层次组成的生态补偿基金，拓展生态补偿基金的资金来源，保护海域生态环境，实现环境、资源和社会经济的可持续发展。

6）加大宣传教育，提高全民环保意识

向居民宣广泛开展包括海洋环境基本知识、海洋环境保护与经济可持续发展、海洋环境保护与人类健康、海洋环境保护的法律法规等普及的宣传、教育工作，增强公众海洋保护的意识,取得干部群众的支持和帮助,使他们明白生态环境保护与当地经济发展和他们自身利益的关系,使他们积极投身到保护海洋环境和滨海湿地资源的行动中去,为生态环境保护建立良好的社会和群众基础。同时,建立和健全破坏海洋环境的举报机制。

附录1 浮游植物名录

序号	中文名	拉丁名	2008 年 4 月	2008 年 8 月	2009 年 8 月
一	**硅藻门**	**Diatomophyta**			
1	波状辐裥藻	*Actiophychus undulatus*	+	+	+
2	透明辐杆藻	*Bacterisstrum hyalinum*			+
3	活动盒形藻	*Biddulphia mobiliensis*	+	+	
4	钝头盒形藻	*Biddulphia obtusa*		+	
5	高盒形藻	*Biddulphia regia*	+	+	
6	中华盒形藻	*Biddulphia sinensis*	+	+	
7	紧密角管藻	*Cerataulina compacta*		+	
8	异常角毛藻	*Chaetoceros abnormis*		+	+
9	卡氏角毛藻	*Chaetoceros castracanei*	+	+	
10	旋链角毛藻	*Chaetoceros curvisetus*		+	
11	双突角毛藻	*Chaetoceros didymus*		+	
12	细齿角毛藻	*Chaetoceros denticulatus*			+
13	洛氏角毛藻	*Chaetoceros lorenzianus*	+	+	+
14	聚生角毛藻	*Chaetoceros socialis*	+	+	+
15	冕孢角毛藻	*Chaetoceros subsecundus*	+		
16	豪猪棘冠藻	*Corethron hystrix*	+	+	
17	蛇目圆筛藻	*Coscinodiscus argus*	+		+
18	有翼圆筛藻	*Coscinodiscus bipartitus*	+	+	
19	中心圆筛藻	*Coscinodiscus centralis*	+	+	
20	弓束圆筛藻	*Coscinodiscus curvatulus*	+		
21	小型弓束圆筛藻	*Coscinodiscus curvatulus v. minor*	+		+
22	偏心圆筛藻	*Coscinodiscus excentricus*	+	+	+
23	琼氏圆筛藻	*Coscinodiscus jonesianus*	+	+	+
24	小眼圆筛藻	*Coscinodiscus oculatus*	+		
25	虹彩圆筛藻	*Coscinodiscus oculus – iridis*	+	+	+
26	辐射圆筛藻	*Coscinodiscus radiatus*	+	+	+

序号	中文名	拉丁名	2008 年		2009 年
			4 月	8 月	8 月
27	圆筛藻属	*Coscinodiscus* sp	+		
28	苏氏圆筛藻	*Coscinodiscus thorii*	+	+	+
29	豪猪棘冠藻	*Corethron hystrix*			+
30	布氏双尾藻	*Ditylum brightwellii*	+	+	+
31	太阳双尾藻	*Ditylum sol*	+	+	
32	钝脆杆藻	*Fragilaria capucina*	+		
33	海洋斑条藻	*Grammapora marina*		+	
34	菱软几内亚藻	*Guinardia flaccida*	+		
35	小细柱藻	*Leptocylindrus minimus*		+	+
36	狭形颗粒直链藻	*Melosira granulata* var. *angustissima*		+	+
37	念珠直链藻	*Melosira moniiformis*		+	
38	具槽直链藻	*Melosira sulcata*	+		
39	新月菱形藻	*Nitzschia closterium*	+		
40	洛氏菱形藻	*Nitzschia lorenziana*	+	+	+
41	尖刺菱形藻	*Nitzschia pungens*	+	+	+
42	相似曲舟藻	*Pleurosigma affine*	+	+	+
43	美丽曲舟藻	*Plankloniella formosum*			+
44	印度翼根管藻	*Rhizosolenia alata* f. *indica*	+		
45	距端根管藻	*Rhizosolenia calcar – avis*	+		
46	笔尖形根管藻	*Rhizosolenia Styliformis*	+	+	+
47	宽笔尖形根管藻	*Rhizosolenia Styliformis* var. *latissima*	+		
48	刚毛根管藻	*Rhizosolenia setigera*			+
49	中肋骨条藻	*Skeletonema costatus*	+	+	+
50	掌状冠盖藻	*Stephanopyxis palmerina*		+	
51	扭鞘藻	*Streptotheca thamesis*		+	
52	针杆藻属	*Synedra* sp.		+	
53	菱形海线藻	*Thalassinoema nitzschioides*	+	+	+
54	圆海链藻	*Thalassiosia rotula*		+	
55	佛氏海毛藻	*Thalassiothrix frauenfeldii*		+	+
56	蜂窝三角藻	*Triceratium favus*	+	+	+
二	**甲藻门**	**Dinophyta**			
57	夜光藻	*Noctiluca scintillans*			+
58	塔玛亚历山大藻	*Alexandrium tamarense*	+		
59	叉状角藻	*Ceratium furca*		+	+
60	梭角藻	*Ceratium fusus*	+	+	+

序号	中文名	拉丁名	2008 年		2009 年
			4 月	8 月	8 月
61	三角角藻	*Ceratium tripos*		+	+
62	具尾鳍藻	*Dinophysis caudata*		+	
63	粗刺膝沟藻	*Gonyaulax digitale*	+		
64	扁形原多甲藻	*Protoperidinium depressum*		+	+
65	斯氏扁甲藻	*Pyrophacus steinii*		+	+
66	轮状斯克藻	*Scrippsiella trochoidea*	+		+
三	金藻	**Chrysophyta**			
67	小等刺硅鞭藻	*Dictyocha fibula*	+		
四	蓝藻门	Cyanophyta			
68	螺旋藻	*Spirulina princeps*		+	+
69	铁氏束毛藻	*Trichodesmium thiebautii*		+	+
五	绿藻门	Chlorophyta			
70	格孔单突盘星藻	*Pediastrum simplex* var. *clathratum*	+		+
71	十二单突盘星藻	*Pediastrum simplex* var. *duodenarium*	+	+	
72	孔缝栅列藻	*Scenedesmus perforatus*	+		

注:"＋"表示出现该种类。

323

附录 2　浮游动物名录

序号	中文名	拉丁名	2008 年 4 月	2008 年 8 月	2009 年 8 月
一	栉水母	**Ctenophora**			
1	瓜水母	*Beroe sp.*		+	
2	卵形瓜水母	*Beroe ovata*			+
3	球形侧腕水母	*Pleurobrachia globosa*		+	+
二	毛颚动物	**Chaetognatha**			
4	百陶箭虫	*Sagitta bedoti*		+	+
5	肥胖箭虫	*Sagitta enflata*		+	+
6	美丽箭虫	*Sagitta pulchra*		+	+
三	桡足类	**Copepoda**			
7	克氏纺锤水蚤	*Acartia clausi*	+	+	+
8	太平洋纺锤水蚤	*Acartia pacifica*	+	+	+
9	汤氏长足水蚤	*Calanopia thompsoni*		+	
10	中华哲水蚤	*Calanus sinicus*	+	+	
11	微刺哲水蚤	*Canthocalanus pauper*		+	
12	背针胸刺水蚤	*Centropages dorsispinatus*			+
13	中华胸刺水蚤	*Centropages sinensis*		+	+
14	剑水蚤	*Corycaeus sp.*			+
15	近缘大眼剑水蚤	*Corycaeus affinis*	+		+
16	亚强真哲水蚤	*Eucalanus subcrassus*		+	
17	精致真刺水蚤	*Euchaeta concinna*		+	+
18	尖额谐猛水蚤	*Euterpina acutifrons*		+	
19	真刺唇角水蚤	*Labidocera euchaeta*	+	+	+
20	左突唇角水蚤	*Labidocera sinilobata*		+	+
21	拟长腹剑水蚤	*Oithona simills*	+	+	+
22	长腹剑水蚤	*Oithona sp.*	+	+	
23	针刺拟哲水蚤	*Paracalanus aculeatus*	+	+	+
24	强额拟哲水蚤	*Paracalanus crassirostris*		+	+
25	小拟哲水蚤	*Paracalanus parvus*	+		
26	火腿许水蚤	*Schmackeria poplesia*	+	+	+

324

序号	中文名	拉丁名	2008年4月	2008年8月	2009年8月
27	华哲水蚤	*Sinocalanus sinensis*	+		+
28	背针胸刺水蚤	*Centropages dorsispinatus*		+	
29	虫肢歪水蚤	*Tortanus vermiculus*	+	+	+
四	刺胞动物	**Cnidaria**			
30	磷茎高手水母	*Bougainvilla autumnalis*		+	
31	鲍氏水母	*Bougainvillia* sp.		+	
32	双生水母	*Diphyes chamissonis*		+	
33	鲜艳真瘤水母	*Eutima orientalis*		+	
34	性轭小型水母	*Nanomia bijuga*		+	
35	贝氏拟线水母	*Nemopsis bachei*		+	+
36	卡拟酒杯水母	*phialucium carolinae*		+	+
37	短柄灯塔水母	*Turritopsis lata*		+	+
五	幼体	**Larva**			+
38	触手动物轮辐幼虫	*actinrocha larva*			+
39	桡足类无节幼虫	*Nauplius larva*	+	+	+
40	樱虾蚤状幼虫	*Sergestes larva*		+	+
41	幼蛤	*Lamellibranchia larva*	+	+	+
42	鱼卵	Fish eggs		+	+
43	仔鱼	Fish larva	+	+	+
44	藤壶六肢幼虫	*Balanus larva*			+
45	海参耳状幼虫	*Auricularia larva*		+	+
46	海胆长腕幼虫	*Echinopluteus larva*		+	+
47	短尾类蚤状幼虫	*Brachyura megalopa larva*		+	+
48	多毛幼体	*Nectochaeta larva*	+	+	+
49	磁蟹蚤状幼虫	*Procellana zoea larva*			+
50	帚毛虫初期幼虫	*Sabellaridae early larva*	+	+	
51	磷虾带叉幼虫	*Furcilia larva*		+	
52	长尾类幼体	*Macrura larva*		+	
六	介形类	**Osttracoda**			
51	针刺真浮萤	*Euconchoecia aculeata*		+	+
七	糠虾类	**Mysidacea**			
52	短额刺糠虾	*Acanthomysis sinensis*	+	+	+
53	漂浮小井伊糠虾	*Iiella pelagicus*	+	+	
八	十足类	**Decapoda**			
54	细螯虾	*Leptochela gracilis*			+
九	枝角类	**Cladocera**			

序号	中文名	拉丁名	2008 年 4 月	2008 年 8 月	2009 年 8 月
55	鸟喙尖头蚤	*Fenlilia avirostris*			+
56	诺氏僧帽蚤	*Evadne nordmanni*			+
十	**樱虾类**	**Sergestinae**			
57	日本毛虾	*Acetes japonicus*		+	+
58	刷状莹虾	*Lucifer penicillifer*			+
十一	**端足类**	**Amphipoda**			
59	钩虾	*Gammaridae* sp.	+	+	
十二	**磷虾类**	**Euphausiacea**			
60	中华假磷虾	*Pseudeuphausia sinica*		+	
十三	**涟虫类**	**Cumacea**			
61	无尾涟虫	*Leueon* sp.	+		
62	细长涟虫	*Iphinoe tenera*		+	

注:" + "表示出现该种类。

附录3 底栖生物名录

序号	中文名	拉丁名	2008 年 4 月	2008 年 8 月	2009 年 8 月
一	多毛类	**Polychaeta**			
1	双鳃内卷齿蚕	*Aglaophamus dibranchis*	+	+	
2	智利巢沙蚕	*Diopatra chilienis*	+		
3	埃刺梳鳞虫	*Ehlersileanira incisa*		+	+
4	异足索沙蚕	*Lumbrineris heteropoda*		+	
5	毛齿卷吻沙蚕	*Nephtys ciliata*	+		
6	不倒翁虫	*Sternaspis scutata*	+	+	+
二	软体动物	**Mollusca**			
7	泥螺（卵子）	*Bullacta exarata*	+		
8	圆筒原盒螺	*Eocylichna braunsi*	+	+	+
9	半褶织纹螺	*Nassarius semiplicatus*		+	+
10	西格织纹螺	*Nassarius siquinjorensis*		+	
11	红带织纹螺	*Nassarius succinctus*	+	+	
12	纵肋织纹螺	*Nassarius variciferus*	+	+	+
13	豆形胡桃蛤	*Nucula feba*	+	+	+
14	经氏壳蛞蝓	*Philine kinglipini*	+		
15	黑龙江河蓝蛤	*Potamocorbula amurensis*		+	+
16	焦河蓝蛤	*Potamocorbula ustulata*	+		
17	小荚蛏	*Siliqua minima*			+
18	脆壳理蛤	*Theora fragilis*		+	
三	节肢动物门	**Arthropoda**			
19	长额刺糠虾	*Acanthomysis longirostris*	+		
20	中国毛虾	*Acetes chinensis*		+	
21	鲜明鼓虾	*Alpheus distinguendus*	+	+	+
22	日本鼓虾	*Alpheus japonicus*	+		+
23	日本蟳	*Charybdis japorcica*	+	+	+
24	安氏类闭尾水虱	*Cleantioides annandalei*		+	
25	类闭尾水虱	*Cleantioides* sp.		+	
26	狭额绒螯蟹	*Eriocheir leptognathus*	+	+	+

序号	中文名	拉丁名	2008年4月	2008年8月	2009年8月
27	安氏白虾	*Exopalaemon annandalei*	+	+	+
28	脊尾白虾	*Exopalaemon carinicauda*	+	+	+
29	秀丽白虾	*Exopalaemon modestus*		+	
30	细螯虾	*Leplcchela gracilis*	+	+	
31	鞭腕虾	*Lysmata vittata*		+	
32	周氏新对虾	*Metapenaeus joyneri*			+
33	口虾蛄	*Oratosquilla oratoria*		+	+
34	葛氏长臂虾	*Palaemon gravieri*	+	+	+
35	哈氏仿对虾	*Parapenaeopsis hardwickii*		+	+
36	细巧仿对虾	*Parapenaeopsis tenella*		+	+
37	绒毛细足蟹	*Raphidopus ciliatus*		+	
38	豆形拳蟹	*Philyra pisum*			+
39	中华管鞭虾	*Solenocera sinensis*		+	+
40	光背节鞭水虱	*Synidotea laevidotsalis*	+	+	
四	棘皮动物	**Echinodermata**			
41	海棒槌	*Caudina* sp.	+		
42	锚参	*Synapta* sp.		+	
43	薄倍棘蛇尾	*Amphioplus praetans*			+
五	鱼类	**Pisces**			
44	白姑鱼	*Argyrosomus argentatus*		+	
45	凤鲚	*coilia mystus*	+	+	+
46	棘头梅童鱼	*Collichthys lucidus*	+	+	+
47	窄体舌鳎	*Cynoglossus gracilis*		+	+
48	宽体舌鳎	*Cynoglossus robustus*	+		
49	半滑舌鳎	*Cynoglossus semilaevis*		+	
50	小带鱼	*Eupleurogrammus muticus*		+	+
51	龙头鱼	*Harjpodon nehereus*	+	+	+
52	皮氏叫姑鱼	*Johnius belengerii*		+	
53	红狼牙虾虎鱼	*Odontamblyopus rubicundus*		+	
54	银鲳	*Pampus argenteus*		+	
55	大银鱼	*Ptotosalanx hyalocranius*		+	
56	鲬鱼	*Plaatycephalus indicus*			+
57	马鲛	*Scomberomorus commerson*		+	
58	黄鲫	*Setipinna taty*		+	+
59	矛尾复虾虎鱼	*Synechogobius hasta*		+	+
60	大鳞虾虎鱼	*Gobiopterus macrolepis*			+

序号	中文名	拉丁名	2008 年 4 月	2008 年 8 月	2009 年 8 月
61	孔虾虎鱼	*Trypauchen vagina*	+	+	+
62	条纹东方鲀	*Takifugu xanthopterus*			+
六	**纽形动物**	**Nemertea**			
63	纵沟纽虫	*Lineus* sp.		+	+
64	纽虫	*Nemertini* sp.	+		
七	**刺胞动物**	**Cnidaria**			
65	水螅水母	*Hydrozoa* sp.	+		
66	海蜇	*Rhopilema esculentum*			+

注:"＋"表示出现该种类。

329

附录 4　潮间带生物名录

序号	中文名	拉丁名	2008年4月	2008年8月	2009年8月
一	绿藻门	**Chlorophyta**			
1	肠浒苔	*Enteromorpha intestinalis*	+		
二	多毛类	**Polychaeta**			
2	双鳃内卷齿蚕	*Aglaophamus dibranchis*	+	+	+
3	中华内卷齿蚕	*Aglaophamus sinersis*	+		
4	日本刺沙蚕	*Neanthes japonica*	+	+	
5	齿吻沙蚕	*Nephthys* sp.	+	+	
6	背蚓虫	*Notomastus latericeus*		+	
7	双齿围沙蚕	*Perinereis aibuhitensis*	+	+	+
8	多齿围沙蚕	*Perinereis nuntia*		+	+
9	缨鳃虫	*Sabella penicillus*		+	
10	异足索沙蚕	*Lumbrineris heteropoda*			+
11	长吻沙蚕	*Glycera chirori*			+
12	围齿沙蚕	Perinereis sp.			+
13	毛齿吻沙蚕	*Nephtys ciliata*			+
三	软体动物	**Mollusca**			
14	绯拟沼螺	*Assiminea latericea*	+	+	+
15	堇拟沼螺	*Assiminea violacea*	+	+	
16	泥螺	*Bullacta exarata*	+	+	+
17	珠带拟蟹守螺	*Cerithidea cingulata*	+		+
18	小翼拟蟹守螺	*Cerithidea microptera*	+		
19	中华拟蟹守螺	*Cerithidea sinensis*	+	+	+
20	青蛤	*Cyclina sinensis*	+		
21	中国绿螂	*Glauconme chinensis*	+	+	
22	渤海鸭嘴蛤	*Laternula marilina*		+	+
23	短滨螺	*Littorina（Littorina）brevicula*	+		+
24	粗糙滨螺	*Littorina scabra*			+
25	中间拟滨螺	*Littorinopsis intermedia*	+	+	
26	粒结节滨螺	*Nodilittorina exigua*			+

330

序号	中文名	拉丁名	2008 年 4 月	2008 年 8 月	2009 年 8 月
27	丽核螺	*Mitrella bella*	+		
28	彩虹明樱蛤	*Moerella iridescens*	+	+	+
29	单齿螺	*Monodonta labio*	+	+	+
30	习见织纹螺	*Nassarius dealbatus*	+		
31	西格织纹螺	*Nassarius siquinjorensis*	+		
32	红带织纹螺	*Nassarius succinctus*			+
33	紫游螺	*Nerilina violacea*			+
34	齿纹蜒螺	*Nerita（Ritena）yoldii*	+		+
35	渔舟蜒螺	*Nerita albicilla*	+	+	+
36	史氏背尖贝	*Notoacmea schrenckii*	+		+
37	豆形胡桃蛤	*Nucula faba*	+		+
38	胡桃蛤	*Nucula* sp.	+		
39	团聚牡蛎	*Ostrea glomerata*	+		
40	褶牡蛎	*Ostrea plicatula*		+	
41	僧帽牡蛎	*Ostrea cucullata*			+
42	近江牡蛎	*Ostrea rivularis*	+	+	+
43	红肉河蓝蛤	*Potamocorbula rubromuscula*	+		
44	黑龙江河蓝蛤	*Potamocorbula amurcnsis*			+
45	婆罗囊螺	*Retusa（Coelophysis）boenensis*	+	+	+
46	僧帽牡蛎	*Sccostrea cucullata*	+	+	
47	缢蛏	*Sinonovacula constricta*	+	+	+
48	疣荔枝螺	*Thais clavigera*	+	+	+
四	节肢动物门	**Arthropoda**			
49	鲜明鼓虾	*Alpheus distinguendus*	+		+
50	白脊藤壶	*Balanus albicostatus*	+	+	
51	蜾蠃蜚	*Corophium* sp.	+		
52	日本旋卷蜾蠃蜚	*Corophium volutator*		+	+
53	安氏白虾	*Exopalaemon annandalei*			+
54	脊尾白虾	*Exopalaemon carinicauda*	+		+
55	天津厚蟹	*Helice tientsinensis*			+
56	侧足厚蟹	*Helice latimera*			+
57	秉氏厚蟹	*Helice pingi*		+	
58	肉球近方蟹	*Hemigrapsus sanguineus*		+	
59	宁波泥蟹	*Ilyoplax ningpoensis*		+	+
60	谭氏泥蟹	*Ilyoplax deschampsi*			+
61	淡水泥蟹	*Ilyoplax tansuinsis*			+

序号	中文名	拉丁名	2008 年 4 月	2008 年 8 月	2009 年 8 月
62	海蟑螂	*Ligia exotica*	+	+	+
63	日本大眼蟹	*Macrophthalmus（Mareotis）japonicus*	+	+	+
64	长足长方蟹	*Metaplax longipes*	+	+	+
65	粗腿厚纹蟹	*Pachygrapsus crassipes*	+	+	+
66	葛氏长臂虾	*Palaemon gravieri*			+
67	隆线拳蟹	*Philyra carinata*			+
68	锯缘青蟹	*Scylla serrata*		+	+
69	弧边招潮	*Uca（Deltuca）arcuata*		+	+
五	**鱼类**	**Pisces**			
70	红狼牙虾虎鱼	*Odontamblyopus rubicundus*		+	+
71	弹涂鱼	*Periophthalmus cantonensis*	+	+	+
72	青弹涂鱼	*Scartelaos histophorus*		+	+
73	大弹涂鱼	*Boleophthalmus pectinirostris*			+
74	斑尾复虾虎鱼	*Synechogobius ommaturus*	+		
75	棱鱼	*Mugil* sp.			+
76	棱鳀	*Thryssa* sp.		+	
六	**纽形动物**	**Nemertea**			
77	纵沟纽虫	*Lineus* sp.	+	+	
78	纽虫	*Nemertini* sp.	+	+	
七	**刺胞动物**	**Cnidaria**			
79	星虫状海葵	*Eswardsia sipunculoides*	+		+

注:"+"表示出现该种类。